U0215130

为了万家灯火

中国共产党百年抗灾史

陈 安　陈樱花　韩 玮　著

浙江科学技术出版社

图书在版编目（CIP）数据

为了万家灯火：中国共产党百年抗灾史 / 陈安，陈樱花，韩玮著. — 杭州：浙江科学技术出版社，2021.10
（中国共产党与科技发展研究丛书）
ISBN 978-7-5341-9741-3

Ⅰ. ①为… Ⅱ. ①陈… ②陈… ③韩… Ⅲ. ①自然灾害-灾害防治-历史-中国 Ⅳ. ①X432-09

中国版本图书馆CIP数据核字（2021）第130791号

中国共产党与科技发展研究丛书
为了万家灯火：中国共产党百年抗灾史
陈 安 陈樱花 韩 玮 著

出版发行 浙江科学技术出版社
杭州市体育场路347号 邮政编码：310006
办公室电话：0571-85176593
销售部电话：0571-85176040
网址：www.zkpress.com
E-mail：zkpress@zkpress.com
排 版 杭州兴邦电子印务有限公司
印 刷 浙江新华数码印务有限公司
经 销 全国各地新华书店

开 本 710mm×1 000mm 1/16 印 张 25.75
字 数 332 000
版 次 2021年10月第1版 印 次 2021年10月第1次印刷
书 号 ISBN 978-7-5341-9741-3 定 价 88.00元

责任编辑 罗 璀 张祝娟 方 晴 责任校对 张 宁 赵 艳
责任美编 金 晖 责任印务 崔文红

本书编辑工作委员会

序

这是一部向中国共产党建党百年献礼的主题出版性质的图书，因为主题出版已越来越成为我国基本出版制度的有机组成部分；这是一部基于科技视野、出自科技领域的主题出版性质的图书，因为主题出版向科学技术领域的拓展，已越来越成为我国出版事业的一个重要发展趋势；这是一部基于科技历史事件的主题出版性质的图书，因为通过特定的某方面科技历史进入主题出版的领域，已越来越成为我国科技出版加盟主题出版的重要模式。

浏览全部书稿，其选题策划的背景至少有以下三个方面：

其一，抗灾与脱贫攻坚是同系列命题，虽然有各自的侧重。习近平总书记在庆祝中国共产党成立一百周年大会上庄严宣告："我们实现了第一个百年奋斗目标，在中华大地上全面建成了小康社会，历史性地解决了绝对贫困问题"。这里的"解决了绝对贫困问题"，包括了党领导人民抗灾救灾的伟大历史与伟大功绩。如果没有一次次抗灾救灾的过程与功绩，脱贫攻坚的任务能够如期完成吗？而且更根本的是两者具同一宗旨，脱贫攻坚的宗旨，毋庸置疑是全心全意为人民服务，是以人民为中心的工作导向；抗灾救灾的宗旨，也毋庸置疑是国际社会有口皆碑的"人民至上、生命至上"的理念。当然，两者的差异性也是明显的，灾害和灾难的发生往往是突发性的、来势凶猛的，需要集中人力物力财力等诸多方面的资源，针对相对有限的空间及空间中的人民群众，在较短的时间内实施系列的救助措施，达到减少乃至完全消除对人民群众生命和财产的损失和损害；而脱贫攻坚是非突发性的，是由长期的社会经济历史文化原因累积形成的，是在新中国经济上获得一定程度的解放，但和全面小康社会建设标准有一定差距的较多地区的扶贫任务及脱贫目标。正是这种差异性，才使得本书的编写具有特殊的意义和价值。

其二，抗灾史受到了抗击新冠肺炎总体战役的深刻牵引。这次新冠肺炎疫情发生的范围是全球性的，而且是和世界百年未有之大变局相联系的，甚至是影响和加速演进大变局的重要动因。就其突发性而言，也有特殊性，它是一种违背人的基本生存和发展方式的突发性。我们知道马克思强调人的社会性与交往性本质，而这次新冠肺炎疫情恰恰迫使社会交往中的人们彼此必须保持最大程度的空间距离。就发生发展的烈度而言，以往任何一次疫情都没有像这次新冠病毒一样，具有如此超强的传染力和如此超常的杀伤力，使人民的生命安全面临百年未遇的如此严重威胁。这向中国共产党及全体中国人提出了史无前例的严峻挑战。庆幸的是，党中央坚持“人民至上、生命至上”，统揽全局，果断决策，以非常之举应对非常之事，充分发挥制度的显著优势、科技的强大支撑和百年抗灾史积累的成功经验，以及全体国民在实现中华民族伟大复兴中所迸发出来的空前的、敢于斗争、敢于胜利的大无畏气概，取得了抗击新冠肺炎疫情斗争阶段性重大战略成果，创造了人类同疾病斗争史上又一个英勇壮举，是中国共产党执政为民理念的最好诠释。中国共产党具有无比坚强的领导力，是风雨来袭时中国人民最可靠的主心骨。立足当下，回望百年抗灾史，一次次惊心动魄的历史事件表明，一个国家在攻坚克难的关键时刻，主心骨越是坚强有力，就越能凝聚磅礴之力，夺取伟大胜利。

其三，抗灾救灾与建成现代化强国、实现民族复兴的伟大目标是同系列命题，但各有侧重。之所以断定为同系列命题，是因为党的十九大报告已清晰地擘画了全民建成社会主义现代化强国的时间表和路线图：从二〇二〇年到二〇三五年，在全面建成小康社会的基础上，再奋斗十五年，基本实现社会主义现代化；从二〇三五年到本世纪中叶，在基本实现现代化的基础上，再奋斗十五年，把我国建成富强民主文明和谐美丽的社会主义现代化强国。现代化强国目标的实现包括了综合性的和集成性的任务群，抗灾救灾是其中重要的任务之一。现代化强国目标的实现要求具备与其相匹配的抗灾救灾的体系和能力，这个体系从根本上把握了主要灾害发生发展的规律，在认识和把握规律的基础上形成防灾救灾的国家战略格局。立足建成社会主义现代化强国，实现中华民族伟大复兴中国梦，推进包括抗灾救灾在内的治理能力和治理体系的现代化，是应有之义。若从不同的角度来分析，那就是抗灾不是从正面直接地为现代化强国的建设增添新的财富和生产力，而是从负面遏制的角度确保不因防灾不力、抗灾和救灾不力，损害到我们已经积累的和继续积累的雄厚物质基础和坚实综合国力。

本书重点关注党史研究中容易被忽视的抗灾史，也弥补了灾荒史研究忽视抗灾主体的缺憾。全书分上中下三篇，上篇记录了百年来的灾情影响以及中国共产党带领人民群众所做的应灾措施和在抗灾救灾过程中对灾害认识的变化历程；中篇以时间为轴，基于洪涝、雪灾、旱灾、台风、地震、泥石流、农林病虫害、森林草原火灾以及传染病等多种灾害类型，再现了中国共产党在四个时期带领群众抗灾救灾时可歌可泣的场面；下篇总结了中国共产党应对灾害的指导思想、政策及经验，反映了中国共产党稳步推进治理体系和治理能力现代化的进程。全书以事实为基础，以数据为依据，以艺术为表现，以史学研究方法为统领，结合应急管理学的方法，客观真实地反映灾害事实，记录应对措施，兼具政治性和历史性、学术性和可读性。

殷忧启圣，多难兴邦。1921 年 7 月，中国共产党在历史的选择和人民的呼唤中诞生，这是开天辟地的大事件。中国共产党建党 100 周年和执政 70 多年的历程，绝非一帆风顺和波澜不惊，很多时候恰恰是在险象环生中披荆斩棘，艰难前行，是在不断地应对挑战、破解危局中走过来的。中国共产党的百年抗灾史是和自身的由小到大，由弱到强，由包含着失败的胜利不断走向胜利的历史相伴随、相发展的。

无论是新民主主义革命时期、社会主义革命和建设时期，还是改革开放和社会主义现代化建设新时期，尤其是中国特色社会主义新时代，党从未缺席治理桀骜不驯的洪旱灾害，迎战险象环生的地质灾害，抗击千奇百怪的病毒疫情。百年路上，充满着各种不可预见的风险和挑战，危急之时，一个个高瞻远瞩的决策，一次次审时度势的部署，一句句掷地有声的号令，彰显了大国执政党的责任和担当，为战胜灾害指引着方向，提供了无坚不摧的力量。在继往开来的历史性时刻，回望百年抗灾史，科学总结党在抗灾救灾历程中的经验，以信仰之光照亮前行之路，用建党初心凝聚奋斗的伟力，具有重大的现实意义和历史意义。

《为了万家灯火：中国共产党百年抗灾史》一书，作为献礼中国共产党建党100周年的主题出版物，是首部反映中国共产党百年抗灾救灾的著作，填补了中国共产党百年抗灾史出版的空白。一部中国共产党百年抗灾史，既是百年党史的有机组成部分，也是一个不断战胜困难创造奇迹的历史。本书旨在发挥图书的出版传播价值以及公信力，使读者能够深入了解到中国共产党既在社会主义政治经济文化诸领域，又在抗灾救灾方面，驾驭复杂局面、应对风险挑战的强大组织治理能力；深刻地认识到中国共产党是当之无愧的实现中华民族伟大复兴中国梦的坚强领导力量。相信本书的出版能够为党和人民未来抗灾救灾的伟大事业提供一些有力的借鉴和有益的启示。

是为序。

中国编辑学会会长

郝振省

二〇二一年六月

目　录

上篇

神州多灾患 磨砺中华魂

中华五千年文明历程，大灾大难如影随形。中国共产党曲折的抗灾、救灾之路，亦是一部对灾难、灾荒科学认知的发展变迁史。认识灾害发生特点，分析灾害分布规律，理解灾荒形成原因，建立救灾科学体系机制，方显中国共产党人内心最真挚、最深沉的爱民之情。

第一章　灾害灾荒知几何

十月之交，朔月辛卯。日有食之，亦孔之丑。
彼月而微，此日而微；今此下民，亦孔之哀。
日月告凶，不用其行。四国无政，不用其良。
彼月而食，则维其常；此日而食，于何不臧。
烨烨震电，不宁不令。百川沸腾，山冢崒崩。
高岸为谷，深谷为陵。哀今之人，胡憯莫惩？

正所谓在心为志，发言为诗。读罢这首《诗经·小雅》之《十月之交》，我们似乎真真切切地看到人们正在兴致勃勃地观赏月食时，一场大地震不期而至，刹那间河水翻滚，山崩地裂。

自然灾害一直是人类社会文明发展进程中的一种可怕威胁。它对人类社会造成了危害，同时也用一种新的方式造就着我们的文明。而诗歌，作为一种独特的文学体裁，虽短小精悍，却以它极强的传情达意功能，在历史的长河中，记录下了那一场场灾害发生时的生动场景。我国古代被记录最多的大禹治水的故事，在《山海经》《尚书》《楚辞》《孟子》中都曾以诗歌的形式出现，被人们反复吟诵，而《楚辞》中的名篇《招魂》，更是从东南西北四个方向反反复复用“魂兮归来”开头，描述了流沙、大雪和旱灾等恶劣条件下人类无助的呐喊。

那些名垂千古的大师们也关注到了自然灾害的无情和残酷。诗圣杜甫曾经写下这样一首名为《夏日叹》的诗歌。

夏日出东北，陵天经中街。
朱光彻厚地，郁蒸何由开。
上苍久无雷，无乃号令乖。
雨降不濡物，良田起黄埃。
飞鸟苦热死，池鱼涸其泥。
万人尚流冗，举目唯蒿莱。
至今大河北，化作虎与豺。
浩荡想幽蓟，王师安在哉。
对食不能餐，我心殊未谐。
眇然贞观初，难与数子偕。

诗中前半段写“上苍久无雷”的旱灾深重，后半段写“化作虎与豺”的战乱忧心，寥寥数语就将天灾人祸描述得如再现于眼前，令人读后倍感沉重。

白居易的《春雪》，描写了一场倒春寒到来时的风如何，雪如何，虽然没有提到人如何，但是知道了天气之恶劣后，人如何也就可想而知了。

元和岁在卯，六年春二月。
月晦寒食天，天阴夜飞雪。
连宵复竟日，浩浩殊未歇。
大似落鹅毛，密如飘玉屑。

寒销春茫苍，气变风凛冽。
上林草尽没，曲江水复结。
红乾杏花死，绿冻杨枝折。
所怜物性伤，非惜年芳绝。
上天有时令，四序平分别。
寒燠苟反常，物生皆夭阏。
我观圣人意，鲁史有其说。
或记水不冰，或书霜不杀。
上将儆政教，下以防灾孽。
兹雪今如何，信美非时节。

走出诗歌，面对真实的自然灾害，我们又该如何去认知呢？

一、“灾”家族中的长幼有序

我国自古以来就有“三岁一饥，六岁一衰，十二岁一荒”的说法。由我国应急管理部国家减灾中心、应急管理部信息研究院等单位完成的《2019年全球自然灾害评估报告》显示，近十年来我国自然灾害损失在整体上算是比较轻的，但是即便如此，灾害发生的频次仍位列全球第二，直接经济损失位列全球第三。救灾救荒一直是我国历朝历代政府所要面对的重要任务之一。

为此，我们有必要从灾害、灾荒的基本概念讲起。

灾害与自然灾害是一个概念吗

《现代汉语词典》中对“灾害”是这样定义的：“自然现象和人类行为对人和动植物以及生存环境造成的一定规模的祸害，如旱、涝、虫、雹、地震、海啸、火山爆发、战争、瘟疫等。”对于“自然灾害”，《现代汉语词典》中的定义是："水、旱、病、虫、鸟、兽、风、雹、霜冻、地震等自然现象造成的灾害。"

很显然，从这两个词的解释来看，"自然灾害"包括的范围小一点，而"灾害"所涵盖的范围更大，除了包含"自然灾害"所囊括的因自然现象造成的伤害之外，还包括因人类行为对周围环境及动植物对象等造成的伤害。"自然灾害"是"灾害"的下位概念，是被包含在"灾害"概念之中的。

这里我们需要强调的一点是：词典中的"灾害"是广义层面上的"灾害"。

灾害与灾难如何区分

当我们在讨论防灾减灾、应急管理等概念时，会发现不同的国家对"应急管理"这个词有着不同的称呼及概念体系。英语中使用"emergency management"，中文中使用"应急管理"。实际上，如果仔细追究的话，"应急管理"这个表达在语法上其实是有些问题的。因为"emergency"对应的应该是一个名词，表达一种有紧急事件突然发生的情况，而"应急"中，真正与"emergency"相对应的应该是单个字——"急"，"应"在这里是动词，表示应对、应付、处置、处理等含义。也就是说，"应急"这个词本身就已经涵盖了"emergency management"的含义。再加上"管理"就属于多余了。

在韩国，对"应急管理"的表达却并没有采取韩文大量使用英语及日语外来词的方式，反倒是一直沿用了汉字来表达这个概念，直译就是"灾难管理"。在韩国规范的学术体系中，是不存在"灾害管理""突发事件管理"等表达方式的，不管是对自然灾害还是事故、战争的应对，都通用"灾难管理"这个词。这与中国形成鲜明对照。而说到"应急管理"这个词，韩国人立刻联想到的就是医生、救护车、医院之类的词汇和场景。

这就不由得让我们思考，"灾害"和"灾难"这二者到底有什么区别呢？

《现代汉语词典》中是这样定义“灾难”的：“天灾人祸所造成的严重损害和痛苦。”从范围来看，“灾难”也包括天灾人祸，与“灾害”一样。但是，通过拆解汉字似乎可以看出，“灾害”和“灾难”两个词的微妙差异在于二者强调的重点不同。“灾害”一词强调“害”，重在具体的不同形式的“害”本身，而“灾难”则重点强调“难”，即因灾带来的痛苦和损失。

在实际防灾救灾和应急管理工作中，人们还有另外一种对于“灾害”和“灾难”的模糊划分方式，那就是很多情况下“灾害”和“自然灾害”的范围基本一致，主要指因自然现象造成的危害和损失，而“灾难”则更多地强调由人为因素造成的危害和损失，如恐怖袭击、社会治安事件等。因此，在这一层面上理解的“灾害”是指狭义的“灾害”。

灾害与灾荒孰长孰幼

“救灾”是全书的关键词之一，而提到“救灾”，就不得不提到一个重要的词——“灾荒”。

“灾荒”这个词，在我国历史上更多时候是和另外一个词——“饥荒”共同使用的。《谷梁传·襄公·二十四年》中就有如下记载：

一谷不升谓之嗛，二谷不升谓之饥，三谷不升谓之馑，四谷不升谓之康，五谷不升谓之大侵。

而《墨子》中则记载道：

一谷不收谓之馑，二谷不收谓之旱，三谷不收谓之凶，四谷不收谓之馈，五谷不收谓之饥。

这两份古文献虽然说法略有不同，但是基本上都给出了古代饥荒和饥荒之年不同程度的具体称谓，可以说是我国早期对“饥荒”比较系统的定义。如果对“饥荒”和“灾荒”进行比较的话，就会发现“饥荒”的定义是以五谷收成为基础和前提的。虽然对五谷究竟是“稻、黍、稷、麦、菽”还是“麻、黍、稷、麦、菽”，一直说法不一，但是有一点是肯定的，“饥荒”是在农业社会中因粮食歉收而导致人民生活遭到损害的现象。后期随着农业社会的转型，“饥荒”一词的使用频率就大为减少了。

在《现代汉语词典》中，是这样定义“灾荒”的：“因灾害造成的粮食歉收、土地荒芜、物品严重缺乏等状况。”显然，“灾荒”是“灾害”的结果，而“灾害”是“灾荒”的原因。当然，发生灾害时不一定会发生灾荒，只是有发生灾荒的可能性。如果应对灾害及时得法，就不会引发灾荒。

那么到底是什么在影响着灾害引发灾荒的概率呢？中国人民大学夏明方教授曾经用“社会脆弱性”（social vulnerability）这个概念来解释灾害与灾荒之间的因果关系。简单地理解，也就是说灾害发生以后，如果社会比较脆弱，则很容易演变成灾荒；如果社会比较强韧，则不易引发灾荒。这是有一定道理的。目前，学界通常使用社会发展水平、教育程度、性别平等程度、社会保障情况等指标来衡量社会脆弱性。

曾任人民日报社社长的邓云特先生则这么解释：“灾荒是由于自然界的破坏力对人类生活的打击超过了人类的抵抗力而引起的损害；而在阶级社会里，灾荒基本上是由于人和人的社会关系的失调而引起的人对于自然条件控制的失败所招致的社会物质生活上的损害和破坏。”[①] 这一解释不像夏明方教授那样明确提出了“社会脆弱性”这一概念，但是他的观点本质上与夏明方教授的是一致的。

如果要给“灾害”和“灾荒”来排个辈分的话，显然，“灾害”是“灾荒”的长辈，因为“灾害”在前，“灾荒”在后。

---

① 邓云特：《中国救荒史》，商务印书馆 2011 年版，第 5 页。

我们是在救灾还是救荒

如果从词语的使用时间上来看，在讲到离现在比较久远一点的年代时，文献资料中使用“救荒”这个词的情形比较多，“救灾”则是现在也能常常见到、听到，甚至谈到的一个词语。“救荒”这个词在现在的社会经济条件下似乎已经退出了历史舞台。

民间有一句话叫“大灾之后必有大疫”。这句话如果放在现代社会里显然是不符合实际情况的，但是在古代却是我国劳动人民在长期的劳动生活，以及与自然灾害作斗争的过程中总结出来的宝贵经验。古代人们生活质量较低，物资匮乏，科学技术水平低下，对灾情的认知水平也不高，因此，由“灾”而“荒”的概率是非常大的。在发生灾害时，既要救灾，又要持续地对灾害之后发生的灾荒进行救助。

因此，在古代，“救灾”和“救荒”基本上是无法清楚分离的；而现今，由“灾”而“荒”的情形几乎不再出现，“救荒”这个词就逐渐淡出了人们的视线，我们一般只用“救灾”来进行表述。当然，本书中在讲到历史上的救荒相关内容时，仍使用“救荒”这个词，其他时候都通用“救灾”一词来指代救灾救荒的实质性内容。

二、自然灾害的特点

在我国人民与灾害、灾荒作斗争的漫长历程中，大多数情况下人们都是在与自然灾害相抗争。有一些即便看起来是人为因素造成的社会动荡、经济停滞，其起因也大多是自然灾害。因此，将自然灾害作为分析的切入点，大体上就可以把握灾害本身的独特性了。

无论是风雨雷暴还是洪水地震，通常都被人们称为天灾。而天灾的发生，似乎是随机的，是无规律可循的。曾经很长一段时间，对于自然灾害什么时候发生，在哪里发生，发生哪种类型的自然灾害，灾害的严重程度如何，老百姓通常认为这一切都和大自然的意志或是神灵的降罪惩罚有关。今天，我们早已跨越了那个以神灵虚妄之说来解释自然灾害的时期，开始用更为科学、客观的态度来看待灾害。要了解如何抗灾救灾，就必须先了解自然灾害。而要了解自然灾害究竟有哪些特点，就有必要从自然灾害的类型说起。

自然灾害类型知几何

在对自然灾害进行定义时，不少学者使用的是罗列的方式，词典中进行解释时也采用了罗列具体灾害形式的方式，如旱、涝、虫、雹、地震、海啸等。但是罗列方式的不足之处在于我们无法知道这个清单究竟有多长，而且对于清单中所列到的自然灾害彼此之间究竟在多大程度上相似或者相异，也无法获得更多的信息。因此，有必要使用其他分类标准对自然灾害进行更为科学的划分。

既然常见自然灾害发生的位置各有不同，可谓水、地、天全覆盖，自然就可以从自然灾害发生的地理位置方面对其进行分类。按照虞立红和史培军的分类，灾害可以分为地质灾害、陆地灾害、海洋灾害三大类，其中每一大类又可进行细分。地质灾害的典型表现形式就是地震和火山等。陆地灾害又可以分为地貌灾害、气象灾害、水文灾害、土壤灾害、生物灾害、环境灾害。其中，地貌灾害典型的表现形式包括水土流失、泥石流、沙漠化、滑坡等；气象灾害的典型表现形式包括干旱、暴雨、台风、陆龙卷、热浪、寒流、冰雹等；水文灾害的典型表现形式包括洪水、地下水位下降、水污染等；土壤灾害的典型表现形式就是土地盐碱化等；生物灾害的典型表现形式包括物种减少、农林病虫害、森林火灾等；环境灾害的典型表现形式包括大气污染、温室效应、酸雨、化学烟雾等。海洋灾害的典型表现形式包括风暴潮、海浪、海水、海啸、赤潮、海底滑坡、海底火山、海温异常等。[①]

当我们讨论自然灾害时，之所以有的灾害让我们谈之色变，如地震、海啸等，是因为这些灾害都会在瞬间将我们的家园毁灭，而且发生时也没有给我们太多的时间去逃生，瞬间就可能夺走我们的生命。而有的自然灾害则长期侵害着我们的生活，如历史上曾经反复发生过的洪涝、干旱等。因此，第二种分类我们可以从自然灾害持续时间长短及发生时的严重程度的角度来进行考虑。

按照这一思路，我们可以将自然灾害分成突发性自然灾害和缓变性自然灾害。一般来说，突发性自然灾害会突然发生，持续时间短，但是强度非常大，结束得也非常快，具体表现形式主要包括雪崩、地震、火山、台风、飓风、风暴潮、冰雹等。而缓变性自然灾害则是慢慢成灾的，具体表现形式主要包括干旱、泥石流、滑坡、土地沙漠化、水土流失等。

以上两种分类都是由学者所做的，而实务界的分类考虑更多的则是具体应对时的便利性。中国国际减灾十年委员会在《中华人民共和国减灾规划（1998—2010 年）》中是按照自然灾害发生的条件和范围来进行分类的。该规划中将我国的自然灾害分为四大类：大气圈和水圈灾害，地质、地震灾害，生物灾害，森林和草原火灾。大气圈和水圈灾害具体包括洪涝、干旱、台风、风暴潮、沙尘暴，以及大风、冰雹、暴风雪、低温冻害、巨浪、海啸、赤潮、海冰、海岸侵蚀等；地质、地震灾害主要包括地震、崩塌、滑坡、泥石流、地面沉降、塌陷、荒漠化等；生物灾害主要包括农作物病虫鼠害、草原和森林病虫鼠害等；森林和草原火灾就是森林和草原两类火灾。[②]

---

① 虞立红、史培军:《中国自然灾害研究现状与展望》,《干旱区资源与环境（增刊）》, 1989 年，第 65—71 页。

② 中国国际减灾十年委员会:《中华人民共和国减灾规划（1998—2010 年）》，1998 年第 3 期，第 1—8 页。

自然灾害中的熟面孔

通过上述对于自然灾害的几种不同分类的了解，我们认识了多种不同的具体自然灾害。这些灾害中，有的是我们非常熟悉的，如地震、台风等，而有的我们却不太熟悉，如海冰，甚至很多人都没怎么听说过这种灾害，也想象不出来这是一种怎样的灾害。之所以有的灾害人们熟悉，有的灾害人们陌生，除了受到各自生活的地理环境的影响之外，还有一个重要因素就是不同的灾害发生的频率和危害性不同。

在探索自然灾害的独特性之前，我们可以简单回顾一下自然灾害中的几种熟面孔，以便进一步理解它们的特点。

第一张熟面孔就是旱灾。旱灾是指在一段较长时间内降水量异常偏少，空气异常干燥，土壤水分严重缺少，致使地表径流和地下水大幅减少的气候现象。[①]之所以最先介绍旱灾，是因为旱灾是我国的自然灾害之首。在我国长期以农业为主的历史上，旱灾频发，对农业生产造成了极大的危害，由旱灾而致饥荒的现象也屡有发生。根据旱灾发生的时间长短，可将旱灾分为长期性干旱和短期性干旱两种。一般来说，旱灾一旦发生，将持续较长时间，影响范围较大，而且对人类的生产生活会造成较为严重的威胁。如《汉书·王莽传》中就记载："连年久旱，百姓饥穷，故为盗贼。"由此可见，当年旱灾已经到了非常严重的程度。

第二张熟面孔是由几种紧密相关的自然灾害混合在一起，被我们称为洪涝的灾害。所谓洪涝，自然包括洪灾和涝灾两种灾害。洪水是指河流因大雨或融雪而引起的暴涨的水流。当水流暴涨到严重影响人民生产、生活的程度，即为洪灾。而涝灾是由涝害造成农作物减产或绝收的灾害。那么涝害又是什么呢？按照《现代汉语词典》中的解释，涝害是指因雨水过多农田被淹造成的危害，如引起农作物机体破坏和死亡。由此可见，

---

① 赵曼、薛新东：《农村救灾机制研究》，中国劳动社会保障出版社2012年版，第13页。

洪灾和涝灾都有一个共同的致灾因素——雨水。而这里的雨水不是一般程度的雨水，而是足以引发灾害的暴雨。因此，暴雨、洪灾、涝灾通常都会相伴相生，我们习惯性统称为洪涝灾害。一般来说，洪涝灾害可以分为降雨型洪水、融水型洪水，以及工程失事型洪水。洪涝的发生与季节的关系非常紧密，而且与地域也有着紧密的联系。洪涝灾害的发生虽然无法被准确预测，但是因为它具有渐进性，是随着水位的不断上升而发生的，所以其具有在一定时间内的可推测性。邵伯温的《邵氏闻见前录》中关于大雨引发洪涝灾害的记载如下："洛中大雨，伊、洛涨。坏天津桥，波浪与上阳宫墙齐，夜，西南城破，伊、洛南北合而为一，深丈余，公卿士庶第宅庐舍皆坏。"

第三张熟面孔是地震。智利大地震、日本关东大地震等特大地震发生时震惊了全世界，而我国发生的唐山大地震和汶川地震更是牵动了每个中国人的心。在我国古代的很多记录中，也留下了关于地震的内容。如《宋书》中是这么描述的：

孝武帝大明六年，秋七月，甲申，地震，有声自河北来，鲁郡山摇地动，彭城女墙四百八十丈坠落，屋室倾倒，兖州地裂，泉涌二年不已。

地震这种发生时往往让人猝不及防且破坏性极强的自然灾害，如果震级较高，一旦发生，就是一场城毁人亡的人间悲剧。地震发生的时间、地点和震级被称为地震三要素。世界上通用的有四种震级标注法，我国采用的是里氏震级法，用字母 M 来表示。震级表示的是地震释放的能量多少，震级越大，地震所释放的能量就越多。通常震级每相差一级，所释放的能量相差 32 倍。一般来说，我们把低于 3 级的地震称为弱震或无感地震，这一级别的地震发生时人类基本上是感觉不到的。3—4.5 级的地震就是有感地震了，但一般不会造成什么危害。当地震震级在4.5—6级时，就被称为中震，由于地震发生地的地理位置、建筑情况等条件的不同，会造成不同程度的危害。而超过6级、小于8级的地震就可称为巨大地震，通常会带来极大的损害。至于8级以上的超大地震，对人类来说就是毁灭性的灾害。在用震级描述地震强烈程度的同时，还有一个重要的指标，叫作烈度。烈度就是指地震发生时地面震动的强弱程度。我国将地震烈度分为12度。震级和烈度虽然都是用来描述地震强烈程度的，但是二者的关注点不同。一次地震经过修正以后，会选取一个平均值作为地震震级，但是同一次地震中，不同地方却可以有不同的烈度值。也就是说，一次地震最终只有一个地震震级，而烈度却会有多个。

第四张熟面孔是台风。了解台风之前要先了解另外一个概念——气旋。一般我们把北半球逆时针方向旋转的涡旋叫作气旋，而顺时针方向旋转的涡旋则叫作反气旋；南半球反之。台风就是最猛烈的气旋系统。在高温高湿的热带海洋上，夏季最易形成台风。因此，我们一般按照热带气旋中心附近风力的大小对其进行分类。中心风力低于7级的叫作热带低压，中心风力为8—9级的叫作热带风暴，10—11级的叫作强热带风暴，而中心风力高于12级的就是我们熟知的台风了。这四种类型热带气旋之间会随着发展过程互相转化。为了对台风进行预报和管理，各国气象部门都会对台风进行编号或者命名。世界气象组织第30届会议上通过了西北太平洋和南海热带气旋命名表，这张命名表上的由亚太地区的14个国家提供的140个名字将按照顺序被循环使用。而我国原来对台风是按照年度编号进行管理的，每年都从1号编起，如9605号指的是1996年第5号台风。目前出于与国际接轨的考虑，同时采用年度编号和世界气象组织的固定命名两种方式。台风一般会有较长的预警期，所以我们可以有比较充足的时间来做好应对工作，但是超强台风对建筑物及人民生活还是会造成极强的破坏。如《广东省志·自然灾害志》中就记录了

1969 年发生的台风灾害，情形如下：

6903 号太平洋台风于 1969 年 7 月 28 日在惠来登陆，登陆后从东到西横扫本省中部，至粤桂交界处消失。在海上风速高达 75 米／秒，登陆时风力 12 级以上。8 级大风覆盖 32 个县，其中 10 级大风 12 个县，12 级或以上大风 9 个县。极大风速，汕头 52.1 米／秒、惠来 45 米／秒，南澳、普宁、海丰、饶平和上川岛≥ 40 米／秒。它是登陆本省热带气旋中大风范围和风速极值都属于前列。暴雨范围也相当广，54 个县暴雨，其中 25 个县大暴雨，饶平、惠来、陆丰、化州、电白和吴川特大暴雨，惠来日雨量 304 毫米，化州过程雨量 384 毫米。[①]

第五张熟面孔是低温冷冻。低温冷冻一般包括低温连阴雨、低温冷害、霜冻和寒潮四种类型。冷空气是造成低温冷冻灾害的主要原因。低温冷冻发生之后，主要会对农业生产造成较大危害，有造成减产或死苗毁种的风险。低温冷冻一般发生在春季和秋季的长江中下游地区，具有一定的规律性和周期性。比如说，民间常说的“倒春寒”就属于低温冷冻。

第六张熟面孔是雪灾。雪灾也是在发生时间和地域上都具有鲜明特征的一种灾害。与低温冷冻的分布形成明显地理差异的是，雪灾一般发生在内蒙古高原、西北和青藏高原的部分地区。雪灾发生的时间一般在 10 月到次年的 4 月。根据雪灾形成的条件、分布范围，以及表现形式等，可将雪灾分为雪崩、风吹雪灾害（风雪流），以及牧区雪灾。根据积雪程度，则可分为永久积雪、稳定积雪、不稳定积雪、瞬间积雪、多年无降雪。雪灾也可分为突发型雪灾和持续型雪灾。根据严重程度不同，雪灾

① 广东省地方史志编纂委员会:《广东省志・自然灾害志》，广东人民出版社 2001 年版，第 158—159 页。

则可分为轻微雪灾、中等雪灾，以及严重雪灾。雪灾发生后将大范围影响牲畜及人民生活。

最后一张熟面孔就是农业病虫害。从古到今，农业病虫害一直在不停地侵扰着我国人民的生产和生活。从两汉时期的蝗灾、螟灾到各种稻瘟病，农业病虫害严重地影响着农业生产。根据灾害的对象不同，农业病虫害可以细分为农作物生物灾害、森林生物灾害、草原生物灾害；根据造成灾害的生物种类不同，可以细分为病害、虫害、草害、鼠害；根据灾害程度不同，则可分为轻害、中害、重害、特重害。农业病虫害种类多，影响大，发生频率高，发生时会造成较大的经济损失。

寻觅自然灾害的发生规律

对于自然灾害发生规律的探索，有助于人类深化对自然灾害的认知，提升防灾、减灾、抗灾、救灾的能力。这是一项非常重要的任务。很多学者就此提出了各种不同的归纳和表达。如谢宇将其归纳为：潜在性和突然性；周期性和群发性；复杂性和多因性。[①]孙绍聘将其归纳为地区性、群发性、周期性、社会性。[②]邓云特则将自然灾害发生的规律概括为普遍性、连续性、积累性。[③]郑功成的概括最为复杂，他分别从总体、灾种、成因、空间、时间几个维度将自然灾害的规律概括为总体上的普遍性、频繁性，灾种上的广泛性、集中性，成因上的相关性，空间上的地域性，时间上的突发性和周期性。[④]

其实仔细对比这些不同的说法，可以发现，尽管表述各有不同，但是主要的特点在不同的说法中基本都被归纳和概括出来了。我们可以综合选取被广泛认可的几个特点来详加说明。

---

① 谢宇:《泥石流的防范与自救》，西安地图出版社2010年版，第149—150页。

② 孙绍骋:《中国救灾制度研究》，商务印书馆2004年版，第17—19页。

③ 邓云特:《中国救荒史》，商务印书馆2011年版，第52—53页。

④ 郑功成等:《多难兴邦——新中国60年抗灾史诗》，湖南人民出版社2009年版，第35—38页。

第一，自然灾害发生时间的周期性。通过对自然灾害的统计资料进行分析，可以发现，几乎所有的自然灾害都会有一个模糊的周期性特点。虽然各种不同的自然灾害的周期长短差异很大，但是从总体上来看，自然灾害的发生周期和天文事件的周期变化有着紧密的关系。如对我国历史上发生过的旱灾进行分析，就可以发现，基本上每隔 400 年就会发生大范围旱灾，似乎 400 年就是旱灾的一个周期。同理，地震、水灾等也都存在着模糊的周期性发生规律。

第二，自然灾害发生的地域性。无论是从全世界来看，还是从中国来看，自然灾害的发生都表现出了明显的地域性特点。也就是说，有的地方天生灾害频发，而有的地方则相对安宁。在人类文化知识水平低下的时期，人们实在没有能力解释自然灾害发生的地域性不均衡现象，于是就趋向于从民间神话等角度去解释，认为某些地方灾害少有是因为这个地方是“福地”，而有的地方灾害频发是因为此地是“被惩罚”之地。当然这种无稽之谈不过是在自然灾害肆虐下无助的人们的自我安慰。进入现代，人类已经清楚地知道，自然灾害的发生与地质、地理、气候等条件关系密切。从全世界来看，太平洋和阿尔卑斯山脉、喜马拉雅山脉一带是全世界的重灾区。而我国的重灾区则按照不同的灾种，集中于特定的几个地方，如地震多发生于几个主要地震带上。我国地形上由西向东、由南向北呈阶梯状塬面跌落的特点，自然就使得我国的洪涝灾害多发生在东部，干旱多发生在西部；东部沿海地区是台风、风暴潮等海洋灾害的多发地区；雪灾则更多地发生在北方。

第三，自然灾害的群发性特点明显。所谓群发，指的是多种自然灾害相伴产生或者相互之间发生转化、衍生等。自然灾害基本上都不是单独存在的，如暴雨在平原地区如果遇到河道不畅通常会引发洪水，而在山区则很容易引发山洪、山体滑坡、泥石流等；台风往往伴随着暴雨；地震很容易引起山崩、滑坡、泥石流、地面塌陷等多种其他灾害。理解自然灾害的群发性特点，对于人类制定防灾、减灾、救灾、抗灾策略意义重大。

三、灾害及灾荒的成因分析

古往今来，对于灾害的成因，人类有过各种各样的猜测和解释。如生活在缅甸和泰国附近几个岛屿上的莫肯人中一直流传着海啸是由海灵唤醒并发出的“吞噬人的波浪”的传说。《山海经》中也表达过类似的惩罚论思想，认为灾害是上天降罪于人的惩罚方式。我国古人还在很长时间里认为洪涝灾害和旱灾都是由龙王的力量所控制的，而火灾则由火神掌管。

当然，从现代社会所掌握的知识来看，要想解读灾害或者灾荒形成的原因，应从科学的角度进行分析。

致灾因子与自然灾害

从灾害学的角度来分析的话，灾害的成因是由致灾因子、承灾体和孕灾环境三部分构成。致灾因子包括灾种和致灾强度；承灾体包括社会脆弱性和承灾力；孕灾环境是由多种自然因素和社会因素相互作用而成的。这三种因子相互作用，形成灾害，并表现出不同类型和不同强度的灾害。显然，这是最具学术性的理论解释。

致灾因子虽然听起来颇具学术风格，但实际上指的就是一种或者几种有破坏力的自然现象。就目前来看，大体上人们认可的致灾因子包括六大类：天文活动、大气活动、水圈活动、地壳活动、生物活动、人类活动。这六类也正是所有学者分类讨论的自然灾害的成因。

人类的科技水平与灾荒

同样的自然灾害发生时，人的应对水平不同，人类所遭受的损失程度就大为不同。因此，近代学者在探寻灾荒产生的原因时，更多地会着眼于科学技术水平。人类的科技水平反映着当时人类的生产力水平和生产关系，每一个历史时期的科学认知和技术水平都无法超越当时的社会现状。我国古代灾荒多而现代灾荒少，经济困难时灾荒多而经济较为发达后灾荒少，这印证了科技水平对于灾害应对所发挥的巨大力量。

社会、环境因素与灾荒

人类的活动也直接影响着灾荒程度。如在我国古代漫长的封建社会中，尤其是在未遇到盛世明君之朝时，苛政几乎是造成所有灾荒发生的必然原因之一。

如《后汉书》中就有这样的记录：

夫天降灾戾，应政而至。间者郡国或有水灾，妨害秋稼。朝廷惟咎，忧惶悼惧。而郡国欲获丰穰虚饰之誉，遂覆蔽灾害，多张垦田，不揣流亡，揣音初委反。竞增户口，掩匿盗贼，令奸恶无惩，署用非次，选举乖宜，贪苛惨毒，延及平民。

封建剥削和贪官污吏的欺压历朝历代都有，但在有的朝代更为严苛，如果此时遇上严重的自然灾害，势必演变为百姓流离失所、丧命于饥馑的历史必然结果。

此外，如果自然灾害发生时再遇上战争等巨变，则灾荒产生的概率自然也会翻倍上升。如唐朝李豫创作的散文《给复巴蓬等州诏》中就曾记载如下：

如闻巴南诸州，自顷年以来，西有蕃夷之寇，南有羌戎之聚，岁会戎事，城出革车。子弟困于征徭，父兄疲于馈饷。赋益烦重，人转流亡，荒田既多，频岁仍俭，户口凋耗，居民萧然。

在战争中，除了经济凋敝之外，人们为了取得战争胜利，往往还会人为毁坏各种防灾设备，这更会酿成人民生命财产的巨大损失，以致灾荒。而灾害和灾荒的出现，轻则引起社会波动，经济衰落；重则城毁人亡，社会动荡，甚至政权易主。灾害和灾荒确实是我们人类社会文明发展历程中最大的阻碍。

第二章　中华百年灾害灾荒史

一九四二年的大旱之后，发生了遮天蔽日的蝗虫。这一特定的标志，勾起了姥娘并没忘却的蝗虫与死人的联系。她马上说："这我知道了。原来是飞蚂蚱那一年。那一年死人不少。蚂蚱把地里的庄稼都吃光了。牛进宝他姑姑，在大油坊设香坛，我还到那里烧过香！"

我说："蚂蚱前头，是不是大旱？"

她点着头："是大旱，是大旱，不大旱还出不了蚂蚱。"

我问："是不是死了很多人？"

她想了想："有个几十口吧。"

这就对了。一个村几十口，全省算起来，也就三百万了。

我问："没死的呢？"

姥娘："还不是逃荒。你二姥娘一股人，三姥娘一股人，都去山西逃荒了。"

……

这就是了。核对过姥娘，我又去找花爪舅舅。花爪舅舅到底当过支书，大事清楚，我一问到一九四二年，他马上说："四二年大旱！"

我:“旱成甚样?”

他吸着我的“阿诗玛”烟说:“一入春就没下过雨,麦收不足三成,有的地块颗粒无收;秧苗下种后,成活不多,活的也长尺把高,结不成籽。”

我:“饿死人了吗?”

他点头:“饿死几十口。”

这是作家刘震云的调查体小说《温故一九四二》中的一个片段。小说开篇用“我”去找姥娘和花爪舅舅了解1942年河南大旱时的一段对话,再现了当年那场大旱灾下的惨烈情景。这部小说于2012年被搬上了银幕。电影中河南人在大逃荒时死伤无数、满眼绝望的场景让绝大部分观众红了眼眶,甚至潸然泪下。

在影片中,有几个数字很是刺痛人心。当蒋介石询问当时的河南省政府主席李培基死亡人数时,李培基习惯性地汇报出官方的统计数据:“政府统计1026人。”蒋介石习惯性地继续问:“实际呢?”李培基停顿了一下,小心翼翼地回答:“大约300万人。”

救灾救荒工作是一个非常复杂的系统工程,必须充分了解灾害的发生规律,掌握预防和处置灾害的科学知识和技术,制定运转有效的救灾制度和体制,才能最大限度地减少灾害灾荒造成的生命、财产损失。在中国共产党领导我国人民抗灾救灾的百年历程中,首先要清楚了解的就是我国在这百年间发生过的自然灾害及灾荒的基本情况。再具体一点来说,就是要研究百年来我国灾害发生的频次、强度、时间分布规律、空间分布规律,以及灾情的严重程度等情况。那么,我们就先从历史上我国发生过的几次大灾讲起吧。

一、千年文明千年灾

自古以来我国就是一个多灾的国家，伴随着五千年灿烂文明的是频发的各类灾害灾荒。自前1766年（商汤十八年）至1937年为止，3703年间，我国历史上水、旱、蝗、雹、风、疫、地震、霜、雪等自然灾害，共发生5258次，平均约每6个月即罹灾一次。据文字记载，从前206年到1949年的2155年间，几乎每年都有一次较大的水灾或旱灾。[①]

当我们在为我国人民与灾害灾荒作斗争的艰苦卓绝和战胜自然灾害的智慧与勇敢感慨和赞扬时，也在为历史长河中，那一场场、一次次重大灾害灾荒发生时赤地千里、饿殍遍野的悲惨景象感到揪心和难过。

便恐昆仑八柱折，赤子啾啾忧地裂

两汉时期（前206—220）被称为“两汉宇宙期”，是我国历史上灾害发生非常频繁的一段时间，其间主要的灾害就是频发的地震。“秦汉四百四十年中，灾害发生了三百七十五次之多……地震六十八次。”[②]

《汉书》中记载了两汉时期数次地震发生时的情形：

惠帝二年，地震陇西，压四百余家……宣帝本始四年，郡国四十九地震，或山崩水出。北海琅邪坏祖宗庙城廓，杀六千余人……成帝绥和二年，地震，自京师至北边郡国三十余坏城廓，凡杀四百一十五人。[③]

尽管年代久远，当时的记载并没有像我们今日的记录一样详尽，但

---

① 夏明方:《民国时期自然灾害与乡村社会》，中华书局2000年版，第1—2页。

② 邓云特:《中国救荒史》，商务印书馆2011年版，第16页。

③ 甄尽忠:《论两汉时期的地震与赈济》，《河南大学学报（社会科学版）》，2005年第3期，第114—118页。

是从这些简短的记录中，我们还是可以想象到地震后屋倒人死、瘟疫流行、大水漫流的悲惨景象。

我国历史上死伤人口最多的一次地震是1556年的明朝华县大地震，历史上又被称为关中大地震。1556年1月23日午夜时分，陕西省华县附近发生8级地震，烈度为11度。这场地震影响范围很广，相当于当时明朝大半个疆域同时发生地震，陕西、山西、河南三省受灾最为严重，重灾面积约30万平方公里。虽然死亡人数在学界存在争议，有说70多万的，也有说是83万的，但无论是哪个数字，都是一个令人惊骇的巨大数字。《明世宗实录》中是这样记录这次大地震的：

壬寅，是日山西、陕西、河南同时地震，声如雷，鸡犬鸣吠。陕西渭南、华州、朝邑、三源（原）等处，山西蒲州等处尤甚，或地裂泉涌，中有鱼物，或城郭房屋陷入池（地）中，或平地突城（成）山阜，或一日连震数次，河、渭泛张（涨），华兵（岳）、终南山鸣，河清数日。压死官吏军民，奏报有名者八十三万有奇。时致仕南京兵部尚书韩邦奇、南京光禄寺卿马理、南京国子监祭酒王维桢同日死焉。其不知名未经奏报者，复不可数计。

这次地震之后，灾情最为严重的关中地区荒无人烟，几乎是千里无民可治，万家房户摧裂，其他地方则是粮食短缺，社会秩序混乱。一时间谣言四起，甚至出现了饥民抢粮，公然与朝廷武力对抗的事件，严重瓦解了明朝的统治根基。

桑条无叶土生烟，丁戊奇荒民生艰

根据中国科学院外籍院士、生物化学和科学史学家李约瑟（Joseph Terence Montgomery Needham，1900—1995）的统计，在过去的2100多年间，中国共发生过1300多次大旱灾。一旦发生，就会对农业生产造成毁灭性的打击。我国历朝历代都有大旱灾发生，灾后百姓无以为生，严重时甚至到了人吃人的地步，唐、宋、元等朝代都留下过旱灾后民间没有粮食而发生的饥民相食的记载：

唐中和四年（884），史载“江南大旱，引发饥荒，人相食”。

北宋明道二年（1033），史载“南方大旱，种粒皆绝，人多流亡，因饥成疫，死者十二三”。

元朝天历元年（1328）至至顺元年（1330），史载“今河北、河南、山西、陕西等省连年大旱，饥民相食”。

1876—1879年（光绪二年至五年）。这一段时间发生的大旱灾给年幼的光绪帝一个大大的威胁。因这场持续三年的大旱灾在丁丑和戊寅两年灾情最重，所以历史上称之为丁戊奇荒。“奇荒”二字足见当时灾荒之深重。

实际上这场影响了大半个中国的大旱灾从1875年开始就已经在各地发生了。谭嗣同在《刘云田传》中曾经写道：

光绪初元，山西、陕西、河南大饥，赤地方数千里。句萌不生，童木立槁，沟渎之殣，水邕莫前，殂歹横辙，过车有声，札瘥踵兴，行旅相戒。①

当时已经被李鸿章等人称为“实二百年来所仅见”的大旱灾，和之后的灾情相比还只是一个序幕而已。

① 谭嗣同:《谭嗣同全集》，生活·读书·新知三联书店1954年版，第170页。

1876年，灾情比前一年更为严重了。到农历六月，直隶地区的旱情发展到了巅峰，麦子的收成只有往年的一半。当时任直隶总督的李鸿章在一封书信中如此描述，“直、东久旱，麦既无收，秋禾未种。饥民遍野，赈抚无赀”。[①]再看山东、安徽、陕西、江苏北部、山西、奉天，也都是全年干旱。从十一月开始，苏北的饥民开始向南流亡，寻找生路，苏州、常州、江阴、镇江都开始设厂留养苏北逃难来的饥民。

1877年（光绪三年，丁丑年）和1878年（光绪四年，戊寅年），更大的大旱荒地区形成，覆盖了山西、河南、直隶、陕西、甘肃、山东、江苏、安徽、四川等地。这两年的旱灾严重程度超过了中国近代史上任何一次旱灾。连续两年的旱灾，使得村民们只能靠挖草根、吃树皮勉强度日。当时任山西巡抚的曾国荃称：

各属亢旱太甚，大麦业已无望，节序已过，不能补种；秋禾其业经播种者，近亦日就枯槁。至于民间因饥就毙情形，不忍殚述。树皮草根之可食者，莫不饭茹殆尽。且多掘观音白泥以充饥者，苟延一息之残喘，不数日间，泥性发胀，腹破肠摧，同归于尽。隰州（今隰县）及附近各县约计，每村庄三百人中，饿死者近六七十人。村村如此，数目大略相同。甚至有一家种地千亩而不得一餐者。[②]

不仅山西如此，河南、陕西等各地的情形也都差不多。这场大旱灾和水灾、蝗灾混在一起，更使得村庄过半皆为空，耕作难兴，人员逃命，苦不堪言。

---

① 《李鸿章致潘鼎新书札》，转引自李文海、周源：《灾荒与饥馑：1840—1919》，人民出版社2020年版，第82页。

② 李文海、周源：《灾荒与饥馑：1840—1919》，人民出版社2020年版，第87—88页。

二、我国自然灾害的时间分布

如前所述，自然灾害的发生是具有周期性特点的。虽然有些灾害显示出频发、高发趋势，几乎每年都会发生，但是有些灾害却表现出间发规律，每隔一段时间才会较为严重地暴发一次。在中华人民共和国成立之前，明清和民国时期都是我国自然灾害的高发期。由灾害流行病学研究中心(Center for Research on the Epidemiology of Disasters, CRED)维护的EM-DAT灾难数据库是目前国际上维护较好的数据库之一。EM-DAT灾难数据库中的数据显示，单年自然灾害发生次数总体上呈逐步增长趋势。

1971—1980年，年平均自然灾害97次；1981—1990年，年平均自然灾害198次；1991—2000年，年平均自然灾害320次；2001—2007年，年平均自然灾害453次。[①]

自然灾害的增加规律表现得非常明显。从具体灾种的角度来看，洪水、风暴、流行病、地震、干旱等灾害的发生次数也呈现出上升的趋势。

1921—1949年间的灾害灾荒

根据邓云特的统计，我国民国时期发生频率最高的灾害分别是水灾、旱灾、地震，以及蝗灾。[②]如果按照死亡人数超过5万人的标准来梳理的话，则会发现在这一段时间内，死亡人数较多的灾害排序是水灾、旱灾、瘟疫、冷害、飓风，以及混合型灾害。

---

① 蒋芳:《自然灾害的时空特征及与现代化的相关性》,《科学与现代化》，2008年第4期，第53—67页。

② 邓云特:《中国救荒史》，商务印书馆2011年版，第49页。

这一时期发生频率最高的是水灾，主要包括1921年湖北长江中游水灾、1930年河南新蔡水灾、1931年江淮流域皖鄂湘苏浙赣豫鲁8省的水灾、1935年湖北湖南长江中游大水、1938—1947年花园口决口，以及1945年湖北石首、公安、江陵、松滋水灾。死亡人数最少的是发生在1921年的湖北长江中游水灾，死亡人数为54390人；而死亡人数最多的水灾是1938年发生，一直持续到1947年的花园口决口，死亡人数高达893303人。

发生频率排第二的是旱灾。在这一段时间内，死亡人数超过5万人的旱灾共发生5次，分别是1925年四川省全境旱灾,1928—1930年河北、山东、陕西、河南、山西、甘肃、绥远、察哈尔、热河旱灾，1942—1943年的河南大旱灾，1943年的广东省大旱灾，1946年的湖南零陵、祁阳、东安、衡阳旱灾。其中，死亡人数最少的是1946年湖南零陵、祁阳、东安、衡阳旱灾，有96186人；而死亡人数最多的是1928—1930年北方大范围旱灾，死亡人数高达1000万人。

发生频率排第三的灾害是瘟疫。这期间一共发生3次死亡人数超过5万人的瘟疫，分别是1931年的青海瘟疫，死亡20万人；1940—1941年的湖北兴山、宝康瘟疫，死亡7万人；1944年河南豫西及宛西23县暴发的瘟疫，死亡人数为9万人。

发生频率排第四的是冷害。这一阶段中较大的冷害主要是1923—1925年发生在云南省东部的冷害，因灾死亡30万人。

死亡人数超过5万人的飓风在这一段时间内发生过2次，分别是1922年的广东澄海、汕头等县发生的飓风，死亡将近8万人；1935年发生在山东莱州湾的飓风，死亡5万人。

还有2次混合型灾害也非常严重，一次是1930年发生在浙江温州、台州的水风虫旱灾害，死亡10万人；另一次是发生在1932年的陕豫皖鄂赣等19省水旱疫，死亡人数超过106万。这些灾害的具体灾种、受灾地区，以及死亡人数等信息可参见附表 1（391 页）。

如果我们从时间轴维度来考量这一段时间内的灾害次数及影响到的灾民总数的话，可以更为清晰地看出这一段时间内灾害在各个年度的发生情况及对当时社会经济及人民生活的影响程度。如果将每个省受灾人口在 10 万人以上的看作 1 省次的话，就会发现，除了 1923 年之外，这一阶段每一年都有灾害发生。其中，发生次数超过 10 次的年份及省次分别是：1928 年 18 次，1929 年 12 次，1930 年 15 次，1931 年 15 次，1932 年 14 次，1933 年 13 次，1934 年 11 次，1935 年 12 次，1943 年 10 次，1945 年 18 次，发生灾害的省次超过 10 次的年份有 10 年。从这些数据中也可以看出，发生年度的连续性特点表现得特别明显，1928—1935 年连续发生次数超过 10 次，十年后的 1945 年再次攀升至 18 次，1946 年和 1947 年的发生次数分别为 9 次和 8 次。而且，灾害发生具有两个明显的时间段：1928—1935 年为第一个灾害高发时间段，1945—1947 年为第二个灾害高发时间段。

再从受灾人数的维度来考量，则会发现受灾人数超过 5 万人的年份主要分布在 1928—1931 年、1934 年、1943 年，以及 1946 年，共 7 年。由此，可以看出另一个规律来，即发生灾害较多的年份大部分是与受灾人数较多的年份重合的。这一重合性特点也印证了一个朴素的常识——灾害多则受灾人数多。在这一阶段，我国的防灾抗灾能力和水平还比较差，基本上处于被动接受灾害的处境中。而在技术水平大为进步的今天，灾害发生的次数与受灾人数就不一定会呈现出高度的重合性特征了。图 1 清晰地展示出 1921—1948 年间我国的受灾省次与灾民总数的趋势，以及二者之间的阶段性趋同特点。

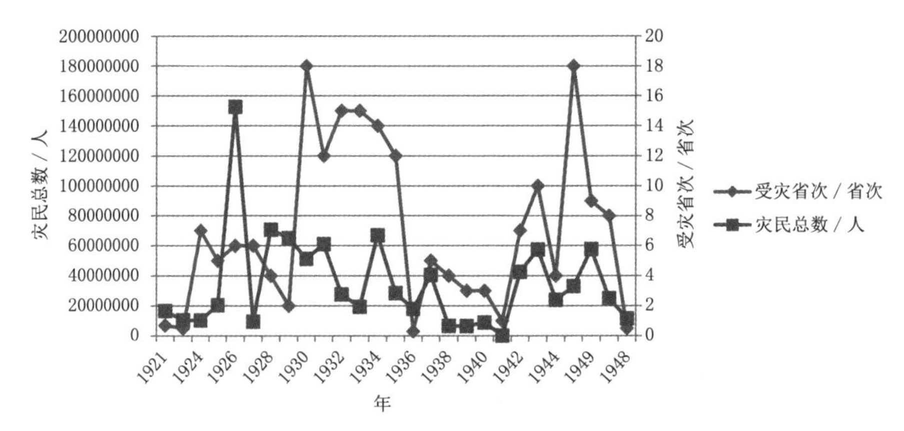

图 1　1921—1948 年受灾省次与灾民总数趋势图

资料来源：作者根据夏明方所著《民国时期自然灾害与乡村社会》（中华书局 2000 年版）第 395—399 页数据制作。

注：受灾省次标准为受灾人口在 10 万以上的看作 1 省次。

中华人民共和国成立以后的灾害灾荒

中华人民共和国成立以后，我国仍然灾害频发，百姓生活异常艰苦。中华人民共和国成立不久就遭遇了较多的洪涝灾害，20 世纪 60—70 年代则是地震高发期，90 年代又进入了洪涝高发时期。进入 21 世纪后，2003 年的“非典”疫情一下子打破了人们既有的稳定生活。2008 年的南方冰雪灾害和汶川地震，使 2008 年成为我国 21 世纪中灾难最为深重的一年，而 2019 年年底开始肆虐的新冠肺炎疫情也不容乐观。

我国自然灾害统计工作进入规范化管理并面向公众公开是 1989 年中国国际减灾十年委员会建立之后的事情了。这一组织于 2000 年更名为中国国际减灾委员会。2005 年再次更名，成为我们现在所熟知的国家减灾委员会，2018 年应急管理部组建以后，国家减灾委员会归口由应急管理部管理。因此，民政部每年向全社会公开发布一次的《民政事业发展统计报告》中对于自然灾害的统计也是从 1989 年开始的，之前民政部并没有公开非常系统的相关资料。

从灾害给我国带来的直接经济损失维度来看，20世纪90年代灾害造成的直接经济损失呈现出了急速上升的趋势。进入21世纪之后稍有回落，但与之前的差别不是很大。在2008年达到峰值11752亿元，2010年下降至5339.9亿元，此后再次降低至十年前的水平。

从死亡及失踪人口数量的维度来看，在年度差异的整体变迁上并没有明显的规律性可寻，各年度之间差异也并不太大，只有2008年因大灾频发，死亡及失踪人数飙升至88928人。从图2中我们也可以看到，死亡人数在2008年呈现出一个尖锐的凸角，而其他年份的数据相对比较平稳。

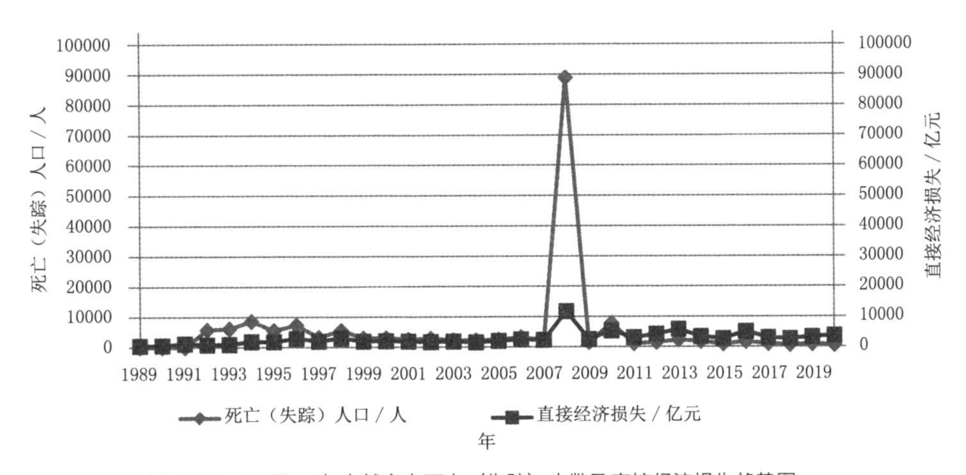

图2 1989—2020年自然灾害死亡（失踪）人数及直接经济损失趋势图

资料来源：作者根据中国民政部1989—2007年每一年《民政事业发展统计报告》中相关内容及应急管理部减灾中心自然灾害统计数据（2018—2020年）相关数据制作。

注：1989、1990、1991年三年的因灾死亡人口在统计报告中未提及，具体信息不详，在图中暂时以0取值。

三、我国自然灾害的空间分布

我国因重大自然灾害死亡人数的统计始于公元前180年发生在陕西、河南和湖北等地的涝灾。自然灾害除了在时间维度上会表现出一定的多发或偶发等规律之外，不同的灾害类型还有着比较明显的地理空间分布特征，如台风这种灾害在我国就主要分布在沿海省份，如广东、福建、浙江、上海一带。

大空间区域视角下的我国自然灾害分布

我国历史上自然灾害发生的空间区域分布数据显示，我国自然灾害的空间区域大体上可以分为三个：第一个是黑河—腾冲走向的胡焕庸线以西的西部灾害域；第二个是胡焕庸线以东，北纬 34 度以北的北部灾害域；第三个是胡焕庸线以东，北纬 34 度以南的淮秦岭—淮河线以南的南部灾害域。其中北部灾害域的多发灾害是旱灾、涝灾、低温冻害、泥石流；南部灾害域中多发的灾害分别是旱灾、涝灾、暴雨洪灾、泥石流、台风、风暴潮、生物灾害；而西部灾害域中多发的灾害则主要是持续时间较长的旱灾、冷害雪灾，此外地震较为明显。[①]

此外，根据地理特点和地质特点，一般我国还会从以下几个地理区的划分来了解我国的自然灾害发生的空间规律，这几个地理区就是黄河中下游地区、长江中下游地区、西南地区、华南地区、东北地区。我国自然灾害的发生一直有着分布不平衡的基本格局，大体上黄河流域的自然灾害最多，长江流域次之。从中国共产党成立到中华人民共和国成立前，重大自然灾害发生次数的区域也呈现明显的差别，其中，自然灾害高发频发区域集中在华北平原和长江中下游平原、江南丘陵地区，而东北平原、内蒙古高原，以及西北内陆地区则很少发生大型自然灾害。

中华人民共和国成立以来，淮河流域、长江中下游的两湖地区是全国自然灾害发生最多的地区。此外，黑龙江的大兴安岭和小兴安岭是另一个自然灾害高发区域，新疆次之。与中华人民共和国成立前相比，这一阶段的高发区域表现出逐渐南移的特点，同时东南沿海地带灾害发生

---

① 王铮、彭涛、魏光辉等:《近 40 年来中国自然灾害的时空统计特征》,《自然灾害学报》, 1994 年第 2 期，第 16—21 页。

率降低。随着西部大开发战略的实施，我国经济活动向西部移动等的变化，灾害高发区域也表现出向西移动的特点。

省域视角下的我国自然灾害分布

竺可桢曾经统计过我国从1世纪到19世纪（西汉至清朝）各省发生灾害的情况，其中发生100次以上水灾的省包括河南、直隶（今河北）、江苏、山东、安徽等；发生旱灾次数超过100次的省包括河南、直隶、浙江、江苏、山西等。这一研究用更长的历史单位验证了不同灾种发生的地理分布特点。

当然，不同灾种的发生区域也表现出较强的规律性。比如，重大飓风灾害主要发生在东南沿海；水灾主要发生在河流中下游平原及河套地区，其中河南、江苏、河北、浙江、湖北五省发生集中率高达63.49%；冷害主要发生在新疆，发生率为50%；旱灾主要发生在河南、山东、四川和山西，四省份集中率为71.43%；瘟疫分布较广，浙江、河南、江西、湖南、云南、广西等地均有发生，其中以浙江的发生率最高，占总发生率的19.35%；江苏、浙江、上海的飓风发生次数分别为14次、15次、15次，占全国飓风发生频次的81.48%；地震主要发生在山西、宁夏和甘肃，集中率为61.54%。

在中华民国成立之前，发生重大自然灾害最多的省份是河南（28次）、江苏（26次）、浙江（25次），分别占统计总量的14.74%、13.68%和13.16%。发生次数排在第二梯队的是上海（18次）、河北（10次）、广东（8次）、福建（8次），分别占统计总量的9.47%、5.26%、4.21%、4.21%。发生次数排在第三梯队的是山东、云南、山西、江西、湖南、新疆、湖北、安徽，发生的次数为5或6次，占总统计量的2.63%—3.16%，而黑龙江、北京、青海、贵州、宁夏、广西等地发生次数较低，均低于5次，海南、吉林、辽宁、内蒙古、天津、西藏等地重大自然灾害发生次数很少。[①]

如果以省级单位来考量灾害发生次数的话，我们会发现，从1921—1948年，河南发生灾情19次，山东17次，安徽15次，湖南12次，河北11次，湖北10次，江苏9次，陕西8次，江西8次，广东8次，贵州7次，甘肃7次，四川7次，福建5次，浙江5次，广西5次，云南4次，宁夏4次，吉林3次。

四、中国共产党对灾荒的认知变化

无论是中华人民共和国成立之前中国共产党在艰苦的环境下带领人民抵抗灾害和灾荒的探索，还是中华人民共和国成立后较为系统地进行抗灾救灾的工作，灾难灾荒始终是中国人民追求幸福生活道路上的一大阻碍，更是中国共产党必须直面的一个重大挑战。受各种因素的影响，中国共产党对于灾害灾荒的认识存在一个曲折变化的过程。

中华人民共和国成立前：人为致灾情况较多

中国共产党在革命根据地抗击灾害灾荒的过程中，逐渐对灾荒出现的原因进行了思考，并提出了“看似天灾，实际上人为因素更重要”的观点。1929年在中央通告的《秋收斗争的策略路线》中，将灾荒出现的原因归结为以下几条：第一是帝国主义对中国固有农产品之破坏；第二是田租、捐税等封建剥削；第三是缺乏灌溉及水利事业；第四是军阀内战；第五则是苛政。

而关于对帝国主义或者国民党的人为致灾或者加重灾害程度的认知，中国共产党认为主要表现在以下几个方面：

首先，是国民党军阀和地主豪绅的榨取和剥削。无论是北洋军阀政

① 刘毅、杨宇:《历史时期中国重大自然灾害时空分异特征》,《地理学报》, 2012年第3期，第291—300页。

府还是南京国民政府，赋税不但种类繁多，而且都极重。据《红色中华》记载，“税捐的名目特别多，乡村的房子要抽税，吃点心也要抽税，乡村游神要抽税，妇女正月探亲也要抽很重的税，大大小小差不多几百种。”[①]而地主豪绅则利用各种方法抢夺土地，将好田据为己有，农民分到的只能是贫瘠的田地，一遇到水灾、旱灾，必然入不敷出。

其次，是战争加重或者直接造成了灾荒。在这一时期，不但有帝国主义的侵华战争，国内更是军阀混战，还有国民党对中国共产党革命根据地的围剿行动。这些战争给人民生活带来了极大的损失。如1930年的中原大战造成了河南27个县受灾，农业损失严重。此外，这场军阀混战还导致30万人死亡，而且死亡人口中一半以上都是青壮年男子。战争所需物资也都是从周围百姓身上榨取的。

再次，是帝国主义的经济侵略外加军阀贩卖鸦片。随着帝国主义对中国的商品倾销，中国脆弱的农业经济遭到了严重的打击。比如，闽、浙、苏、鲁各地的渔业被帝国主义侵占，渔民完全失去了经济来源。比如，军阀强迫农民大量种植罂粟，造成了粮食谷物缺乏，出现了大量饿死人的现象。

最后，是水利事业的荒废。因为民国时期社会动荡，政治更迭频繁，水利事业基本荒废。

中华人民共和国成立之初：生产救灾最关键

中华人民共和国成立之初，面对着频繁发生的自然灾害，中国共产党认识到，与自然灾害作斗争是当时巩固新生政权的重要任务，因此国家将救灾工作确定为当时最重要的工作。1949年12月19日，中央人民政府政务院发出了《关于生产救灾的指示》，明确指出：“生产救灾是关系到几百万人的生死问题，是新民主主义政权在灾区巩固存在的问题，是

① 《国民党统治下广东潮梅的苛捐杂税》，《红色中华》，1934年5月11日。

开展明年大生产运动、建设新中国的关键问题之一。”时任中央人民政府内务部部长的谢觉哉同志也提出要把救灾工作放到政治任务的高度上来看待，其他工作要服从、服务于救灾工作。因此，当时的救灾工作成为重要任务。而要想完成好这一任务，就要找到救灾的切入点。当时党中央已经充分认识到农业生产与自然灾害之间的关系，提出救灾工作要通过发展农业生产，要与农业生产结合起来进行的指示。此外，党和政府深刻认识到了自然灾害的严重性，明确提出我们要做好长期与自然灾害作斗争的心理准备。如1950年8月18日，在政务院第46次政务会议上，时任中央人民政府政务院总理的周恩来在讨论民政会议综合报告时强调，对自然灾荒来说，在相当长的时间内，我们还不能控制它，只能做到防止和减少它给我们带来的灾害。1953年11月13日通过的《第二次全国民政会议决议》中也指出，目前我国防灾设施虽在大力建设，但在相当长的时期内，自然灾害的袭击尚难避免。

其实直到1958年“大跃进”之前，我国党和政府对自然灾害的认识一直是比较清醒和客观的，对救灾抗灾的难度也有着较为合理的判断。

“大跃进”时期：抗灾救灾靠热情

从1957年开始，我国进入了一个曲折发展的时期。这一时期，主流思想认为短时期之内就可以通过革命热情将自然灾害消灭。在1958年5月26日到6月18日之间内务部召开的第四次全国民政会议提出了“救灾工作必须为农业生产大跃进和消灭自然灾害服务”的要求，强调“自然灾害终于要被消灭，而且很快就要被消灭”，甚至由中华人民共和国内务部农村福利司编写的《建国以来灾情和救灾工作史料》一书中也公开指出：

灾荒，现在已不是什么大的问题，再过几年，十几年，终将成为历史名词而被人们所遗忘了。河南省基本实现了水利化，消灭了一般水旱等灾害。

1958年，中央救灾委员会被撤销，由内务部接管所有救灾工作，全国掀起了规模空前的防灾救灾建设高潮。但是，由于不顾实际情况，加上农民技术水平有限，当时兴修的这些工程存在很多质量问题，不但没能减少、预防自然灾害的发生，反而出现了一些水库垮坝等人为灾害。

改革开放时期：开展救灾理论研究

1978年9月，全国第七次民政工作会议召开，明确了在新的历史条件下救灾工作的各项具体任务、方针及政策。这意味着救灾工作终于得以拨乱反正，走上正轨。对于自然灾害的认识，也终于重新回归科学。在这一时期民政部的公开文件中，出现了大量对于自然灾害的科学认识，如：

在现有科学技术等条件下，自然灾害是不可能完全避免的。不仅要认识到救灾工作对四化建设的重要意义，而且要充分认识同自然灾害作斗争的长期性、艰巨性。

全面发展时期：减灾与国民经济发展一体化

为了响应第42届联合国大会第169号决议，即关于从1990—2000年在世界范围内开展减轻自然灾害活动的倡议，我国于1989年4月12日成立了中国国际减灾十年委员会。1989年12月召开的第44届联合国大会上通过了《国际减轻自然灾害十年国际行动纲领》，从此我国开始广泛使用“减灾”这一术语。

中篇

百年救灾史 谱写英雄颂

从风雨飘摇到国泰民安，我们走过的征程从来都不可能只是仰望星空和岁月静好。大洪大旱的生死考验，熊熊火舌的无情吞噬，严寒冰雪的死亡封锁，惨烈地震的天塌地陷，超级台风的狂涛巨浪，烈性传染病带来的恐惧与危害……在与这一切灾害抗争的过程中，一首首中国共产党的英雄赞歌嘹亮地唱响，并久久回荡！

1921—1949

1949—1978

1978—2012

2012—

第一阶段　新民主主义革命时期

我国有一个成语叫“多难兴邦”。无独有偶，西方谚语中也有“Disaster itself is a good medicine”（灾亦良药）的说法。一个多灾多难的国家，如果能够不断吸取灾难带来的教训，推广在灾难应对中形成的好的经验，就能提升自己应对风险和灾难的能力，从而给广大人民带来福祉。但是“多难兴邦”是站在一个较长的时间维度上而言的，如果将考量时间压缩到较短的一个区间，那么“多难”的结果大概率是“很多的苦难”。从1921年中国共产党成立到1949年中华人民共和国成立的这一段时间，从一定程度上讲，正是一个多灾多难的时期。

这一时期，国内的自然灾害不少。其实，多灾的序幕从1920年就被拉开了：浙江温岭山洪、海潮并发，唐山煤矿出现大爆炸事故，海原大地震强度超过唐山大地震十倍，东北鼠疫则遍及东北全境。1931年江淮大水，1936—1937年四川大旱，1939年晋冀鲁豫大水灾，1942年河南大旱灾，20世纪30—40年代基本上是“一半是干旱，一半是泽国”的情形。

另一方面，救灾主体政权和社会经济情况处于一片混乱之中。国民政府尽管也曾明确提出“以工代赈，修筑堤防，疏浚河川，修缮粮库”

等救灾措施，但实际的减灾救灾工作基本处于停滞状态，救灾的担子被一些慈善组织负担了起来。尽管力量不够强，组织也较为零散，但也聊胜于无。

1921年7月，中国共产党正式成立，犹如一轮红日在东方冉冉升起，照亮了中国革命的前程。

尽管在整个新民主主义革命时期，中国共产党的主要任务是推翻压在中国人民身上的帝国主义、封建主义和官僚资本主义三座大山，但是在各种各样的灾害发生时，为了民生，中国共产党也必须和这些灾害进行斗争。实际上，不管是发生在晋冀鲁豫的水灾，还是四川、中原大地的旱灾，乃至大别山地区的蝗灾，处处展现了中国共产党带领人民群众抗灾救灾的生动事迹。无论是苏维埃政权时期，还是解放区政权时期，临灾救济、生产自救、厉行节约、防疫治病都是中国共产党一以贯之的救灾行为。就这样，广大人民群众在中国共产党的带领下，度过了最艰难的时期，当时在救灾抗灾过程中形成的一些比较有效的做法也一直沿用到了现在。

1921—1949

1920 年大地震后的海原县城惨状

1932 年哈尔滨洪灾中等待救援的灾民

1937 年丙丁大旱期间流落街头的灾民

第三章　黎明前的灾难叠加：西北地震+东北鼠疫

1920年9月13日，北京梨园公益总会十六省水灾急赈义务戏演出在正阳门外西珠市口第一舞台举行。当时的演出剧目如下：

《战太平》（全体）

《搜救孤》（陈喜星、时玉奎、高荣亭）

《泗州城》（阎岚秋、阎岚亭、李三星、杨春龙、钱富川）

《击鼓骂曹》（言菊朋、裘桂仙、陈少五）

《双摇会》（筱翠花、朱琴心、萧长华、王又荃、罗文奎、赵春锦）

《娘子军》（尚小云、周瑞安、范宝亭、周春亭、陶玉芝、刘玉芳）

《甘露寺》（程砚秋、马连良、李洪春、程继仙）

《美人计》（杨小楼、梅兰芳、王凤卿、郝寿臣、刘砚亭、孙甫亭）

《回荆州》（尚和玉、龚云甫、李多奎、谭富英、贯多才、蒋少奎）

《打渔杀家》（余叔岩、梅兰芳、钱金福、慈瑞泉、鲍吉祥、郭春山、霍仲三、李四广）

从演员表阵容来看，很多我们熟悉的梨园名家都在其中，如一生参加赈灾义演无数的梅兰芳先生。

1920 年是一个多灾多难的年头。同时，1920 年也是一个风起云涌，充满希望的年头。之所以这样说，是因为在当时，有几条主要的脉络线在各自涌动着。这一年，这几条脉络线的发展格外清晰。

第一条是战争的脉络。1920 年 7 月 14 日，中国爆发直皖战争。8 月 12 日，粤军总司令陈炯明在漳州举行誓师大会，声讨桂系。10 月 28 日，陈炯明军队攻克广州。10 月 2 日，日军出兵攻占吉林珲春。神州大地因战争而内外交困。

第二条是自然灾害及事故的脉络。1920 年 11 月，海拉尔出现鼠疫并传播开来。而这一年的黄河流域大旱，直、鲁、豫、晋、秦五个省发生“四十年未有之奇荒”，饥民多达数千万。7 月 17 日，浙江温岭等四县山洪海潮并发，灾情为六十年所未有，灾民总计达万余人。12 月 16 日，宁夏海原发生大地震，死亡 28 万人。除了自然灾害，10 月 14 日，唐山煤矿还发生了瓦斯大爆炸事故，数百人长眠于地下。

内战不断、灾害不断，这两条缠绕的线解答了我们一开始提出的问题——梨园义演赈灾的原因。与此同时，第三条脉络线——中国共产党的筹备组建就显得尤为重要而且必然。

1920 年 2 月，李大钊和陈独秀商讨了在中国建立共产党组织的问题。3 月，李大钊在北京大学组织成立马克思学说研究会。5 月，陈独秀发起组织马克思主义研究会，探讨社会主义学说和中国社会改造问题。8 月，共产党早期组织在上海《新青年》编辑部成立，陈独秀任书记，陈望道翻译的《共产党宣言》中文全译本出版。10月，李大钊等在北京成立共产党早期组织，当时称“共产党小组”。11月，共产党早期组织拟定了《中国共产党宣言》。

一、断层横冲五百里，黑水涌出地狂颠

中国自古就有地震，1556年发生了关中大地震，具体发生地是在今天的陕西省南部秦岭以北的渭河流域，又称其为华县地震，其实这场地震给包括滑县、华县、华阴、山西永济在内的四个县都带来了巨大损失。今天对于这次地震的震级估计从8级到9级不等。《明史》记载的死亡人数是83万人，因为只是一个数字，并无旁证，所以不少人觉得不一定可信（后期又有人对其进行了重新推算，认为应该在45万人以内）。即便如此，死亡人数目前依然居世界大地震之首。

我国因为有几个断裂带穿过不同的地区，所以在几千年的时间里几乎东西南北中都曾经发生过比较大的地震。华县地震之后，从1638年到1920年之间的280多年间，西北各地地震不断，7级以上的达4次。

积尸草木腥，流血川原丹

1920年12月16日，宁夏海原县西安镇哨马营、大沟门之间，东经105.7度，北纬36.7度，一次惊天动地的里氏8.5级特大地震发生了，震源深度只有17公里，烈度则是最高的12度，影响范围达到251万平方公里。地震甫一出现，全世界96个天文台的仪器就开始猛烈地动作，用超过平时的运动幅度记录下了这场惊世骇俗的大灾难。死亡人数有多个说法，其中一个是28.82万人，中国人民大学研究灾害史的夏明方教授认为应该超过了30万人，而受伤人数至少是30万这个数字。随后的余震还持续了三年之久。

这次地震在大部分地区都是农村的海原一带发生，但是为什么死亡人数却超过了在城市中心发生的唐山大地震？中共中央党校张小明教授在《海原大地震灾后恢复重建及其当代启示》一文中对这一问题进行了解释：

第一，震中海原、固原等地位于我国著名的地震带海原断裂带上，是地震多发地区，且灾区多为土窑洞建筑，抗震能力差，从而提高了人员死亡率。海原大地震后余震不断，在大震中未倒的城墙、鼓楼、房屋等在余震中倒塌现象明显。水灾、火灾和瘟疫等震后次生灾害频发，人员伤亡惨重。

第二，地震灾害除造成严重人员伤亡和财产损失外，还导致各类基础设施、公共服务系统严重毁损。灾区基础设施破坏严重，通信中断、交通堵塞，直接影响后续救灾的进行。灾区地质条件复杂，潜在危险性高，生态环境恶劣，加之地震破坏作用叠加，引发多处山体崩塌，阻断或损毁道路，救灾物资运送难度大，灾区民众生活受到极大影响。地震造成大范围的堰塞湖和地面裂缝则导致许多村庄被埋。

第三，灾区交通条件差，救灾与恢复重建物资调运、周转困难，大大增加了救灾和恢复重建的难度。海原大地震后，交通破坏，道路严重受阻，邮局全毁，有关灾害的消息被长时间耽搁，外来的援助物资也很难进入甘肃。

留在记录中的海原的震颤

2020年，海原籍作家石舒清特别为故乡的那次大地震写了一本名为《地动》的书。书中将这一次很多国人已经从记忆中抹去或者后世人从来没有入过脑的大地震前中后发生的部分事情进行了整理回顾，全书分为

“本地的事”“远处的事”“后来的事”三个主要部分。其中，第一部分的第一个故事写到了后来任海原县地震局局长的刘刚家的旧事：

刘刚一家，震殁四人，算是灾难不轻不重的，但这亡于大震的四个人，都是家里的顶梁柱，曾祖父殁了，大爷、二爷殁了，可以当儿子娃来使的大姑奶奶也殁了。好在曾祖奶奶还在，她在大难到临的一刻，抱着小儿子，也就是刘刚的爷爷，用一双麻雀大的小脚跑出门去。曾祖奶奶的存在保证家里还有一根支撑不倒的大柱子。

从事地震工作的刘刚，对于自己家族这一段过往的历史想来是永志不忘的，而对于《地动》中46篇文章背后近百个故事关联到的家族后代，这样的记忆怕是会代代相传。应该说，只要是经受此大难的上一辈提及几次，后辈就会留有印象。

《地动》的作者还回溯了鲁迅先生地震那天的主要行程，并用文学笔法推测了鲁迅先生在感受到地震时的状态：

忽然觉得地板好似轻轻抖动了一下，以为是来自身体的感觉，身体不好的人不时会有一些异样的感觉，但是看到弧形玻璃罩里的灯光也获得了什么信息似的抖动着，而且受风那样锁紧着头颅。拉上的窗帘也微微震颤着移出一个小缝隙，使人可以看到窗外的夜蓝。但很快就平静下来，好似一个极端的梦境那样……一个短暂的停顿后，先生写下了海原大地震那天的日记：“晴。午后往图书分馆还紫佩代付之修书泉一千文。往留黎（琉璃）厂。夜地震约一分时止。”

同一本书上的《Dvanha号客轮》一文则描述了地震发生的那一刻，

一艘远洋客轮正行驶于汕头外海时的状态：客轮震颤，不少乘客有一种被电击的感觉，似乎有一种麻痹和昏昧从心头滑过。这次奇怪的动静还导致了乘客共同的一个动作——举烛祈祷，因为船上有一个女人死了丈夫正在扶灵回家，她以为刚才的震颤是因为丈夫长途颠簸而灵魂不安呢，于是大家共同陪同未亡人举烛，并随后依序放置了烛火。这就是一个远在数千里的海上发生的和海原大地震有关的事件了。

灾后官无力，重建靠民间

说到海原大地震后的应急与灾后恢复重建过程，张小明的文章中有这样的细节：

第一，中央政府支援海原大地震灾后恢复重建措施的统筹落实力度不够，地方政府灾后恢复重建的财力不足。海原大地震后，北洋政府提出的善后与灾后恢复重建措施主要为：积极修补交通损坏，修复或重建重要建筑物；设法组织栖流所，妥善安置房屋坍塌无处住居的灾民；灾区发生匪患，加添警察，严为防范，尽快恢复地方秩序；责成各地方长官，详加调查灾情实况，以备抚恤；赈恤需款，除中央拨给外，不足者再由地方详筹；应灾区政府请求对灾区实行蠲免赋税，先后对海原、固原、隆德、通渭等县进行银粮草束的蠲免。然而，……很多措施仅仅是停留在纸面上的指导意见，真正落地的措施不多。地震后，部分灾区地方政府组织修缮了各地行政公署、城垣民房等倒塌毁坏的建筑物、道路交通、桥梁水渠、仓储设施等，但大多数灾区地方政府由于财力不足并未进行这些灾后恢复重建工作。

第二，民间社会救灾力量在海原大地震灾后恢复重建过程中发挥了关键作用，见证了近代中国民间社会救灾力量的成长与壮大……主要包括中国华洋义赈救灾总会、旅京甘肃震灾救济会、甘肃震灾筹赈处等社会组织。此外，在华传教士和国际统一救灾协会等国际组织也参与了海原大地震的灾后恢复重建工作，在报道地震灾情、医疗救灾、募集捐款、救灾赈济等方面做出了一定的贡献。

张小明教授还提到当时的多家新闻媒体已经开始关注灾情，并予以尽可能快的报道。当时除了中国的媒体参与报道外，《字林西报》这样的在华西方媒体也发挥了重要作用。总结这两点，得出的结论就是虽然似乎什么都有，但其实应对机构、策略和措施都极其薄弱。

二、亲友避面呼不应，朝闻欢笑暮成冰

中国共产党成立的前一年，也正是苦难的中国多灾多难的一年。在这一年的年初，东北继十年前鼠疫大流行之后再度暴发了大规模肺鼠疫，最后统计的死亡人数为9000多人。

在提到中国共产党的成立环境时，通常都会从苏俄和共产国际舶来，以及1919年五四运动中新思想的萌芽提起，但这些其实都是外部的触动，而国内的大背景是中国共产党的诸多先驱希望能够利用现代的思想和党派的组织形式来拯救国家和人民于水火之中。英国历史学家汤因比认为任何一个文明的衰落与变迁，核心原因在于自身内在的不断腐朽化，外部力量再强，充其量也只能是发出猛然一击。

非人隔离与民间抵触之间的较量

1920年我国东北发生鼠疫，伍连德博士在击败1910年那次死亡6万余人的鼠疫之后再次披挂上阵，成为第二次“战疫”的领导人。他吸收了以往防控的经验，最后以10%的死亡率完成了这次疫情防治任务，相比于十年前的20%死亡率降低了一半，如果从死亡总人数上看则降低了83%。

和腺鼠疫的身体接触式传播不同，肺鼠疫杆菌可以通过飞沫传播，也可能通过“气溶胶”传播。也就是说，不需要通过喷嚏，呼吸过程中别人就可能被传染了。这样，一个确诊病人携带的病原体传播到下一批易感者就更加容易，也加速了感染后的死亡，严重的两三天便会死亡。其实，“肺鼠疫”这个名称正是10年前伍连德博士命名的，他根据手头的资料和病患的症状发现，哈尔滨鼠疫与以前的黑死病传播渠道和速度都不相同。那次东北的大规模鼠疫最终在1911年4月才算结束。

在鼠疫流行的时期，几乎所有的隔离医院，无论是中国官办的，还是俄国人、日本人办的，隔离手段都极为残酷粗暴，病人的死亡率几乎是百分之百。时人如下记载当时的场景：

长春疫病院对待被送来检查的人，先给他喝一碗小米粥，然后将其放入冷水浴池浸泡二十分钟，再另换薄棉袄，才接受医生诊治。如此一来，被检验的人寒冷难耐，便十有七八被认为染有鼠疫。而医生因为了解肺鼠疫一旦感染，几无痊愈生还的可能，便不施与任何治疗，只让看护的杂役用药水喷洒消毒，或者“先用石灰撒在面部，再用冰水喷之”。

病院条件简陋，隆冬时节居然没有暖炉，要知道，那可是东北啊！而且还不许病人使用原有的衣服、被褥（担心上面有病原体）。地上则铺有石灰，是为了消毒之用，被隔离者必须直接躺卧在石灰地上。医院提供的被服饮食，又时常不足。如此一来，只要是疑似感染者，收入病院，便会相继死亡。

第一次因为解剖病人遗体以及焚烧病死者的事情，伍连德已经遭遇百姓责难了。因为我国的丧葬文化一直都是要让逝者入土为安的。到第二次鼠疫蔓延之时，面对依然无特效药进行治疗的鼠疫患者，他也只能使用更强的防疫手段隔离患者，加之隔离的医院并不能做到人性施治，自然引发了病人和家属的极大不满情绪。

尽管新的隔离医院条件已大有改善，措施也更加科学得当，但是上一次肺鼠疫流行时的记忆——“防疫机构‘只进不出’，防疫医院‘有死无生’”——的传言依然盛行，甚至出现居民攻击防疫人员、抢夺瘟疫接触者的事件。

所以，在那些害怕被防疫机构隔离的居民家中，一旦发现感染者，他们并不愿意去报告。病人死亡之后，便被抛弃到街头。中国的百姓家这么做，那些教堂教会也一样偷埋死者，不愿意将其交给防疫部门。

被无限放大的末世情怀与恐慌

东北这场鼠疫一直持续到1921年5月才算结束，其间也死了不少人，但成功阻止了瘟疫向南方蔓延。

鼠疫虽然结束了，但大家内心残存的恐怖记忆却比起1910年来更强了。当时的信息流通肯定没有像今天这么畅通，偶有的消息流转还变形得厉害，而专门辟谣的官方准确信息又难以及时传播，这从某种意义上更加剧了人们的恐慌情绪。再考虑到当时几乎所有人都很难在全国（更不要说世界）范围内随意移动以躲避灾害，人民内心里充斥着的必然是愈发消极的听天由命心理，人们陷入了一种愈发慌乱的无依无靠状态。面对（不管是亲眼看见还是听说）此等情景，先知先觉的知识分子群体则在感慨之余，更加希望能够通过德先生（民主）、赛先生（科学）和洛先生（法制）的引入以及国民素质的提升来改变此时此刻的国家治理困境。此时，将志同道合的人团结起来结成一个有组织的党派，对于达成这一目标当然要比个人单打独斗要好。如果很多人都这么想，达成共识就不再是件难事。

以上所述1920年哈尔滨惨烈的场面当然不会只行之于偶尔的新闻报道式的记录和私人的文字中，其最终也会融入文学的洪流。出生于东北漠河、获得我国长篇小说最高奖——茅盾文学奖的迟子建女士就写过一部反映鼠疫的长篇小说《白雪乌鸦》，这部小说描写的是1910年发生在东北的鼠疫。当然，文学并非写实，但是，读者总还是能从艺术化的文字里面体味到当事人的心情。比如，书中有一段这样写道：

傅家甸的鼠疫，如果说是巴音和吴芬拉开序幕的话，那么彻底打开大幕的人，就是张小前了。从他疫毙的十一月中旬开始，仅仅十天时间，死亡人数竟然攀升至四百余人！棺材铺和寿衣店的门槛，快被人踏平了。打棺材的板材吃紧了，往年冷清的木材店，半个月不到，几乎清仓了。而绸缎铺和土布店，更是门庭若市。人们怕死时穿不上衣服，到阎王爷那里被当成了叫花子，争相备下寿衣。

有没有不怕死的呢？当然有了。不怕死的，是终日辛劳却一贫如洗的人，是重病在身苦苦煎熬的人，是失去爱侣在情感上孤独的人，是风烛残年膝下无子的人。穷人想着，到了另一世，自己能摇身变成富翁；疾病缠身的人想着，去了新世界，自己能把病彻底摆脱了，变得气壮如牛、身轻如燕；在尘世离散了爱人的人想着，这一世再亮堂，没有爱人，也是黑暗，而那一世再黑暗，只要有心上人，就是光明；孤苦伶仃的老人想着，自己到了新天地，一定能儿孙满堂。这些不怕死的人，在鼠疫中，呈现出了生机。他们倾其所有，买酒买肉，狂吃纵饮；买绸买缎，装扮光鲜；买柴买炭，将屋子烧得从未有过的暖和。肉铺、烧锅和柴草铺的生意，因了这些人，愈发红火了。

从上面引用的第二段里，我们可以看到百姓深深的绝望和无力，大家面对疫情不是想着如何规避和逃脱，而是更愿意投身死亡，期待着下一轮回命运的变化——这得是在正活着的这一世有多失败和无助才会想到一死了之啊！而实际上，这般情绪在缺医无药、穷困潦倒、身边有人不断倒下的背景里又是多么恰如其分啊！小说提到的末日情怀也是灾难文化中的常见状况，吃、喝、玩、乐，过一天算一天，今朝有酒今朝醉，看上去是热闹，想一想是悲凉。

无论是1910年的鼠疫，还是1920年的鼠疫，尽管当时的政府找到了最合适的医官——剑桥大学毕业的伍连德博士来负责鼠疫应急，但对百姓们生活困窘的程度却改变不了多少，反而会因为疫情传播的速度太快而进一步加深。况且，不只是东北鼠疫期间，在当时的整个中国，相当大比例的人就处在这样的状态中。因此，中国共产党的那些先驱领袖们，自然拥有了巨大的群众基础——一个为国为民不惜牺牲个人生命财产的新党派，立住脚并发展成星火燎原之势成为必然。

第四章　半江瑟瑟半江红：国民政府与边区政府的抗洪对比

泥巴裹满裤腿

汗水湿透衣背

我不知道你是谁

我却知道你为了谁

……

满腔热血，唱出青春无悔

望穿天涯，不知战友何时回

这首叫作《为了谁》的歌曾经唱遍祖国的大江南北。其创作背景是1998年发生在中国长江流域的特大洪灾，感人肺腑的旋律与歌词很容易让人想起在抗击水灾过程中全国军民万众一心、英勇奋战，最终取得抗洪斗争胜利的故事。

中国的灾害种类繁多，几乎包括了全世界大多数的灾害，洪灾是其中不可忽视、造成损失最大的一种自然灾害。一直以来，疏和堵是应对洪灾的主要手段，如今我们建造了大量的水库，可以蓄水、泄洪、分流，能够解决大多数的水灾问题。但即便如此，碰到一些旱涝不均的年份，水灾依然会影响中国的粮食安全和国民的生存安全。

事实上，2020 年，我国也发生了降水量堪比 1998 年的大规模洪涝灾害。基于技术水平的提升、基础设施的建设和管理手段的进步，损失已经比以往同等规模的水灾小了很多。从 1921 年到 2021 年这 100 年来，中国共产党从抗灾到减灾，从有效应急到高效预警，从积累经验到主动设计防洪设施，始终将“人民至上”的理念放在抗洪救灾工作的首位，并取得了良好的效果。

一、善治水，方可治国安邦

从历史长河来看，世界上的几个文明古国都因水而兴。巴比伦文明在幼发拉底河和底格里斯河之间的土地上发展，埃及则沿尼罗河而兴盛，印度有恒河和印度河的滋养，中国则拥有黄河与长江。尽管水为我们的生产和生活带来了诸多便利，但同时也带来了不少问题。因此，水利之外还有水害，这就要求政府有治理水的能力。中国是一个“治水社会”，古老中国专制体制的形成和发展是建立在兴修水利工程的基础上的。这种观点虽然受到国内历史学家的批判，认为其有失偏颇，但不可否认的是，水患在我国历史上一直是社会关注的焦点，治水在中国人的生活中具有不容忽视的重要性。

治水即治国

治水一直是中国社会生活，乃至国家治理中的一个核心问题。人们利用水进行耕种，获得农作物的收成，但也要与不可能按需配置的水量供给矛盾进行不断斗争。这是中华文明史中浓墨重彩的一个部分。

我国自古以来饱受水患之苦，最早关于洪灾的描述可以追溯到公元前21世纪，彼时中原大地上大水经年不退。《孟子》中有中华文明诞生之初，关于尧舜禹时期的大洪水的描述，“当尧之时，水逆行泛滥于中国”“洪水横流，泛滥于天下”。《史记》中也有类似记载：“当帝尧之时，鸿水滔天，浩浩怀山襄陵，下民其忧。”大禹疏堵结合终治水成功，体现的是中华民族同灾害抗争的顽强精神。

从历史上看，历代善治国者均以治水为重，认为政权稳定、经济兴旺必先除水患之害，都把发展水利作为治国安邦的重点。在秦昭襄王时期，成都平原经常洪水泛滥，秦昭王委任知天文、识地理的李冰为蜀郡太守。李冰上任后，率领当地民众修建了集防洪、灌溉、水运和社会用水等功能为一体的综合性水利工程——都江堰。李冰利用当时蜀地西北高、东南低的地理条件，依地形、水脉、水势，因势疏导，无坝引水，自流灌溉，成功制服了岷江，实现了自动分流、自动排沙、控制进水流量等功能，可谓是世界水利文化的鼻祖。都江堰工程历经两千多年经久不衰，至今犹存，且依然在起着积极的作用。秦相司马错曾说：“得蜀则得楚，楚亡则天下并矣。”都江堰水利工程将洪涝高发的成都平原治理成了一个水旱从人、物产丰饶的“天府之国”，为秦统一中国创造了经济基础。

郑国渠的修建则是他国准备耗尽秦国国力的一项巨大水利工程，但是秦国深知工程之利，故而即便知道郑国是被献来疲国的工匠，还是愿意冒着巨大风险完成这一项目。结果出人意料，郑国渠的修建，一举解决了关中平原的灌溉和水灾防范的大问题，从此秦国完全没有后顾之忧，可以放心大胆地去统一中国了。

那时水患基本来自黄河泛滥，因为中华文明的主要兴盛区域在黄河流域。隋朝末年，山东、河南一带遭受了黄河流域残酷的洪水灾害，民不聊生。史料曾记载：“漂没四十余郡，民相食，相卖为奴婢。”617年，河南、山东暴发特大洪水，饿殍遍野，由于朝廷不能及时赈济，造成“死者日数万人”的悲惨景象。隋炀帝实施暴政，沉重的徭役压得百姓喘不过气来，加之黄河水患，民众陷入死地，于是爆发了大规模的农民起义。山东起义军李密乘机袭取黎阳仓，瓦岗军趁势崛起，开仓放赈，军队得以迅速扩大。618 年，本就孱弱的隋朝覆灭。

阴柔布阵，以水代兵

在我国历史上，水曾作为一种攻击武器被运用到战争中，以水代兵，以水为战，用好水可以决定战争的成败。春秋时期的军事家孙武，深谙水攻之法，在《孙子兵法》中就有记载：“视生处高，无迎水流，此处水上之军也。”也就是说，在江河地带部署军队的原则应该是行军要选择居高向阳之地，不可在江河下游安营扎寨。如若军队处于上游，便可“顺流而战，则易为力”。春秋战国时期，诸侯割据混战，水攻的作战方式屡见不鲜。公元前 279 年，秦国大将白起奉秦昭王嬴稷之命率军大举攻楚，一路高歌猛进，攻无不克。但在攻打楚国别都鄢城的时候，秦军遭遇到楚国重兵的激烈反抗，久攻不下。这时秦军统帅白起引鄢水灌鄢城，城内军民甚至来不及反应就葬身大水中。据记载，水灌鄢城，死亡人数达数十万人，一座古城也因此被毁。

公元前 225 年春，秦国大将王贲奉命攻打魏国都城大梁（今开封）。秦军虽兵强马壮，连年征战却没有一丝疲惫之态，但在魏国将士的奋勇抵抗下，仍进攻不利，毫无建树。领将王贲下令秦军调查水网密布的大梁地形地貌，决定采用水淹大梁的攻打策略，陆续引黄河、大沟的水灌大梁，加之十多天大雨的助益，大梁城内外水势浩大，沟渠泛滥，城墙多处颓坏倒塌，以致三个月后魏王假不得不出城投降，献出玉玺和虎符，从此魏国灭亡。

明朝崇祯十五年（1642），开封城已被闯王李自成围困达四月之久，城内“家家炊烟绝，白昼行人断”。《汴围湿襟录》中提及，开封城内军民誓不降贼。李自成在第三次围攻开封时，久攻不下，因而恼羞成怒，下令淹城。九月，趁秋雨连绵，李自成命令起义军在马家口掘开黄河上游堤坝，并将西南东三面堤口加固，让河水从北面冲灌开封城，一时间“城内之水几与城平”，37 万居民淹死 34 万，仅有 3 万人幸免于难，造成历史悲剧。《明崇祯实录》中记载，开封府推官黄澍向崇祯皇帝奏报：“臣等守甚力，贼愤城不下，凿渠决河，以致不守。”在自然和人为双重因素的作用下，河南开封城中建筑大部分被毁坏，人口大量溺亡。

1938 年，蒋介石为阻止日军西进，炸开黄河花园口大堤，给当地民众造成了巨大灾难。李准的小说《黄河东流去》写的就是花园口炸堤后河南受灾民众一路向西逃亡的故事。

洪涝：该认命祭拜还是该治理反抗

在我国古代早期，洪灾往往被看作是上天的惩罚，因此，官府也就没有采取积极主动的治水措施。从汉代开始，古人认为洪灾的出现与阴阳五行以及政治事件密切相关。例如，西汉思想家、政治家、教育家董仲舒就认为，水属阴，为纯阴之精，阴气盛则容易导致水灾，汉初水患就是吕后临朝称制，国家阴盛阳衰所致。魏晋以后，人们认为水灾是水不润下的后果，简宗庙、废祭祀、不敬鬼神、政令违逆，均会导致水失其性。例如 223 年发生的洛阳水灾就被认为是魏国曹丕即位后，迁都洛阳，修建宫殿却不起宗庙，废祭祀，而遭致的上天的惩罚。上述洪灾成因的说法带有浓重的迷信色彩。河神，又称河伯，常指黄河河神，是中国民间最有影响力的河流神。自殷王朝建立以后，就极为重视河神的祭祀活动，开始建造河神庙，这体现出古人对洪灾治理的无力。春秋战国时期，河神崇拜十分活跃。《史记 · 滑稽列传》西门豹治邺部分就记载有河伯娶亲的故事，记述了古人为防治水患而采取的让女孩牺牲的恶习。宋朝以后，人们逐渐摒弃了天人感应的学说，认为洪灾的发生与政治事件并无必然联系，对灾害的认识逐渐摆脱了迷信色彩，开始重视治水，弱化求神拜佛的无用之举。

《山海经·海内经》中记载："洪水滔天，鲧窃帝之息壤以堙洪水，不待帝命。帝令祝融杀鲧于羽郊。鲧复生禹。帝乃命禹卒布土，以定九州。"大禹接替父亲鲧治水，开山引水，筑堤导流，历经十三年终获成功。《尚书·益稷》中记载："予乘四载，随山刊木，暨益奏庶鲜食。予决九川，距四海，浚畎浍距川；暨稷播，奏庶艰食鲜食。懋迁有无，化居。烝民乃粒，万邦作乂。"从这些记载中可以看出，早在商周时期，中国古代先民就有"改堵为疏，引水分流"这一极为先进的治水思想。在我国历代治水理念上，古人经历了由避到堵、由堵到疏、由疏到导、由治水到治沙的变迁。

古人在治水实践中由治理转变为防治，具体的防治措施包括修建堤坝、引流灌溉等。《汉书·沟洫志》中曾说："堤防之作，近起战国，壅防百川，各以自利。"在战国时期，各国修筑黄河堤防，春夏两季把黄河水引进农田，兼具防洪和灌溉农业的双重功能。战国末期，随着铁制农具的出现和航运的发展，早期的水利工程开始产生，广西的灵渠、关中的郑国渠与成都的都江堰最具代表性。自秦朝起，历代王朝都注重兴修水利，比较有代表性的有隋唐大运河以及京杭大运河、坎儿井（井渠）、滚水坝等。

治理黄河水患是历朝历代尤为重视的一项工作，较为知名的治理策略当数贾让三策，其核心思想是"不与水争地"，至今仍被认为是治理黄河最有效的思路。据《汉书·沟洫志》记载，上策是改道北流，属于人工改河的设想，具体措施是"徙冀州之民当水冲者，决黎阳遮害亭，放河使北入海"，这种方法可使黄河水患实现千年无患；中策是开渠分洪，引黄灌溉，具体措施是"多穿漕渠于冀州地，使民得以溉田……为东方一堤，北行三百余里，入漳水中"，这种方法可以减轻水患，然而无法彻底根除，同时为改良土地、通漕航提供便利；下策是严防死守，加固堤防，属不得已而为之的策略。贾让三策虽有规划不合理之处，但仍为历朝历代的治河者所重视，在我国古代治河史上具有重要地位和作用。在明朝，水利学家潘季驯提出的“以堤束水，以水攻沙”的治黄策略，修筑由遥堤、缕堤、格堤、月堤组成的堤防系统，成为治河理论和实践的结晶。

二、江淮洪水茫茫，谁治水名扬天下四方

1921 年以后，我国黄河、松花江、长江、珠江等几大主要流域不断出现各类险情。在水灾面前，中国共产党领导的边区政府用实际行动践行着为人民服务的宗旨，赢得了民心，并为最终获得整个新民主主义革命阶段的胜利奠定了民意基础。

1931 年夏，江淮流域暴发了百年罕见的特大水灾，狂风淫雨，山洪暴发，江流倒灌，堤岸溃决，受灾人口总计 5000 多万，死亡人数估计在 40 万到 400 万之间，近 1.5 亿亩农田泡在大水里，经济损失高达 25 亿元，是当年国民政府财政收入的 3.7 倍。此次水灾被认为是有记录以来死亡人数最多的一次自然灾害，且肯定是 20 世纪导致最多人死亡的自然灾害。《中国历史大洪水》中记载，1931 年江淮流域地区连降暴雨，且具有发灾快、历时长、灾域广、损失重、影响远等特点，譬如安徽的安庆“连日大雨如注”，铜陵“急雨倾盆，连绵十数昼夜”等。长江、珠江、黄河、淮河等主要河流都发生了特大洪水，受灾范围南到珠江流域，北至长城关外，东到江苏北部，西至四川盆地，三分之二国土上的百姓流离失所，饿殍遍野，浮尸满地，其中长江中下游及淮河流域的江苏、安徽、湖北、湖南、江西、浙江、河南及山东八个省灾情最重。《申报》称：“此次水灾几遍全国，其灾情之重，灾象之惨，为近世所罕见。”《为救济水灾告全国同胞书》记载：“此次灾情之广，几亘全国，面积占全国三分之二以上，被难人数，至少在 5000 万以上……今日中华民族，实已濒九死之绝境。”

《江苏水灾义赈会义赈（振）纪略》中提及："淮沂泗诸水同时泛滥，不可收拾，加以江潮顶涨，湖啸奔腾，举凡沿江、沿运、沿海之区，纵横千余里，靡不遭其荼毒。""洪水横流，弥溢平原，化为巨浸，死亡流离之惨触目惊心。"这是当时新闻报纸对1931年江淮大水灾情的真实写照，可谓百姓生无安居之所，死无葬身之地。此次水灾还衍生出一系列的社会风险，包括疾疫盛行、城乡冲突、兵匪与治安等问题。中国正遭受水患之际，日本关东军发动了"九一八事变"，悍然侵占了我国东北三省，此时的中国人民处于灾害与战乱的双重打击中。

武汉灾情巨，芜湖卖儿女

武汉是此次洪水受灾最严重的地区之一。1931年7月，汉口连续降雨21天，雨量远超标准值，导致长江江水猛涨，武汉处于极度危险之中。但由于国民政府长期将精力放在发动内战上，加之当时湖北省政府束手无策，最终，洪水由江汉关一带溢出，很快淹没了汉口市。到了8月中旬，武昌、汉阳相继被洪水肆虐，武汉三镇已变成汪洋泽国。直至9月上旬，大水逐渐退去，武汉三镇灾情空前严重。据武汉当局调查显示，武汉市直接遭遇洪灾袭击的户数为16.3万余户，受灾人口达78万余人，溺亡者2500多人，每天都有千余人因瘟疫、饥饿和中暑而死亡，更有市民因无衣无食、走投无路而自杀。此外，严重的灾情导致武汉三镇农业损失惨重，8.13万农户被淹，109.7万余亩耕地遭到破坏，尤其是汉口的农业损失最为严重，晚稻等秋冬季作物几乎都因洪灾而无法播种。金陵大学农学院农业经济系调查编纂的《中华民国二十年水灾区域之经济调查》中记载，"而损毁之圩堤与道路，与夫秋冬作物之因积水而无法播种，其损失几何，且犹未计及焉。"

《中国近代十大灾荒》对当时的武汉水灾惨状进行了较为全面的描述：

武汉三镇没于水中达一个多月之久。大批民房被水浸塌，到处是一片片的瓦砾场。电线中断，店厂歇业，百物腾贵。二千二百多只船艇在市区游弋。大部分难民露宿在高地和铁路两旁，或困居在高楼屋顶。白天像火炉似的闷热，积水里漂浮的人畜尸体、污秽垃圾发出阵阵恶臭。

当时的《国闻周报》报道称："除建筑坚固之房舍外，其余所有房屋，皆因水浸崩溃，武汉尽成一片瓦砾场。"此次特大水灾对作为商业重镇的汉口造成了不可估算的经济损失。此外，《国闻周报》也报道武汉水灾暴发导致"霍乱、伤寒等传染病，以非常速度蔓延于武汉区域"。到1931年的12月，滞留在武汉的难民仍有17万余人，每天有数百人被冻死。

安徽芜湖，灾情之惨可与武汉相提并论。据当时《华北日报》发自上海的报道称，因为芜湖水量持续上涨，连日来饿死江边百姓几百人，许多尸体沿江水顺流而下。在《中国近代十大灾荒》中有记载："二千多只小船、盆划行驰在市区。许多灾民栖息在房顶上，上有倾盆大雨，下无果腹之粮……街上到处有'小孩卖了，谁要小孩'的呼叫。"[①] 因房屋倒塌而无家可归的市民和从四乡逃难来的灾民，聚集在汽车站、铁路梗一带的高处，绵延几十里，形成了临时性难民集中营。

丁玲小说写水灾，政府不为失民心

中国现代女作家丁玲曾以1931年中国十六省特大洪灾为背景创作了中篇小说《水》，于《北斗》杂志上连载三期。小说描绘了底层农民面对突如其来的水灾时表现出的恐慌与不安，以及在洪灾中的悲惨境遇：

在暗灰色的夜里，家里的人与一些仓促搬来的亲戚，老老小小

① 李文海、程啸、刘仰东等:《中国近代十大灾荒》，人民出版社2020年版，第171页。

聚集在没有点灯的堂屋里，忐忑不安地议论着有关“水”的话题。

“一渡口”的男人们虽然带着锄头、火把跑去救堤，但“飞速地伸着怕人的长脚的水”还是无情地冲垮了土堤，侥幸逃出的灾民们无奈之下只能背井离乡。在逃难路上的样子大体是这样的：

女人们啜泣的时候更多，小孩子不懂事时时吵饿。

流离失所、饥饿成群，日夜沸腾着叫号和啜泣。哭着亲人，哭着命运又喊着饿的声音，不安更增加了。

农民们的忍耐精神，和着施舍来的糠，遍地的果子，树叶，支持着他们的肚皮，一天一天挨了过去。弥漫着的还是无底的恐慌和饥饿。

现实的苦难也在不断冲击着逃难者的精神世界，因失去亲人、离开故土而产生了颓丧、悲痛和恐慌，乃至愤恨等负面情绪。

丁玲还描写了灾民同水灾作斗争的惊心动魄的场面，以及在与剥削者及腐朽统治者作生死搏斗中成长起来的情景，在书中有这样的描述：

一种男性在死的前面成为兽性的凶狂，比那要淹来的洪水更怕人的生长起来。

男人的声音和女人的声音混合着，他们忘记了一切，都只有一个意念，都要活，都要逃脱死。

当灾民们看到县城来的帆船上不是赈灾的米粮而是军火时，开始意识到他们“与其说是自然事件毋宁说是社会境况的牺牲品”，他们自发地朝镇上扑了过去，打开谷仓拿回用血汗换来的谷子，而不至于饿死。这些细节反映了人性自有革命的一面，洪灾当前，如果政府不赈灾救济灾民，大家就会有革命觉悟的提高和革命高潮的兴起。得民心者得天下，唯有将普通百姓的福祸放在首位，执政党才能被群众拥戴。

苏区与南京国民政府的救灾对比

1931年江淮大水使本已捉襟见肘的南京国民政府在财政上更加雪上加霜。当时正值内忧外患之际，尽管国民政府和社会各界展现了较大的救灾热情，在一定程度上挽救了国计民生，但通过关于灾情严重程度、揭露的贪腐问题以及中央苏区的相关实情报道，可以发现当时的国民政府救灾效果并不尽如人意。也正因如此，此次水灾为国民政府最终丧失其政治合法性埋下了隐患。

中国共产党所在的湘鄂西革命根据地同样受灾严重。1931年7月上旬，洪湖苏区连降暴雨，造成60%地区受灾，渍涝面积达80%。当地政府积极响应救灾需求，尽其所能帮助灾民顺利渡过难关。同时，中国共产党还面临着国民党反动派的军事围剿。7月下旬，国民党加紧实施“水淹苏区”计划，掘开监利车湾的江堤，使长江与支流堤防多处溃口，致使苏区内的大部分地区成了一片汪洋。截至8月中旬，沔阳、监利、汉川、江陵四县95%的地区被水淹没，灾民近百万人，其中鄂西受灾区域约200平方公里，灾民5万左右。天灾人祸严重摧毁了苏区民生，导致人民所需的粮食、食盐、布匹、医药严重匮乏，有70%的苏区群众被迫外出逃荒。湘鄂西苏区遭到其建成以来最大规模的水灾袭击。

面对如此危重的险情，中共领导人临危不乱，于1932年1月召开中国共产党湘鄂西第四次代表大会，拟定并迅速通过了《关于土地经济及财政问题决议案》，号召党政军民共同抗洪，领导和组织广大军民开展以水利建设为中心的抗灾斗争，将修复险堤和溃口作为当时的首要任务，由苏区政府进行拨款，“关系群众经济，关系军事给养，关系苏区的巩固，这是全党一分钟也不能忽视的最严重的问题”。

为抢在春耕水涨之前完成水利兴修任务，苏区政府充分调动共产党员的积极性，在工程速度和效率上动脑筋想办法，各县、区、乡、队以及同志之间开展各式各样的劳动竞赛，男女老少齐上阵，并通过党办、群众报等给百姓传递竞赛消息，设立面包、红旗等奖品，激发党员同志和百姓的劳动热情，也发挥党员的先进性和模范带头作用。除此以外，苏区政府还为参加水利工程建设的党员同志与群众鼓劲加油，建立工地俱乐部，内设阅报室、演讲室及各种宣传品，利用群众休息时间演讲、开会、教唱革命歌曲。在党员身先士卒和党委扎实细致的工作下，广大群众宁愿不吃饭，也不可不修堤，白天坚持挑土修堤，晚上摸螺蛙、挖野菜充饥。

在苏区政府领导军民兴修水利的同时，国民党反动派却在不断地实施破坏，因此苏区政府成立了修堤自卫队保护群众，组织群众进行“反对国民党水利局侵吞堤款”“反对国民党延误堤工”“反对堤工局剥削和打骂土夫”，要求“组织群众的堤工监察委员会”“修堤的建议标准要依群众的意见”“要组织堤工俱乐部、识字班”等政治斗争，从而击破了国民党修堤的骗局，鼓舞了群众保堤保家的信念。红军堤就是红九师二十五、二十六两团战士不畏敌机轰炸，与民并肩战斗，筑起 7 里多长潜江四关长堤的壮举的见证。1931 年秋，东荆河河水猛涨，田关地段溃口成灾。水灾整整持续 2 个多月，潜江几乎全境受灾，淹死 2800 人。10 月初，贺龙率红三军来到此地驻扎，经考察后拟定修建方案，最终选择了对百姓损失最小的原地堵口复堤方案。贺龙率九师二十五团、二十六团红军及周边群众一起堵口复堤，红军指战员们在反围剿战斗的间隙上堤支援。在国民党反动派派军队骚扰、派飞机轰炸的情况下，地方干部和红军将士依旧身不离堤，手不离镐，与民工并肩战斗。历时 2 个月，两个团的士兵、4 县 2 万多名民工齐上阵，就这样一双手、一副肩，一担泥、一筐土，终于完成了这个艰巨的任务，最大限度地挽回了百姓的损失，解救百姓于水火之中。

为解决庞大的水利建设工程经费，湘鄂西苏维埃政府决定发行30万元水利借券，占整个水利经费的20%，由赤色造币厂负责印刷，面额为壹元券。据考证，湘鄂西苏维埃政府水利借券是目前发现最早的由革命根据地发行的公债券，它对苏维埃政府筹集水利资金、恢复生产建设发挥了重要作用。此外，湘鄂西苏维埃政府水利借券正面图案下方印着"水灾是帝国主义国民党统治下的必然结果"和"只有全国苏维埃的胜利才能彻底整顿水利"两行文字，起到了提高苏维埃政府和党的声誉的宣传作用，壮大了人民政权的基础，苏维埃红色政权得以巩固。

中国共产党和苏维埃政府始终与人民在一起，关心群众生活，才经受得住天灾人祸的考验。在水利建设和反国民党军事政治斗争中，苏区党政军民同仇敌忾，保家卫国，取得了1931年湘鄂西苏区抗洪斗争的胜利。唯有急百姓之所急，什么事情都替群众想到了，红色政权才能得到群众的真心拥护，才能构筑起任何反动势力都打不破的铜墙铁壁。苏区人民义无反顾跟党走，倾其所有支援革命事业，为红军发展壮大、红色政权建设作出了重大贡献和巨大牺牲。深入苏区实地采访的美国记者斯诺曾评论，"事实上，这不是能仅仅用财政的角度来解释的，只有从社会和政治基础上才能理解"。[①]

三、晋冀鲁豫滔波阻，边区自救人相助

1939年的七八月份，晋冀鲁豫边区暴雨次数之多，雨期之长，强度之大，范围之广，是近代历史上罕见的。当年华北地区汛期显著提前，从7月初就开始骤降大雨，连续不停，导致山洪暴发，河水猛涨，大水从山西高原、太行山区沿滹沱河、大沙河、唐河、大洼河向冀中平原侵

---

① 斯诺:《西行漫记》，生活・读书・新知三联书店1979年版，第208页。

袭，潮白河、永定河、子牙河、潴龙河、滏阳河、漳河及其支流相继暴涨，冲决河堤。河北全境处于多条河流下游，受灾最为严重，受灾近30县，面积约占全省面积七分之一左右，灾民估计200万至300万，尤其以冀西、冀南、冀中等地为甚。山东、河南、山西等省份也受到了不同程度的水患冲击。侵华日军为缩小八路军机动周旋的地区，消灭抗日游击部队主力，在沦陷区和游击区大肆掘河放水，比如掘开了冀中安国县南的潴龙河、安平县的滹沱河、豫北武涉的沁河等。惨无人道的日寇还趁机决堤120处，致使边区大面积农田被毁，损失粮食不下60万石，波及村庄近万个，仅冀西就坍塌房屋6万间，灾民达300万。[①] 此水淹毒计也是日伪军想保住其在华北的侵略基地天津，以及其通向南方的主要通道津浦路的卑劣计划。更为残暴的是，冀南日伪军在德州、隆平、平乡、东光等地用机枪扫射修补河堤的民众，仅德州一地饮弹而亡者即达50余人。

这场特大水灾席卷整个晋冀鲁豫边区，被认为是20世纪前半世纪华北地区最严重的水灾，给晋冀鲁豫边区人们的生产以及生活带来了巨大的灾难。就灾情而言，当时称其为“百年仅有的水灾，八十年来所仅见”。

银涛万叠溢津沽

晋冀鲁豫边区军民在遭日军扫荡后又遇水患，惨状空前，大量边区灾民外逃。这次大水灾，“计河北被淹之区域达六十县、河南达十五县、山东达六县、察哈尔达十县，人民之丧失生命者为数颇巨”。上海《申报》曾以醒目标题报道了水患的广泛和严重性：“冀鲁豫等地，几成一片泽国，八十年来仅见之灾情，无家可归者数百万人。”

冀中边区汪洋一片，农作物全部被洪水淹没，房屋倒塌无数，溺亡者亦不少。无数灾民流离失所，卖儿鬻女，走投无路的全家男女老少甚至用绳缚着同归于尽。当地“八路军部队虽冒死抢救，奈为敌扫荡部队

---

① 郑帅:《1939年晋冀豫边区水灾治理》,《邢台学院学报》，2017年第1期，第138—140页。

所扰，又因敌到处决堤，所以也救不胜救。于是灾情扩大，至于无可收拾”。据当时的《大公报》记载，冀中区受灾范围达35个县。据朱德、彭德怀致重庆国民政府电，灾情最重的地方包括高阳、蠡县、安国、任邱、肃宁、安平、文安、深泽、饶阳等县，共计淹田15万顷，粮食损失占全年收获量的67%，累计6752村受灾，占当时行政村总数的78%，被冲房屋约17万间，损失约1.6亿元，无家可归者200多万人。冀中高阳地势最低，全城深没于洪水中。驻守高阳城的日寇逼迫城中老百姓充当苦役，连日深沟高垒。加之平汉铁路被洪水冲断，严重阻碍了敌军的交通运输，导致各据点日寇甚为恐慌，愈发暴露出残暴的丑恶嘴脸，到处抢掠粮食，虐杀百姓，使“当地我国之同胞愈陷水深火热之痛苦，呼天号地，令人不忍听闻”。

1939年8月，暴雨普降，天津海河流域河道水势暴涨，加之日军挖开海河182处河堤，天津市区80%的地区被洪水淹掉，持续约一个半月，大量的房屋由于浸泡而倒塌，许多百姓露宿街头，落水和触电而死的人不计其数，总计死亡应在1万人以上。此外，天津的铁路交通和商业贸易陷入瘫痪状态，56万天津及其周边居民成为灾民，社会秩序混乱。当时，少数华商用渔船作为临时“百货商店”，兜售洋烛、手电、油灯、火柴等物资，但因物资匮乏，物价飞涨。此外，沟渠中的粪便、仓库中的糖碱、淹毙之人畜、腐朽之货物，经过烈日曝蒸，臭气冲天。胃弱气虚之人，此时多呕吐不能进食，强健者亦多目眩头痛，涉水者则身肿皮落，患各种皮肤病以及霍乱、疟疾的人极多，但因药价飞涨无力承担，横尸街头，具体表现为西药有涨至十数倍至四十倍者，中药汤剂每服亦需0.6元至16元不等。1939年天津水灾成为一代人惨烈的灾难记忆。当时有人写诗描述了灾情的严重性：

一朝河决出桑乾

横流泛滥遍畿辅

银涛万叠溢津沽
繁荣一变为水府

还有：

屋顶酣睡成卧榻
忍饥隔宿身萧瑟
楼窗开处可登舟
远望俨然如燕雀

以及五言诗：

洪水逛名城
小民不安宁
人在房顶睡
船从桥上行

北平保定共泽国

1939 年洪水也殃及了华北最大的城市——北平周围。据当时《申报》记载，“北平与保定之间，完全成一大湖，淹没县城达 14 县”。今天通州所在的区域大片被淹，门头沟煤矿区浸水，矿洞多处倒塌，平津铁路两侧也是一片汪洋，路基屡为水冲断。在当时的北平，因永定河堤溃 12 处，长辛店的洪水深达20尺，许多百姓被逼无奈，争避高处，却未携带食物，大多有成为饿殍之势。洪灾必发瘟疫，通州区的 2600 名难民中就有 500 名患了疟疾。食物亦极缺乏。

《晋察冀边区财政经济史资料选编》中有如下记载：

民国二十八年七月又爆发了空前未有的大水灾……据当时调查，受灾县份达二十二县，被淹田禾约十五万余顷，平均灾情在七成以上。毫无收成的村庄占全区五分之二，最轻的村庄灾情也在五成以上……本来因为春旱和虫灾而造成的小麦欠收，又遭到这一浩劫，灾荒的严重为二十年来所未有，真正是天灾敌祸纷至沓来。

边区忙自救，齐力度灾荒

1939年晋冀鲁豫边区的水灾治理是在中国共产党的领导下，以边区军民全体力量为基础的社会救济自救运动。1939年8月7日，中共华北局机关报《新华日报》在头版刊出“敌寇惨绝人寰，水淹河北平原，数十万灾黎待赈”，并发表《赈救河北灾黎》的社论。9月5日又发表《再为河北呼吁》的社论。两份社论呼吁集全国各阶层之力，共谋救济，号召海内外悉力以赴，期望超越国界之慈善机构见义勇为。

晋冀鲁豫边区，尤其是河北广大灾区，敌我势力交错存在，给边区政府救灾工作带来极大困难。在灾情发生后，日寇造谣惑众，说是中国共产党八路军给边区百姓带来了厄运，并且假借赈灾之名，以各种手段诱骗灾区的强劳力到敌占区当“华工”或“伪军”。而南京国民政府，救灾意识消极，救灾措施仅靠拨款赈灾，而这些赈款对灾后的广大灾民来说只是杯水车薪，根本解决不了根本问题，并无实效。相比之下，中国共产党领导下的晋冀鲁豫边区政府在恶劣艰险的环境下，一边艰苦抗击敌人，一边奋力治水救灾。在中国共产党和边区政府的“战胜天灾，恢复耕地、恢复农业生产”的紧急战斗号召下，全体党政军民“用一切方法奋起救灾”。

晋冀鲁豫边区政府从灾民的根本利益出发，站在人民群众的角度，采取了一些切实可行的救灾措施，帮助人民渡过了灾荒。1931年8月30日，晋冀鲁豫边区政府发布《关于救灾治水安定民生的具体办法》。晋冀鲁豫边区政府组织调查团、慰问团分赴各县调查灾情，以各地实际情形实行减轻赋税的措施，并拨粮拨款。边区政府在自身经济窘迫的情况下，想尽各种办法筹措募捐救灾资金，拨出 10 万元急赈，将救国献金移为急赈金，其中冀中 6 万，冀西、晋东 4 万，保证第一时间将救灾款项发放到灾民手中。

边区政府号召大家节衣缩食，由过去的每天三餐改为两餐，每人每日定量由 2 斤缩减为 1.6 斤（注：16 两为 1 斤），后再减为 1.2 斤，以此救济灾民。取消党政工作人员津贴费，减轻人民负担。如 129 师 386 旅全体指战员节食赈灾，共捐洋 517 元 6 角（又河北钱 90 枚、山东钱 500 枚）。据当时《新华日报》记载，各县区乡赈灾也很活跃，“隆平、柏乡筹粮 300 余石，赈济西潘北寨等 20 余村 800 余户 3000 余人，并减免田赋，疏散难民，设立粥厂甚多”。边区政府统筹粮食贸易，禁止用粮食酿酒，红枣、柿子等能当粮食充饥者，一律限制出口，尽量利用果实、树皮树叶、地下茎及鱼类等代替粮食。另外，边区政府将轻灾区的粮食统一调剂到重灾区，并成立运粮队到敌占区购粮食。食品短缺必然会造成物价飞涨，例如晋东南小米每斗 4 元有余，白面每斤 3 角以上，较平日超过三倍。边区政府还组织评定物价委员会，在短期内维持民生必需品的价格公平合理。

广泛开展生产自救是救灾治水、切实改善人民生活的最好方式，属于治本之策。晋冀鲁豫边区政府鼓励农民迅速休整被冲毁的田地，尽量补种秋季作物与翌年早熟作物，发展供销合作社帮助灾民解决肥料、农具等生产资料。同时，边区政府开展春耕竞赛运动，拨款 3 万元作奖金，奖励劳动英雄及模范单位，动员所有的劳动力都加入春耕运动中，“从青年壮丁到妇女儿童，从抗属、灾民到士绅富户，一起涌入了春耕生产热潮中来，基本上做到了‘没有一个懒汉懒婆’的要求”。边区政府还成立灾民工作介绍所，安排灾民参加实业生产等，组织发展农村手工业和家庭副业。边区政府从长远利益考虑，积极兴修水利，疏通河道，完善排水、蓄水、防水和引水等工作，动员群众以工代赈，巩固河防。

晋冀鲁豫边区政府意识到保护林木、植树造林对防治水患具有重要的作用，于1939年9月29日和10月2日相继颁布了《晋察冀边区保护公私林木办法》《晋察冀边区禁止造林办法》，规定林地或禁山不得开垦，严禁畜牧。“盗树或者损伤树木者，经树主告发或军政民查获送交政府，一定严办。”“树主贫困，欲变卖材木，只准典当。”而且政府特别鼓励民众，如有栽树、整理果木、防治虫害的专门技术，要多多向政府举荐，政府会酌量采纳。①

洪灾过后，疫病盛行，晋冀鲁豫边区政府组织所有医务人员治疗灾民疾患。因日寇敌军对边区的封锁，西药奇缺，他们便以中药代替，灾民的疾病得以及时控制。

在中国共产党和边区政府开展游击战争的同时，晋冀鲁豫边区军民共同努力，不遗余力地战胜了水灾，粉碎了日寇企图借助水灾逐出游击队的阴谋，为华北抗战根据地的抗战局势的最终胜利奠定了坚实的基础。当时《字林西报》有一精彩的论述：“日本自夸洪水可以逐出游击队，然彼等自身亦被逐走，洪水根本无助于日军也。”②

---

① 牛建立:《二十世纪三四十年代中共在华北地区的林业建设》,《中共党史研究》，2011年第3期，第69—77页。

② 魏宏运:《1939年华北大水灾述评》,《史学月刊》，1998年第5期，第94—100页。

第五章　旱极必蝗：与干裂和饥渴抗争的日子

一九四二年，因为一场旱灾，我的故乡河南发生了吃的问题。

一句平淡的开场白，开启了1942年河南旱灾的悲惨世界。电影《一九四二》是根据著名作家刘震云的小说《温故一九四二》而改编创作的。它将1942年河南大旱，日本侵略军进攻河南，千百万民众离乡背井、外出逃荒的历史事件重新拉回到人们的视野中。

影片中，老东家范殿元是河南延津县的一位地主，家境殷实，为人勤劳机智，但也难免狡猾、市侩，甚至有点为富不仁。当时，灾民们到老东家吃大户，老东家表面上好意接济穷人，暗地里却报官求自保。眼看即将粮尽无望，老东家赶着马车，载着家人、粮食、细软，驱使着扛着洋枪的长工栓柱，加入往陕西逃荒的人流中。老东家不愿承认是逃荒，只说是外出避灾，但事情的发展远远超出了他的预料。历时三个月的逃荒路，老东家从一个富裕的地主彻底变成了一名无产者。溃败的国民党军队蛮横无理地抢了他的马车和细软，而此时磨难才刚刚开始，儿子、儿媳去世，老伴儿去世，女儿也因忍受不了饥饿的煎熬自卖其身。当他满心欢喜地踏上陕西土地时，地方军阀为求自保竟拒绝灾民入境，面对手无寸铁的灾民开枪射击。慌乱中老东家竟失手捂死了自己的孙子。这个事件彻底击垮了老东家的心理防线。出来逃荒是为了让人活着，但现在车没了，马没了，车上的人也没了。既然活着没有了任何希望，于是他决定不逃荒了，开始逆着逃荒的人流往回走。他说："知道就是个死，就想离家近点。"返乡途中，老东家碰到一个同样失去亲人的小姑娘正趴在死去的娘身上哭。老东家上去劝小姑娘别哭了，小姑娘对老东家说她并不是哭她娘死了，而是哭她认识的人都死了，剩下的人她都不认识了。老东家百感交集，说"你叫我一声爷，咱俩就算认识了"。小姑娘仰起脸，喊了一声"爷"。于是，老东家拉起小姑娘的手，重新负起了养育后代的重任。爷孙两人往山坡下走去，漫山遍野，开满了桃花。

老东家的遭遇也许就是300万外逃灾民的苦难缩影。

另一个较为深刻的场景是：逃荒路上，灾民沿着铁路向陕西行进，沿途多次遭受了日军空袭，缺少遮蔽的老百姓就如同砧板上的鱼肉一般任人宰割。一个无辜的小女孩眼睁睁地看着近在咫尺的父亲被炸死，铁路两旁尸横遍野，一群恶狗很是满足地啃食尸骨。在《一九四二》中，国民党政府的冷漠和腐败，以及对民众的蔑视推动并加深了这场灾难。在影片中，没有出现根据地中国共产党救灾的情况，是因为实际上当时很多河南的老百姓还不知道根据地，就像老东家只知道往西边逃，以为过了潼关就有救了。但他不知道，那些有幸闯进根据地的老乡，才是真正找到了"饭碗"。

根据小说拍成的电影更具故事性，其实原著本身不太像小说，更像是一个历史片段的记录。比如，原著中摘录了《大公报》记者张高峰的报道——《豫灾实录》的部分内容：

“救济豫灾”这伟大的同情，不但中国报纸，就是同盟国家的报纸也印上了大字标题。我曾为这四个字“欣慰”。三千万同胞也引颈翘望，绝望了的眼睛又发出了希望的光。希望究竟是希望，时间久了，他们那饿陷了的眼眶又葬埋了所有的希望。

……河南一百十县（连沦陷县份在内），遭灾的就是这个数目……不过灾区有轻重而已。兹以河流来别：临黄河与伏牛山地带为最重，洪河汝河及洛河流域次之，唐河淮河流域又次之。

河南是地瘠民贫的省份，抗战以来三面临敌，人民加倍艰苦，偏在这抗战进入最艰难阶段，又遭天灾。今春三四月间，豫西遭雹灾，遭霜灾，豫南豫中有风灾，豫东有的地方遭蝗灾。入夏以来，全省三月不雨。秋交有雨，入秋又不雨，大旱成灾。豫西一带秋收之荞麦尚有希望，将收之际竟一场大霜，麦粒未能灌浆，全体冻死。八九月临河各县黄水溢堤，汪洋泛滥，大旱之后复遭水淹，灾情更重，河南就这样变成人间地狱了。

……牛早就快杀光了，猪尽是骨头，鸡的眼睛都饿得睁不开……麦子一斗一百一十二斤要九百元，高粱一斗六百四十元，玉米七百元，小米十元一斤，蒸馍八元一斤，盐十五元一斤，香油也十五元……在河南已恢复了原始的物物交换时代，一斤麦子可以换二斤猪肉，三斤半牛肉……老弱妇孺终日等死，年轻力壮者不得不铤而走险。这样下去，河南就不需要救灾了，而需要清乡防匪，维持前方的治安。

刊载了以上文章以及次日又发表了评论文章的《大公报》最后被勒令停刊三天，主编王芸生的访美计划也被取消，而在此之前蒋介石及其夫人刚刚亲自为他践了行。

一、一旱犹可忍，其旱亦已频

美籍华裔学者何炳棣在其关于中国人口历史的研究中曾断言："旱灾是最厉害的天灾。"我国自古饱受旱灾袭扰，发生频度与洪灾相当。民国时期国内外学者 A. Hosie、竺可桢、陈达、邓云特等，都曾通读《古今图书集成》《东华录》及其他文献记载，发现中国历史时期的旱灾发生次数略多于水灾，旱灾给中华文明造成的破坏，也要远比其他灾害严重得多，死亡人数处于诸灾之首。据邓云特编著的《中国救荒史》记载，自公元前 1766 年至 1937 年，旱灾共发生 1074 次，平均约每 3 年 5 个月便有 1 次；水灾共发生 1058 次，平均 3 年 5 个月发生 1 次[①]。陈达在《人口问题》中统计，自汉初到 1936 年的 2142 年间，旱灾年份达 1060 年，水灾年份达 1031 年。

六月天不雨，秋孟亦既旬

纵观我国历史，旱灾持续时间长，历朝历代深受其害。我国历史上对旱灾最早的记载可追溯到夏代末年（约前 1809），"昔伊、洛竭而夏亡"，记录于《国语·周语》。在商朝成汤十八年至二十四年（前 1766—前 1760），曾有连续七年的大旱。《管子·山权数》中记载："汤七年旱，禹五年水，民之无檀卖子者。"在周朝厉王二十一年至二十六年（前 857—前 852），连续六年大旱。《史记·货殖列传》记载："六岁穰，六岁旱，十二岁一大饥。"在前 114 年，《前汉书·武帝本纪》中记载："四月，关东旱，郡国四十余饥，人相食。"在隋开皇六年（586），七月旱，米粟踊贵；八月，关内七州旱。十四年（594），关中大旱，文帝率百官及百姓就食洛阳。唐天宝末年到乾元初（8 世纪中期），连年大旱，以致瘟疫横行，

---

① 邓云特：《中国救荒史》，商务印书馆 2011 年版，第 47 页。

出现“人食人”“死人七八成”的悲惨景象，全国人口由原来的5000多万降为1700万左右。在唐中和四年（884），江南大旱，引发饥荒，衢州出现了人吃人的惨痛场景，在白居易的《轻肥》中就写道“是岁江南旱，衢州人食人”。《文献通考》中记载，北宋明道二年（1033），“南方大旱，种粒皆绝，人多流亡，因饥成疫，死者十二三”。明朝年间，从1627年到1640年，华北、西北发生了连续14年的大范围干旱，呈现出“赤地千里无禾稼，饿殍遍野人相食”的凄惨景象。河南“大旱遍及全省，禾草皆枯，洛水深不盈尺，草木兽皮虫蝇皆食尽，人多饥死，饿殍载道，地大荒”。这些无疑加速了明王朝的衰亡。清乾隆五十年（1785）有13省受旱，“草根树皮，搜拾殆尽，流民载道，饿殍盈野，死者枕藉”。清光绪初年，从1876年到1879年，山西、河南、陕西、直隶（今河北）、山东等北方五省大旱，持续了整整4年，整个灾区受到旱灾及饥荒严重影响的居民人数估计在1.6亿到2亿，约占当时全国人口的一半；直接死于饥荒和瘟疫的人数在1000万人左右；从重灾区逃亡在外的灾民不少于2000万人。这场旱灾以1877年、1878年为主，根据这两年的农历干支纪年属丁丑、戊寅，故称之为“丁戊奇荒”。又因河南、山西旱情最重，又称“晋豫奇荒”“晋豫大饥”。[①]“河南全省大旱，夏秋全无收，赤地千里，大饥，人相食”。山西境内“无处不旱”，“河东两熟之地，灾者八十余区，饥口入册者不下四五百万”。

20世纪，共发生过5次世界性特大旱灾，我国占有3次，分别是1920年北方大旱、1928—1929年陕西大旱、1943年广东大旱。1920年，山东、河南、山西、陕西、河北等北方各省遭受了40多年未遇的大旱灾，灾情遍及5省317个县，几千万灾民离乡背井，逃荒逃难，死亡人口约50万人。

---

① 李文海、程啸、刘仰东等:《中国近代十大灾荒》，人民出版社2020年版，第65页。

日驰衰白颜，再拜泥甲鳞

1928—1929年，内蒙古、山西、陕西、宁夏、甘肃、河南、湖北、湖南、安徽、江苏、浙江等省区连续两年少雨大旱，尤其以陕西省为甚。美国记者埃德加·斯诺在《西行漫记》中描述："在那些年月里究竟有多少人饿死，我不知道确切数字，大概也永远不会有人知道了，这件事现在也已经被人忘怀。"[①] 从1927年起，关中各县连续4年降雨量创历史新低，夏季的降雨量仅有往年的10%—30%，直接导致粮食减产甚至绝收。素来富庶的陕南"久旱无雨，蝗虫肆虐"，之后陕北和关中相继出现严重灾情。据《陕西通史·民国卷》记载，1929年旱灾波及陕西全省80个县，灾民达到535万余人，死亡人数250万人，逃难者40余万人。与旱灾、饥荒并发的还有蝗灾、狼鼠灾、瘟疫等次生灾害，最终演变成"人间大劫难"。成千上万的灾民吃草根、树皮充饥；很多人捕杀鸟类，淘洗并挑拣出鸟还未消化完的粮食颗粒来食用；还有灾民吞食观音土充饥。在当时，买卖妇女儿童几乎成为一种合法的交易，据统计，被卖妇女竟达30多万人，被卖妇女儿童的身价尚不及斗米的三分之一。食人之事骇人听闻，当时《申报》曾报道："陕西亦有烹食儿童之事。故各县儿童不敢出户，防被人劫去烹食。"《大公报》记载道："食人惨剧，愈演愈烈，犬鼠野性，更为上肴。一部分灾民，自1928年秋季以来，恒以人肉充饥。初仅割食无名死尸，后虽家人父子之肉，亦能下咽。近则隐僻地方，往往捕食生人。"

1943年，广东许多地方年初至谷雨都没有下雨，这场历史上罕见的旱灾诱发了大饥荒，近300万人饿死或逃荒，造成了广东省有记载的死亡人数最多的一次自然灾害。仅台山县饥民就死亡15万人，有些灾情严重的村子，人口损失过半。据1943年5月31日《新华日报》报道说，广东灾荒愈加严重，饥民已由一百万，增加至五百万人。素称余粮地区

---

① 斯诺：《西行漫记》，生活·读书·新知三联书店1979年版，第187—188页。

之增城、东莞、博罗等地，如今也是一片灾象。自增城属之南江以至深圳、广九路沿线，赤地千里，由石龙至老隆沿江，草木枯槁，东江沿河，处处皆町步涉，旱象极重。

中华人民共和国成立后，我国曾发生过两次规模较大的旱灾，其一是1959—1961年旱灾，其二是1978—1983年的全国连续6年大旱。进入21世纪以来，我国依旧是旱灾频仍，受旱范围和面积增大，受旱区域从北方逐渐向南方发展，尤其是西南地区，以云南、四川、重庆最为突出。2006年内蒙古苏尼特草原持续旱灾，受灾草场面积23186.7平方公里。2006年5月中旬以来，重庆市遭遇大旱灾。2009年春，干旱波及中国12个省份，河北南部、山西东南部、河南西南部等地一度达到特旱。2010年年初，以云南、贵州为中心的五个省份已达到特旱。2016年，我国冬麦区发生了春旱，东北、西北、华北、长江上中游地区发生了夏伏旱，给城乡居民生活和工农业生产造成了不同程度的影响。

二、丙丁大旱巴蜀怨，娇娇赤龙推火轩

从1936年春夏开始，四川大部分地区烈日炎炎，连耐旱的玉米也叶卷黄枯，甚至发生自燃，烧成一片大火。入秋之后，仍是连月干旱无雨，土地龟裂，沟渠干涸，旱情不断加重。冬不可播麦，春不可耕田，夏不可插秧。这种情况历时10个月之久，到了1937年5月，包括芦山、江油、巴中、阆中、合川在内的67个县相继遭受旱灾，大多数府县的粮食收成均在四成以下，重灾区的粮食产量还不足丰年的一二成，甚至颗粒无收。四川素有“天府之国”的称号，原本流脂溢香，富饶丰足，如今却一片

赤地，成为死亡枕藉、饿殍盈野的“饥馑之国”。

1936—1937年四川省的这场旱灾被称为丙丁大旱，灾情之严重为百年来所未有，有民谣流传于巴蜀大地：“丙子丁丑年，干断河田，壮者逃他乡，饿死老弱残。”有调查表明：到1937年三四月份，全省94%的县，3500万饥民陷入粮尽食绝的境地。其中重灾26个县，次重灾46个县，其余列为轻灾的共69个县。受灾范围之广，被灾县之多，占全省十分之九，可以说，几乎整个四川都被笼罩在旱灾中。

圣主还听子虚赋，饿殍何以论文章

1936—1937年，四川的天灾与人祸并存。四川军阀实行苛政，土地高度集中在军阀、官僚和地主手中，仅占人口7%的地主占据了78%—80%的农田。四川省对于田赋实行一年四征，即使在这次严重的旱灾中也是如此，并未实行缓征或免征。在如此大旱之年，百姓就算不死于灾荒也要死于田赋的催逼之下了。此外，军阀还强迫农民在大量肥沃的土地上种植鸦片，导致粮食产量大大下降，这对于大灾之年的百姓来说，无疑是雪上加霜。当时四川省水利失修，国民政府从没有进行过切实的水利建设，而是把资金用于政治军事斗争中，以致发生如此严重的旱灾时，百姓和地方政府都束手无策。

1937年四川旱灾已经十分严重，国民政府拨款100万元救济川灾，四川当局筹款200万元，社会各界也纷纷捐款，对灾民进行急赈。但在旱灾发生大约一年之久的时候，“救命钱”还没有发到灾民的手中，可见当时国民政府的赈灾体制是多么不健全，官员素质是多么低下，使广大的灾民得不到及时的救济，造成无数灾民丢失性命。

游走在死亡线上的灾民们被迫走上了抢劫米食的道路，还有灾民成群结队奔赴各乡吃大户，甚至出现抛妻弃子、食人等骇人听闻的恶性事件，给灾区各地的社会秩序带来了严重的破坏。

路有饥妇人，抱子弃草间

旱灾往往带来的就是饥荒和瘟疫。1936—1937 年，四川的农业生产因旱灾遭到了极大的破坏，农作物大面积遭灾，粮食收成锐减，市面上粮食供给极为短缺，导致粮食价格暴涨，供不应求，“米价飞涨，奸者居奇”。据赈务会调查，四川灾区“米价贵至三元七八角一斗者很普遍，巴县有卖至四元半一斗者。米价既如此的贵，其他粮食也不相因”。在这种情况下，绝大多数灾民家里的锅中都是草根、树皮、糠米、狗肉、猫肉等，可就连这些食物也极难获得。当时，灾民在无法忍受饥饿的情况下，就连如老鸦蒜这类有毒的植物、“神仙面”等都不放过。号称“神仙面”的观音土，能给人填满肠胃的感觉，却难以消化，许多饥民食后无法排解，腹部肿胀而亡。就算这样，“神仙面”也变得供不应求了。当时有种说法，吃“神仙面”可以缓死十天，但不吃“白善泥”，今天必死！这完全就是灾民求生的本能所致，甚至还因抢夺“神仙面”发生械斗事件。

《申报》对当时的惨状进行了记载：

> 四川自罹旱灾以来，一般贫民，无法维生，群掘白泥草根以果腹，因而发生不能排泄脚肿等症而毙命者甚多，兼之春瘟流行，无法医治而毙命者，更复不计其数，凡此惨象，以川东川北为最甚。据调查所得，重灾县份，每日死亡二百人左右，轻灾县份亦日死百余人，即以重庆市而论，每日死亡在三十人左右，灾象奇重，可谓历年所未有。[①]

那时，灾民弯腰弓背，蓬头垢面，形同鬼魅，曾有这样的描述：“衣衫骨瘦如柴，两眼深凹，两颊皮肉下垂……”旱魃的魔爪深深地扼住了

① 袁文科：《1936—1937 年四川旱灾及其救济》，《防灾科技学院学报》，2018 年第 4 期，第 84—91 页。

灾民的咽喉，让大家无计可施、无力支撑，人们只好将希望寄托于上苍和鬼神。灾民设坛诵经、抬神请水，闭南门、请龙王，祈求上天赐甘霖、解旱苦。但天不遂人愿，被饥饿冲昏头脑的灾民们开始烧山求雨，承袭老祖宗的恶习，放炮烧山、升火焚林，导致川南古蔺县的官山老林、叙永县的大安山以及兴文县建武村附近，火光冲天历时七天七夜，方圆百余里的林地焚烧殆尽。

赈灾父子兵，川行功不薄

张崿，于1926年考入国立北京大学，并加入中国共产党。其父亲张澜是我国伟大的爱国主义者，中国民主同盟的创建者和领导者，也是中国共产党的亲密朋友。1936年秋，因抗战需要，中共中央调张崿回国，协助并通过张澜影响四川的地方实力派，开展统一战线工作，并寻机恢复和发展被严重破坏的川北党组织。

回国之时，恰逢四川旱灾，川北尤重。张澜时任省赈济会常委，张崿任赈灾专员，两人同往川北、通、南、巴一带重灾区视察。张崿深感灾区百姓身处悲惨生活之中，竭力赈灾。他徒步巡灾区，每日冒酷暑、顶烈日，行走七八十里路，终日食不果腹，饮水也困难，常露宿郊野。因为他还肩负着恢复被破坏的党组织的任务，极尽辛劳，加之在苏联时期营养不良，最终积劳成疾，肺病复发，于1938年秋不幸逝世，终年31岁。

三、中原地区大旱灾，三千万人苦熬煎

我们可以从民国9年（1920）开始看一下旱灾发生的频率：

民国9年，大旱。人相食。
民国10年，旱。
民国11年，旱。

民国 12 年，旱。

民国 13 年，旱。

民国 18 年，特大旱。夏无麦，秋无禾，饿毙者无数。

民国 19 年，大旱。连续两年大旱，民众外出逃荒者不计其数。

民国 20 年，旱。冬无雪。

民国 21 年，旱。

民国 24 年，大旱。地土龟裂，草木皆枯。

民国 25 年，旱。

民国 26 年，旱。

民国 29 年，旱。

民国 30 年，旱。

民国 31 年，特大旱。大小麦颗粒无收，早秋全部枯干，民卖儿鬻女，大批流亡外乡。

民国 32 年，旱。

……

其中文字最多的那一行就是民国 31 年（1942）。那年的大旱之后，又遇蝗灾，加之人祸，在恶劣的抗战环境下，河南省境内灾情最为严重，几乎无县不灾，灾荒景象触目惊心，为历史所罕见。据《河南大事记》估计，饥荒遍及全省 110 个县，濒于死亡边缘等待救济者 1500 多万人，有 300 万人饿死，另有 300 万人西出潼关做流民，沿途饿死、病死、扒火车挤踩摔轧和遭遇日军轰炸而死者无数。当时只有极少数家境稍好的难民乘火车逃难，多数人是徒步。

延续到 1943 年的这次中原地区大旱灾在我国灾荒史上必然会浓墨重彩记上一笔。不仅河南，1942 年是全国特大旱灾年，从春、夏直至秋天，百余天未有降水，一场旷日持久的旱情在黄河中下游两岸地区蔓延，并扩展至晋东南、鄂北及皖北等地。除河南省外，河北、北平、山西、山东、陕西、湖北北部、安徽北部都受到了旱灾的影响，灾情遍及国统区、日占区和根据地，造成大量的人口死亡，可谓是百年奇荒，所以在说法上仅用“河南旱灾”来表述，不免将这场旱灾的严重程度减弱和淡化了。

是岁豫地饥难耐，蝗灾暴虎不堪言

旱、蝗并发是常见的自然现象。河南省持续性干旱，导致蝗虫大量繁殖，形成了蝗灾。据《河南省历代旱涝等水文气候史料》记载：

豫省蝗虫呈大规模之发生，被灾县份达半数以上，邻近各省者被殃及。河南境内麦秋两季大部绝收，大旱之后，又遇蝗灾。

当时，《前锋报》报道：

自然的暴君，从去年起（1942 年）开始摇撼了河南农民的生命线。旱灾烧死了他们的麦子，蝗虫吃了他们的高粱，冰雹打死了他们的荞麦，最后的希望又随着一棵棵的垂毙的秋苗枯焦，把他们赶上死亡的路途。[①]

1942—1943 年，正是抗日战争最艰难的时候。“七七事变”后，河南逐渐成为中日双方作战的主战场，包括豫北战役、豫东战役、豫南会战等，黄河以北的豫北、黄泛区以东的豫东及豫南的信阳地区等 30 余县均成为敌占区。长期的战乱消耗了大量的人力、物力、财力，大大削弱了人们抵抗自然灾害的能力。此外，由于日军进驻河南，导致河南很多地方道路不通，直接影响了赈灾粮食的运输，很多老百姓饿死在了逃荒

① 尹燕莉:《关于民国三十一年河南大旱灾的思考》,《河南水利与南水北调》, 2014 年第 1 期，第 22—23 页。

的路上。除了日寇，还有“中原王”汤恩伯的第三十一集团军驻扎河南，军需物资都需要河南百姓补给，他们在河南境内横征暴敛，大灾之年兵役赋税数量仍同正常年份，依然不减。《前锋报》发表的《救灾与督征》记载着：

现在各县不问灾荒，只要征粮，民以倾囊以应征，军犹两餐且不饱，灾益重而民益困。

我们看看灾民之苦，真不能再征一粒，可是我们知道事实上需要之切，又不能少征一粒。衷心怆痛，真无法言宣。

据目击者回忆当时的情况：“从禹州到许昌，从许昌到扶沟，乡村一片空房，死寂沉沉，不见鸡犬，倒毙路旁者随处可见。”据1942年12月出版的《解放日报》称：“河南本年受灾百余县，灾民过千万，仅郑州一地，灾民每天饿死者达百人以上。”《前锋报》在当年共发表了近百篇有关灾荒和救灾的社评，呼吁社会救灾，并有针对性地提出了切实可行的救灾办法，最终触及了当局的良心。1943年春,《前锋报》在灾区通讯中写道：“在黄泛区，野犬吃人吃得两眼通红，有许多还能蠕动的人都会被野狗吃掉。”

河南省档案馆收藏的《国民党上蔡县执委关于报因灾吃人情形的呈》证实，河南旱灾期间，的确发生了“吃人”惨剧。据详细记载，上蔡县吕店镇第十八保第十一甲王庄60余岁的贫民刘卷良，家贫如洗，乞讨无门，曾在1943年3月4日将饿死的乞丐“解割煮食”，以救饥荒。据《1942河南大饥荒》记载：

眼下整个河南的民生状况，几已达到了山穷水尽的绝境，千百万人民已由饥馑线逐步的步入死亡线。近日来，报纸上虽屡有严重的报道，然而这些严重的报道，实不过写出灾区实况的千百分之一二。

最后得了普利策新闻奖的美国《时代周刊》记者白修德深入这片灾难深重的千里赤地，从洛阳到郑州的路途中，但见绝大多数村庄一片荒凉。他描述了受灾后的惨状：

狗在路旁啃着人的尸体，农民在夜幕的掩护中寻找死人身上的肉吃。无尽的废弃村庄，乞丐汇聚在每一个城门口，弃婴在每一条道路上号哭和死去。没有什么方式能描绘出河南大灾荒的恐怖。

1943年3月，根据白修德的调查，国民政府拨发河南的2亿元赈灾款中只有8000万元到达省政府，最后能够发放到灾民手中的还要经过各级官员、军方乃至国家银行的层层盘剥。他在报道中讥讽道："它使得我懂得无政府状态和秩序、生与死的真实意义。"

其实，早在1942年6—7月，河南省灾情就初见端倪，但日益严重的旱灾并未得到国民政府真正的重视，其缘由也许是河南省官员为政绩延报灾情，抑或是因战乱造成信息闭塞，国民政府不了解实情。直至蒋介石目睹了白修德拍摄的灾区实情照片后，才于1943年下达赈灾命令。糟糕的是，在赈济河南大灾荒期间，各级政府官员侵吞赈济粮款的丑闻层出不穷，掌管公款的各级官员中饱私囊、大发国难财。最典型也最常见的例子就是许多官员利用自己的职权低价购买平粜粮，转手以高价卖给灾民，牟取暴利。一些乡长、保长趁机营私舞弊，任意摊派，勒索百姓。"河南平粜舞弊案""汝南贪污案""王汝泮贪污案"就是当时赈灾中无耻的贪腐案例。可以说，国民党政府领导下的救灾活动，只是一场宣传给世界看，做给大家看，做给洋人、洋人政府看的掩人耳目的闹剧。

1943 年的历史资料是这样描述当时救济款的去向的：

> 远在重庆的中国政府在 1942 年 10 月决定要免除河南的征税，此举不是无知便是伪善，因为地方上已经征齐了当年秋收的税粮。而中央政府宣称免于征税的 1943 年收成，此时还看不见影子，重庆政府为河南赈灾拨出了 2 亿元法币，但运到灾区却只有 8 千万，都是百元一张的大票。然而，政府的银行居然对自己发行的货币打起折扣来，一张百元大钞他们只兑给 83 元零钞，面额有 1 元、5 元和 10 元的。[①]

国民政府工作的无效和贪腐的特性使得救灾成为另外一种灾害的来源。

中国共产党边区救灾，安置减税修水利

面对 1942—1943 年中原地区大旱灾，中国共产党主要在晋冀鲁豫边区开展救灾工作。在旱荒初现的时候，晋冀鲁豫边区各级党组织、各级政府和八路军各部队领导全区军民进行了抗旱救灾活动，要求边区上下紧急动员起来，将工作的重心相继转移到救灾的轨道上。边区政府还提出保障不饿死人的号召，体现了边区政府对灾民的关心和对生命的珍视，这无疑对稳定民心有很大的作用。与此同时，中国共产党领导根据地政府既治标又治本，一方面动员和组织广大军民运用各种救灾手段，以解决灾民燃眉之急，另一方面又积极探索新的救灾模式与方法，努力消除旱灾造成的破坏性后果，恢复灾民基本的生存条件。

最重要的救灾工作是安置灾民。大批灾民为了生存，沿着清漳河，夜以继日地涌入晋冀鲁豫边区根据地。边区政府制定了《根据地外来灾民登记安置办法》，要求凡是进入边区的灾民，都需要到村镇公所进行登

---

① 宋致新：《1942 河南大饥荒》，湖北人民出版社 2012 年版，第 35—36 页。

记报告。并且在灾情较轻的地区每隔15—20公里设置接待站，为逃荒的灾民提供水、火、住宿及饭食。为了使灾民能够进行生产自救，边区政府鼓励逃荒而来的灾民积极垦荒，并且还在垦荒地区颁布了移垦优待办法。边区政府还发动农民抢种、补种各种耐旱作物、短期杂粮和蔬菜，这不仅对渡过1943年灾荒发挥了重要作用，而且基本上保证了1944年根据地内的军需民食。这些办法，使大批灾民得以安置，大量荒地得以开垦。灾情减缓之后，为了不让灾民故土荒废，太行区又开始动员1万多名灾民返回家乡进行春耕，并拨出300石小米和3万元资助灾民返乡。

晋冀鲁豫边区政府为灾民减轻税负，主要包括减免公粮和减租减息。比如晋冀鲁豫边区政府根据灾区的情况，一次性给太行区五专区、六专区减免公粮45000石，给受灾最重的六专区减免公粮675万斤。长期以来，陕甘宁边区就非常重视难民的安置工作，根据1940年颁布的《陕甘宁边区政府优待外来难民和贫民之决定》，赋予了灾民与当地群众相同的各种政治、经济、教育等权利，还给灾民解决住房、粮食、生产等方面的问题，并免除灾民2—5年的土地税。

此外，中国共产党提倡节约。面对日益严重的灾情，晋冀鲁豫边区政府认为除了积极开展赈济外，厉行节约也是必须倡导的抗灾策略，因此大力推行缩衣节食运动，杜绝浪费现象。边区政府人员、军队与灾民同甘共苦，节约救荒，他们采集树叶、野草、野菜等代食品，不仅节省了粮食，减缓了灾情的蔓延，还减轻了人民的负担，密切了军民之间的关系，掀起了当时青年参军的热潮。比如晋冀鲁豫边区政府从1942年下半年开始，号召县以上各党政军机关开展"每日节约一把米"运动，把节约下来的粮食救助灾民。边区政府还呼吁边区所有党政军领导下的单位、工厂、学校、商店、教员、学生、剧团等均要积极投入到持续数月的节约度荒运动之中。据不完全统计，1942年，全区节约63万多公斤小米，全数用于救济灾民。在厉行节约的基础之上，边区还开展了捐款活动。为节约口粮，晋冀鲁豫边区政府还倡导采摘一切可以食用的野菜，并发明了多种食法。到1943年秋，仅太行区部队就采食野菜50多万公斤。广大官兵靠食用野菜、树皮掺兑谷糠度日。此外，边区军队还普遍开展了精兵简政活动，号召“白天多做事，晚上少点灯”，最大限度地节约资源。

晋冀鲁豫边区政府还以长远眼光规划抗旱工作，以工代赈组织灾民兴修水利设施。到1943年，边区政府直接组织开挖的水渠增加到14条，水浇地扩大到1.3万亩，仅受灾严重的第六专区，就新增加和恢复了5992亩水浇地。水利事业的开展改善了边区农业的生产条件，对旱灾具有较强的降灾作用。不仅如此，边区政府在《一九四二年度太行区农业生产计划》中还制订了植树造林的计划：

> 要求全区每人植树一株。各机关学校及地方武装集体种树，每人二株。发动群众普遍建立小型苗圃（在有利条件下，每一主村，建立一个），大量培植树秧。同时进行明年造林准备工作，要求本年搜集树籽，能够播种十万亩。此外恢复禁山禁坡五分之一至二分之一。[①]

不得不说，这些战胜旱灾的精神和有效措施，对于现今的抗旱救灾具有重大的借鉴意义。

四、飞蝗蔽空日无色，群众路线且为辙

病虫害是我国农业生产中最为常见的农业灾害之一，严重影响农业生产的效率和质量。除了备受公众关注的蝗灾和近期曝光度颇高的草地

---

① 段建荣、岳谦厚:《晋冀鲁豫边区1942年—1943年抗旱减灾述论》,《中北大学学报（社会科学版）》,2009年第2期，第1—7页。

贪夜蛾，中国农业生产面临的威胁还包括稻飞虱、二化螟、小麦蚜虫、棉铃虫、草地螟等农业害虫，以及小麦赤霉病、条锈病等流行性病害。明代诗人郭登曾经写过一首《飞蝗》，生动描写了蝗灾发生时的情景：

飞蝗蔽空日无色，野老田中泪垂血。牵衣顿足捕不能，大叶全空小枝折。

去年拖欠鬻男女，今岁科征向谁说。官曹醉卧闻不闻，叹息回头望京阙。

明朝科学家徐光启在《除蝗疏》中曾经这样描述过蝗灾：

凶饥之因有三，曰水、曰旱、曰蝗。地有高卑，雨泽有偏，被水旱为灾，尚多幸免之处，惟旱极而蝗，数千里间草木皆尽，或牛马幡帜皆尽，其害尤惨过于水旱也。

空林叶尽蝗来郡，腐骨花生战后村

在我国诸多的虫害中，蝗虫对我国农作物造成的危害时间最久，后果最严重。在中国近代历史上，蝗灾一直是各种自然灾害中较为常见，也颇具破坏性的一种。[①] 中国作为传统农业大国，在几千年的历史里曾饱受蝗灾侵扰，蝗灾甚至和旱灾、水灾并列为古代社会的三大自然灾害。在我国历史上，早在春秋时期就有关于百姓防蝗的记载。我国在历史上也曾遭受过非常严重的蝗灾，各类史书中对蝗灾的记载屡见不鲜，据《中国救荒史》统计：秦汉蝗灾平均 8.8 年发生一次，两宋为 3.5 年，元代为 1.6 年，明清两代均为 2.8 年，受灾范围、受灾程度堪称世界之最。

① 李文海、周源：《灾荒与饥馑：1840—1919》，人民出版社 2020 年版，第 60 页。

昆虫学家郭郛所著的《中国飞蝗生物学》中的统计显示，在近代以前的2000多年里，我国大规模的蝗灾达到804次，平均3年发生一次。当然，我国自古以来，消灭蝗虫、预防蝗灾的方式也有很多种，比如有火焚蝗虫、培养和保护蝗虫的天敌、多植蝗虫不喜的作物、早收庄稼饿蝗虫等。

中华人民共和国成立之前，政局动荡，烽火连天，我国经历过三次蝗灾高发期，即1927—1931年、1933—1936年、1942—1946年，每次约持续3—4年。1933年，蝗灾异常剧烈，被称为“中国蝗感年”。当时全国12省发生蝗害，重灾区为苏、皖、湘、豫、冀、浙、鲁、陕、晋九省。其中，河北省遭遇蝗灾最严重，受灾县达到了85个，受灾耕地面积达到了245万亩，根据粗略统计，直接经济损失为125万大洋。20世纪40年代，河南、陕西、山西、湖北的蝗患由黄河泛滥区荒地繁殖而蔓延，成为华中蝗虫新繁殖区，1943—1945年出现的大蝗灾为历史所罕见。

1949年中华人民共和国成立后，党和政府对治理蝗灾高度重视。中央人民政府政务院财政经济委员会于1951年发出《关于防治蝗蝻工作的紧急指示》，要求“立即发动和组织农民，因地制宜，采取各种形式，立即进行捕杀蝗蝻”“蝗虫发生在哪里，立即消灭在哪里”，确定了治蝗工作“打早、打小、打了”的方针。1974年，我国又正式确立了“依靠群众，勤俭治蝗，改治并举，根除蝗害”的方针。我国通过多方生态学治理，蝗区发生面积从20世纪50年代初的400多万公顷，减少到70年代末的100多万公顷。

进入21世纪后，我国贯彻“防重于治”的方针，强调有计划、有组织地防治蝗灾，成立各级治蝗机构，推行责任制，建立和完善蝗情预测预报制度，并大力推广药械治蝗、飞机治蝗，努力改造蝗虫滋生环境，将蝗区改造成良田或林地，最终使蝗灾这一历史性灾害得到有效控制。东亚飞蝗孳生地由近8000万亩下降到目前的2200万亩，发生密度持续控制在较低水平，近30年来未出现大规模起飞危害。现在我国的蝗灾治理注重采用生物方式来消灭蝗虫，很有成效。比如，在浙江省，常用鸡鸭捕食来消灭蝗虫。2014年央视拍摄的一段纪录片《牧鸡治蝗》曾被网友赞上热搜，而鸭子日均可吃掉200多只蝗虫，属于“地毯式搜捕”，连蝗虫的蛹都不会放过。在新疆，粉红椋鸟是灭蝗主力。在育雏期，成鸟每天能捕捉三四百只蝗虫，进食数量在120—170只，被牧民们亲切地称作“草原铁甲军”。同时我国也致力于治蝗科技的研究，运用“3S”技术进行监测，即遥感技术(RS)子系统、地理信息系统(GIS)子系统、全球定位系统（GPS）子系统，以及采用一系列新式生物药剂，发展绿色治蝗技术，初步实现了“飞蝗不起飞成灾、土蝗不扩散危害、入境蝗虫不二次迁飞”。

蝗灾食苗民自苦，吏虐民苗皆被之

1942年，太行山区遭遇了大旱灾，导致很多地方的庄稼大幅减收，甚至有些田地颗粒无收。1943年秋，天降甘霖，结束大旱，老百姓以为苦日子已经过去了，一个崭新的未来即将来临。但没想到，接下来一场历史上罕见的蝗灾，席卷了整个太行山区，好不容易长成的农作物被蝗虫吃光、毁坏，对整个太行山区的农业生产造成了严重破坏，百姓生活可谓是雪上加霜。

大旱之后，必有蝗灾，加上战乱频繁，给蝗虫的繁衍和泛滥创造了条件。大量的蝗虫在河南的黄泛区出现并涌入平汉线以东和黄河以南，蔓延全境。蝗虫所经之处，遮天蔽日，寸草不生，洛阳、伊川、孟津、许昌、汝南、西平、温县、开封等56个县相继遭受大规模蝗灾，无数高粱黄谷被食损，几乎近半个河南的庄稼被吃光，导致受灾面积达到了2000万亩。

根据《豫省蝗灾实录》记载，1943年夏天，河南省有好几个县本来要大丰收，老百姓非常欣喜，想着在经历了恐怖的旱灾后，今年的收成总算能好一点。6月份，大麦、小麦长势都不错，再过一两个月就能收获了。但没想到，毫无预兆的蝗虫群从河南东边的黄泛区飞了过来。

刚开始，老百姓把蝗虫当成了“瘟神”，想要通过烧香敲锣躲过这一劫，但这一做法并没有产生任何的效果，蝗虫越来越多，满地都是，人连落脚的地方都没有。时值战争年代，有些县府眼看日军、国军和国民党政府对蝗灾无暇顾及，局势无法控制，就发出治蝗命令：各地自行组织百姓消灭蝗虫，经由乡、镇、保、甲一层层传递。县府为了督促各地加快加紧扑杀蝗虫，县长要求各地官员将扑灭的蝗虫装袋，统一交到县政府，过磅交差。但由于蝗虫太多，大多数县基本上只能扑杀几十万斤，河南禹县扑灭了约150万斤。因为蝗虫繁殖能力强，为了彻底杀灭虫患，县府准备了几口大锅，将各地送来的蝗虫倒进锅内，用热水烫死，然后埋入深坑。由于天气酷热，埋在地里的死蝗虫全部变质腐烂，异味久久不散。县长们没办法，只能叫停了上交蝗虫的任务。

后来，百姓发现蝗虫们专门往农作物多的地方聚集，也就是说，哪个地区消灭的蝗虫多，就会迎来更多的蝗虫，所以就索性不管了。吃蝗虫也是当时群众在剿蝗运动中的创举，处于长期饥饿中的百姓发现烧死的蝗虫可以充饥。当时《新华日报（太行版）》发表了一篇《蝗虫好吃》的新闻报道，因此吃蝗虫的做法被大力推广。赵树理的小说《孟祥英翻身》中，以涉县郊口村真实人物孟祥英为主角，她不仅是当地妇女的打蝗代表，而且也是带头吃蝗虫的模范，在她所在的村子里，很多村民在灾荒年中，依靠吃蝗虫，避免了饿死的惨剧。但实际上，经过试验发现，蝗虫身上没有油脂，一烤就焦，嚼起来又苦又硬，根本没法下咽。

除了河南省外，蝗灾还在太行山的其他地方暴发。比如一批蝗群飞入河北省黄骅县，吃光了农田的庄稼和河边的芦苇，又飞到附近的村庄，将窗户纸、房檐上的野草都吃光了。还有一件骇人听闻的故事：在县城附近的周青庄，有一户人家的大人和村民们一起出去捕杀蝗虫，把一个未满周岁的婴儿留在家里。但由于门窗不够严实，蝗虫飞进家里，桌子、炕上、柜上、衣被上全是，婴儿的身上也爬满了，饿极的蝗虫张口就咬，把孩子的脸和耳朵咬得满是血。大人回来时，远远便听到婴儿的哭声，急忙进家，看到这种情形后立即赶走蝗虫，抱婴儿去医治，才让这个孩子幸免于难。

1943年，河南地区的玉米和谷子基本上被蝗虫吃完了，百姓急得团团转，靠着没被蝗虫糟蹋的红苕和棉花扛过了那年的冬天，期盼着来年的希望。可所有人都没想到，第二年蝗虫又来了，遍及整个太行地区，大量的庄稼被蝗虫吃掉，太行区河南商丘的河集乡一天内就有10平方公里的麦苗被吃光。

据1943年5月20日《解放日报》中《太行展开减蝗竞赛 武东蝗蝻八批全部肃清》一文报道：

林北县五区陶村中家岗蝗虫联防区方圆十五里，蝗蝻最重，第一天被吃麦田30亩……沙河五十四个村，到五月初已被吃麦田六百多亩，轻伤五十多顷，经区党委军区政治部号召动员，每天参加打蝗人数已超过六千人，平均打蝗两万斤。

亲历过这场蝗灾的老一辈人这样描述：

这个蝗虫啊，在空中一飞，喔，遮天盖日的！你就用一个像渔网的东西——不过小一点的，你把它绑到一根棍子上，在空中这么举起来，迎头一抄，就抄这么一大箩，一大网。那蝗虫往地下一落，就有一尺多厚，这不只是一个地方一尺多厚，甚至于几百里的地方，都是这么一落，就有一尺多厚的蝗虫。你说那蝗虫有多少？

太行边区齐奋进，剿蝗运动靠人民

蝗灾发生后，日伪政府不仅不采取积极的救灾措施，而且还禁止敌占区的人民捕捉蝗虫，使得蝗虫再次飞到根据地，给根据地的捕蝗工作带来更大的困难。面对罕见的蝗灾、日伪军的压迫与国民党反动派封锁的三重压力，晋冀鲁豫边区政府、一二九师和太行军区仍然把抗灾救灾工作放在首位，组织、动员根据地的广大军民在太行山上下进行了一场大规模的打蝗战役，老少参与，人人皆兵。

1943 年 5 月 3 日，中共太行区党委、太行军区政治部在河北涉县赤岸村发出了《关于扑灭蝗虫的紧急号召》，成立了打蝗司令部，要求所辖各部队指战员把捕蝗灭蝗当作一项战斗任务来完成，除值勤、值班人员外，全体出动，哪个地方蝗虫多、蝗灾重，就到哪里去消灭，要保护农田庄稼，将生产损失降到最小。

太行区党委和边区政府广泛发动群众，层层动员，领导组织了 25 万群众开展打蝗运动。各县成立了除蝗委员会和剿蝗指挥部等灭蝗组织，指导各地加入灭蝗运动。很多村庄都设立了宣传组、侦察组、打蝗队、烧埋队等，形成了一支由上及下有组织的捕蝗队伍。根据地的县与县之间还成立了联合剿蝗指挥部，协同作战。

边区政府通过开办讲座、展览普及农业科技知识，试验、开发、培育防治病虫害的优良农作物品种，并在《解放日报》上设了“科学园地”进行灭蝗科普宣传。时任一二九师政委的邓小平与时任该师生产部长兼边区农林局局长张克威等人共同商讨除蝗办法，张克威提出可以用灭蝗化学药剂加上白糖的方法杀虫。但是由于敌人的严密封锁和当时根据地灾害频发，白糖市场价奇高，1 两白糖抵得上边区高级干部 1 个月的津贴，因此，不得不放弃这种成本很高的灭虫方法，主要使用人工捕捉的方式，改用树枝、扫帚、铁锹、鞋底这些常见的东西去打蝗，用火烧，或者用农具去挖蝗蛹。所谓实践出真知，百姓在打蝗战役中，逐渐总结出了捕捉法、火攻法、水阵法、坑杀法、涂毒法等灭蝗方法。

在打蝗战役中，边区各地采取借出公粮、发放贷款、开展救济、组织医疗队等方式，进行后勤支援。为了鼓励各单位和群众积极应对蝗灾，各地相继制定了不同的剿蝗奖励方法。晋冀鲁豫边区政府发布了《太行区扑灭蝗虫暂行奖励办法》，规定了奖励标准、对象和奖金（粮食）等事项。1943 年 5 月 6 日，林北县（今河南省林州市）出台了《林北县政府剿蝗奖励办法》，规定“每人每日需平均扑灭幼虫 1 斤。根据时限，奖励标准略有不同，5 月 10 日前，每人奖米 4 两，15 日前 2 两，20 日前 1 两，24 日后不再奖励”。河北省灵寿县则规定“每挖蝗卵 0.5 公斤，奖励小米 0.75 公斤，并募集发放毛巾、铅笔、肥皂等奖品”。1943 年 7 月 12 日，冀鲁豫、冀南行署联合下发《关于广泛发动人民积极参加捕灭蝗虫的通知》，要求根据当时当地蝗虫密度，由村规定几斤蝗虫换 1 斤麦，以一般人一整天能捉到的蝗虫数（以斤计）为准数，以之兑换 2 斤麦子为原则，捉得多可多换麦，捉得少的少换。1944 年，晋冀鲁豫边区政府在蝗卵尚未孵化之际，就提前号召农民刨蝗卵，每刨 1 升蝗卵，可换 1 升小米。1944 年 2 月 13 日，太行第一专员公署对各县发布《组织群众搜刨蝗卵，并折米奖励》政策，规定每刨出 0.5 公斤蝗卵可换 1 公斤小米，由公粮开支报销。

除了物质奖励外，各地还有很多精神激励举措，如山西左权县的后庄村制定了红旗队、红旗班、红星章竞赛奖励办法。在打蝗行动中，哪个人的业绩最突出，第二天红旗就交到哪个人所在的小队。边区各级政府创作和编写了各种各样的宣传口号，比如有“要吃麦子面，快刨蝗虫蛋，想换尽量换，不换炒吃能顶饭”“要从蝗虫嘴里夺食，不向蝗虫祈祷，蝗虫飞到哪里，就把它消灭在哪里”“村分你我，地分你我，蝗虫不分你我”。

边区政府灵活制定的奖励办法，对于提升群众参加剿蝗的积极性起到了很好的助推作用，充分调动了一切能够调动的社会救灾资源，将蝗灾损失降到了最低，也为后来治蝗提供了充足的经验。晋冀鲁豫边区正是经过1943年、1944年的打蝗战，基本遏制了这场蝗灾，也进一步巩固了根据地军民团结一致、协作应灾的成果，锻炼了边区政府和军队组织、发动群众的能力，为其在复杂的战争形势下，牢牢把握住斗争的主动权，奠定了强大的组织和群众基础。

1944年6月4日，《解放日报》刊发了《太行林北剿蝗胜利 磁武敌占区飞蝗成灾》一文，对当时的打蝗斗争进行了描述：

林北一区剿蝗工作，经过初步总结后，显示新的气象。十三日，全区参加者约九千余人，达总人口百分之四十，并山蝗区四个村参加者一〇七五人，其中七百余妇女儿童刨蝗卵，半天刨坡十亩，每人平均合二厘地，三百七十五个男人打蚂蚱，半天清剿了一八二亩，每人平均合五分地，效率比过去提高了。十三日午夜，接县指挥部命令：“林安交界蝗灾严重，须三千人前往增援。”援军三千人就先后在十五号、十七号分两批出发。全区六七百个男劳动力减少了一半。

中共太行区党委在《1944年工作总结》中评价道：

我们全区规模的打蝗运动，创造了空前的业绩，表现了群众的无比的威力，表现了根据地的坚强。

1945年，毛泽东在中共七大会议上也盛赞了太行剿蝗。在战争与天灾的双重夹击下，边区党政军民齐心合力，夺取剿蝗运动胜利，保卫了粮食，巩固了根据地。可以说，晋冀鲁豫边区开展的剿蝗运动是晋冀鲁豫边区军民在抗战中创造的一个奇迹。

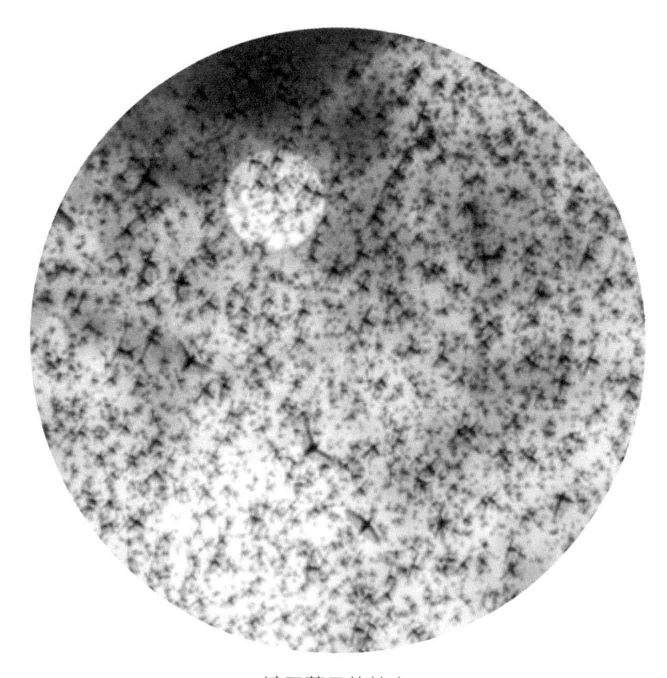

遮天蔽日的蝗虫

1921—1949

1949—1978

1978—2012

2012—

第二阶段　社会主义革命和建设时期

中华人民共和国的成立，在形式和性质上都是一次崭新的飞跃，但是在经济基础上，却几乎为零。灾害和灾难，是伴随中华人民共和国成长的巨大威胁和挑战。

1949 年以后，我国的自然灾害发生频率极高。这种高发的自然灾害一方面可以解释为是气候或者地质规律的一个表现，而另一方面也是半个世纪以来的社会动荡、经济萧条、内战不断等社会及人为因素对自然环境的破坏所致。当自然灾害再次发生时，因之前的经济基础极为薄弱，势必会加大救灾救荒的难度，这又在无形中为灾害损失的增大起到了推波助澜的作用。

在“社会主义革命和建设时期”这近 30 年中，黄河、长江、海河泛滥成灾，旱灾也从未离开过中国大地。20 世纪 60 年代和 70 年代更是进入了地震活跃期，一次次大地震夺去了无数百姓的生命，而东南沿海地区则时常受到海啸和台风的骚扰。

这一时期党中央对抗灾非常重视。1949 年 12 月 19 日政务院发出的《关于生产救灾的指示》中就指出，救灾是严肃的政治任务。但是，到了 20 世纪 50 年代，盲目乐观的“人定胜天”思想蔓延起来，以至于一时间人民都变得有些狂热，以为靠意志力和决心就可以消灭自然灾害。然而，这种盲目是有成本的，有时甚至还会付出惨痛的代价。

政治上的大一统也带来了国家对于救灾安排的大一统。当时的地方政府只是中央政府政治性指令的执行者，而并不是救灾的主体之一。

因此，每当发生重大灾害时，所依赖的只能是源自中央政府的统一领导、高度重视，以及集中调配。这种中央指挥、地方执行的做法在当时救灾时是非常有效的，但随着经济和社会的发展，也逐渐暴露出一些弊端来。

1949—1978

20 世纪 50 年代血吸虫病患者在江西省余江县一卫生院接受治疗（新华社记者 李平 摄）

20 世纪 60 年代人们响应“一定要根治海河”的号召（新华社记者摄）

1976 年基建工程兵某部“唐山抗震救灾先锋中队”在受灾现场（新华社记者 杨异同 摄）

第六章　华佗无奈小虫何：战胜血吸虫病的始末

血吸虫病（俗称大肚子病）在中国南方地区如此肆虐，从文学艺术作品中可见一斑。一部长篇小说中就写到一村一村的人全部因血吸虫病丧生的情形。当然作品中会有所夸张，但现实中也确有绝户的现象。小说中有一个情节令人难忘，有一家大户，孩子在省城读书，父母在临死前写信给孩子，嘱托孩子不管什么原因也千万不要回乡，好为整个家族留下一颗种子。

湖南女作家残雪写过一篇名为《患血吸虫病的小人》的小说。她采取了类似卡夫卡《变形记》的文笔描述了这种病症的可怕之处——

“……你发现我的变化了吗？现在我的肚子胀得这么大，里面全是血吸虫。树林里有一片沼泽，里面长满了钉螺，我就是在那里染了血吸虫，搞得整天瞌睡沉沉的。”

他的脸似乎黄得厉害，肚子肿得像孕妇，但我知道树林里的故事只是一个谎言……

“……现在我每移一步，肚子就像要裂开一样，血吸虫大概已经把肝脏消灭了。不久它们就会将里面所有的器官统统消灭，只剩下薄薄的一张皮。我很欣赏这种不管不顾的风度。”

……

“我当然要抱怨，虫子才不抱怨呢！我毕竟还没变成虫子。它们吃掉了我的内脏，但躯壳还留着。它们很讲究吃的艺术，精明得很。一直到我死的那天，躯壳总是留着的。小虫们真是生机勃勃啊！”

残雪用类同于“甲虫”的小人口吻，将血吸虫对于人的影响从个体体验的角度进行了另类的描写。尽管只是短篇小说，承载的内容有限，但是对血吸虫病患者体验到的残酷与痛苦刻画得惟妙惟肖。如果没有这样的体验，只凭想象是很难做到这一点的。

一、丧乱饥村多病死，由来已久血吸虫

血吸虫病在我国出现的历史很久了。据湖南长沙马王堆西汉女尸中发现血吸虫卵的史实，可以推测出血吸虫病在我国流行已2100余年，尤其是我国南方可谓受血吸虫病影响深远。血吸虫病是一种人畜共患、传染极快的寄生虫病，主要是因为人们在有钉螺的水中劳作时，寄生在钉螺上的病虫钻入人体、侵入血液而引起的。一旦到了晚期，患者腹大如鼓、骨瘦如柴、丧失劳动力，以致死亡。

人死无人抬，家家哭声哀

中华人民共和国成立初期，血吸虫病流行于南方12个省、直辖市，尤其以江苏、安徽、浙江、湖北、湖南、江西六省最为严重。[①] 地方性

① 《一定要消灭血吸虫病》，《中国药学杂志》，1956年第3期，第98—99页。

因素、自然灾害和长期战争等使疫情暴发达到了历史的最高点，查出钉螺面积143亿平方米，威胁着全国1亿多人的生命，患病人数高达1160万[①]，其中晚期病人60万人。正如后来国务院发布的《关于消灭血吸虫病的指示》中指出的那样，血吸虫病在我国流行已久，遍及南方12个省市，患病的人数达1000多万，受感染威胁的人口超过1亿人，对人民的危害是极其严重的，轻则丧失劳动力，重则死亡。患病的妇女大多不能生育，患病的儿童影响发育，病区人口减少，生产下降，少数病区甚至田园荒芜，家破人亡。

一首20世纪50年代流传于上海宝山县的民谣曾经这样唱道："人死无人抬，家家哭声哀，屋倒田地荒，亲戚不往来。"这就是血吸虫病流行地区的凄凉景象。如江西省丰城县的梗头村，百年前有1000多户，到1945年只剩下2人，其中死于血吸虫病的占90%。又如安徽省贵池县的碾子下村，曹姓一户4口人，其中3人患血吸虫病。再如江苏省高邮县新民乡，1950年急性血吸虫病暴发之后，全乡5442人中有4300多人受到了感染，其中死亡人数达1335人，全家死亡的就有31户，血吸虫病几成顽疾。浙江省杭州市临安县昌化镇株柳村，原有1100多户4900多人的一个大村，因血吸虫病肆虐，解放时仅剩下63户251人，其中寡妇68人，成了远近闻名的"寡妇村"。[②]

亦医亦农，赤脚医生

那个时代，就全国范围来说，医疗卫生资源可谓贫乏之至，一个县范围内能够行医的人都屈指可数，但是，所面临的各类疾病以及传染病等问题却很多。一些今天看起来比较初级的传染病在那时的全国范围内呈现出此起彼伏的状况，损害着人民的健康，但是，医院数量格外有限，

---

① 胥懿容:《我国应对重大疫情的历史回顾与行为分析》,《湖北经济学院学报（人文社会科学版）》, 2020年第7期，第24—27页。

② 任振泰主编:《杭州市志》（第6卷），中华书局1998年版，第314页。

医生、护士人数远不能满足需求。

基于当时的城乡二元体制，我国领导人想方设法增加乡村基础医疗卫生资源，其中最主要的就是医疗卫生人员。当时的党中央共采取了三种方式来强化农村基层卫生人员队伍。第一种是医疗下乡的方式，即城市医疗人员到农村去进行巡回医疗。1958 年 11 月，卫生部党组动员了城市医疗力量和医药卫生院校的师生到农村的人民公社、厂矿等地进行巡回医疗工作。第二种方式是培养当地的医疗卫生人员。由于当时国家的财政限制，这两种方式仍然不能满足农村缺医少药的情况，尤其是像血吸虫病高发的长江流域农村的需要。因此，“赤脚医生”这种形式在 1965 年 9 月出现了，且具有双重作用。一方面，对于农民来说，赤脚医生就是自己身边熟悉的人，亲切且值得信任，而且医疗费用也非常低。另一方面，对于国家来说，在当时国家财政极为困难的情况下，赤脚医生的薪酬及培训费用都由当地负责解决，缓解了国家财政的压力，同时又可以有效提高农村基本医疗卫生防御水平，可谓是一个双赢的制度设计。在血吸虫病的防治过程中，赤脚医生也起到了相当重要的作用。

二、一场与“瘟神”的生死角逐

中国共产党成立以来，在国民的生存权和发展权上做出的工作都是踏实有效的，尤其是在卫生事业上的发展更是显著。中华人民共和国成立之前，全国仅有大小医院 2600 所，门诊 769 个，专科防治所 11 个。到了 1956 年，病床数就由 8.5 万张增加到 26.193 万张，增加了 2 倍多。到 1957 年 6 月，城镇医院、乡村卫生所已经发展到了 23.4 万个，比 1949 年翻了几十倍。

“我可以当卫生部长！”

20世纪50年代，面对全国人民缺医少药的局面，时任中华人民共和国主席的毛泽东曾说过这样的话：“我可以当卫生部长！”国家部委有几十个，毛泽东从没有提出过可以当别的什么部的部长，却独独提到了卫生部长。这是为什么呢？其实，毛泽东这一表示的背景是：在中国积贫积弱的状况下，初建的中国共产党政府其实连保障国民的生命健康这一基本能力都严重缺乏，急需马上建设。湖南一直是血吸虫病的重灾区，毛泽东的老家就在湖南湘潭——典型的南方水乡，因此对于血吸虫病在当地的肆虐和影响有着切身体会。在防治宿主影响以及防治血吸虫病方面，毛泽东也是格外用心。1953年9月16日，最高人民法院院长沈钧儒在太湖疗养时，发现这一带血吸虫病流行极为严重，于是向毛泽东寄呈了有关南方血吸虫病的汇报材料。毛泽东批示，血吸虫病危害甚大，必须着重防治。[①]

1955年夏季，正当农忙时节，毛泽东在杭州视察，要求身边部分同志去杭州郊区余杭地区了解农民的生活情况。一个患血吸虫病的农民痛诉了自己悲惨的身世。他说道：“这种病是治不好的，你们外地人不知道，这是我们这里的地方病，只要得了这种病，就是有钱也没办法治好，本地人祖祖辈辈都受这个害！”

“一定要消灭血吸虫病！”

血吸虫病令毛泽东忧心忡忡。1955年11月，毛泽东在杭州召开了中央工作会议，提出“一定要消灭血吸虫病！”他明确指出，要把消灭血吸虫病当作政治任务，各级党委要挂帅，要组织有关部门协作，动员人人动手，大搞群众运动。根据毛泽东的指示，中央决定成立南方13省（自

---

① 吕山、许静、曹淳力等：《我国血吸虫病防治70年历程与经验》，《中国寄生虫学与寄生虫病杂志》，2019年第5期，第514—519页。

治区、直辖市）防治血吸虫病九人领导小组，由当时的上海市委书记柯庆施担任组长，副书记魏文伯及卫生部副部长徐运北担任副组长。中央防治血吸虫病九人领导小组第一次全国防治血吸虫病工作会议于11月22日至25日在上海召开，确定了血吸虫病防治运动方针——“加强领导，全面规划，依靠互助合作，组织中西医力量，积极进行防治，七年消灭血吸虫病”。具体目标确定为“一年准备，四年战斗，两年扫尾”。紧随其后，全国有血吸虫病的地区很快有条不紊地开展起血吸虫病防治工作，成立了领导干部和医疗专家相结合的防治血吸虫病的七人或五人医疗小组，卫生部成立了专门的血吸虫病防治局，相关省也建立了各级防治所、站等。

1956年2月17日，毛泽东在最高国务会议上发出了“全党动员，全民动员，消灭血吸虫病”的战斗号召。从弄清楚血吸虫病的感染过程到开发药物，从控制中间宿主钉螺生存的环境和密度到探明感染机理，党和政府依赖科学的手段和方法，下了相当大的功夫。1956年3月3日，中国科学院动物学家秉志于2月28日写给毛泽东的信中提道：“建议在消灭血吸虫病工作中，对捕获的钉螺应采用火焚的办法，才能永绝后患，土埋灭螺容易复出。”毛泽东当即指示卫生部徐运北同志照办。从此，毛泽东将血吸虫病的防治作为到各地视察的工作重点，并不断听取从事血吸虫病防治工作的专家学者的意见，特别关注中医中药疗法在血吸虫病防治问题上的应用。1957年4月20日，国务院发出了《关于消灭血吸虫病的指示》。3天后，中共中央又发出了《关于保证执行国务院关于消灭血吸虫病指示的通知》，强调血吸虫病流行地区各级党组织要加强对防治工作的领导，组织有关部门协同作战，并定期向中央作报告。1957年初夏，我国流行病学重要奠基人、血吸虫病防治专家苏德隆受到毛泽东的接见，表示“限定年限消灭是可能的”！于是在1958年年初，苏德隆在上海血吸虫病最为严重的青浦成立了“血防试验田”，提出了“毁其居，灭其族”的灭螺方针。据当时苏德隆组建的血防队成员戴科回忆道：“最主要的手段还是通过发动群众，打捞钉螺，然后晾晒、焚烧、喷药，杀死钉螺。”终于在3年后，取得了“家家户户敲锣打鼓送瘟神”的效果。

苦战两年胜千古

解决血吸虫病疫情的最根本做法在于消除钉螺滋生的环境，所以，在第一次全国血吸虫病防治工作会议召开后，江苏省掀起了群众性灭螺的高潮。到1957年年底，省内绝大多数地方取得了显著成效。血吸虫病肆虐最严重地区之一的江西省余江县大胆提出了“苦战两年胜千古”的口号。当时有人认为，国民党统治时期没有搞出什么名堂，日本几十年也没把血吸虫病消灭，那么多科学家都没有研究出什么好办法，所以对血吸虫病的防治持极度悲观的态度。1955—1958年间，余江县发动了三次灭螺突击战。《国家历史》中记载了余江县灭螺的场面：

工地上竖立着木板钉的大横标语牌，一块板子一个红字：“一定要消灭血吸虫病”。标语旁，15面红旗迎风招展：“马岗乡灭螺大军”“青山乡灭螺大军”……15个乡4000多个民工展开劳动竞赛，打夯声，欢呼声，劳动号子，此起彼伏。三个昼夜，完成了预定5天的任务。

经过三次灭螺运动，整个县域内算是率先消灭了钉螺，为其他地区消灭血吸虫病作出了榜样。1958年，《人民日报》报道了江西省余江县首先消灭了血吸虫病的喜讯。

毛泽东听闻这一消息后，写下两首脍炙人口的七律诗《送瘟神》，这两首诗讴歌了中国共产党领导下的人民群众与血吸虫病斗争的坚韧不拔的精神，也极大地鼓舞了人民群众彻底消灭血吸虫病的热情。

送瘟神

绿水青山枉自多，华佗无奈小虫何。
千村薜荔人遗矢，万户萧疏鬼唱歌。
坐地日行八万里，巡天遥看一千河。
牛郎欲问瘟神事，一样悲欢逐逝波。

春风杨柳万千条，六亿神州尽舜尧。
红雨随心翻作浪，青山着意化为桥。
天连五岭银锄落，地动三河铁臂摇。
借问瘟君欲何往，纸船明烛照天烧。

事实上，即便国家领导人重视血吸虫病的防治工作，并且政治动员工作十分高效，治理血吸虫病也还是需要漫长的时间的。

三、常思奋不顾身，而殉国家之急

几千年以来，血吸虫病危害着中华民族的生存与发展，“千村薜荔人遗矢，万户萧疏鬼唱歌”的悲凉景象足以说明在旧社会，百姓面对血吸虫病是没有办法的。中华人民共和国成立初期，我国城乡医疗条件差距非常大，作为血吸虫病主要病发地的农村，患病人口众多，但医疗资源严重不足，在如此艰苦的条件下，仅依靠卫生人员是难以全面防治血吸虫病的，并且有很多老百姓认为血吸虫病是“瘟神”作祟，得了病不去医治，靠求神拜佛来寻求解决办法。

言前定则不跲，事前定则不困

因此，对群众进行宣传动员，破除封建迷信，广泛发动群众热火朝天地投入到血吸虫病防治运动中来，消灭钉螺、处理粪便、兴修水利、改造农田，提高群众的卫生意识和防疫意识，这些都为血吸虫病防治工作的最终胜利奠定了坚实的基础。中国血吸虫病防治工作历经了准备、群众性防治、巩固推进、群体化疗、传染源控制五个阶段。经过多年努力，血吸虫病患者数量从1957年的949万下降至2018年的3万，中国在血吸虫病防治工作中取得了举世瞩目的成就[①]，也被世界所公认和钦佩。

行前定则不疚，道前定则不穷

科学防治是在多年的血吸虫病防治工作中值得浓墨重彩记上的一笔。在中华人民共和国成立初期，面对患病人群基数大，且没有理想的特效药的困境，毛泽东强调要发挥科技力量，包括防治技术的更新和防治策略的调整。秉志教授提出彻底消灭钉螺要用火烧代替土埋。徐运北副部长在向中央汇报血吸虫病防治工作时，递交了中医、中药治疗血吸虫病的验方，还有浙江的“腹水草”、江苏的“老虎草”、安徽的“乌桕根皮”、武汉的“全生腹水丸”、湖南的“加减胃苓汤”和“绛矾丸”等一批用于治疗血吸虫病的药方，疗效显著。陈心陶、吴光、朱琏、苏德隆等专家教授为我国血吸虫病防治工作做出了重要的贡献。毛泽东和党中央充分听取了他们对防治血吸虫病的意见，始终相信科学、依靠科学、运用科学的方法来防治血吸虫病。

所以说，社会动员历来是中国共产党发动群众的优良传统，科技防治则是中国共产党成功应对重大疫情的又一法宝。善于发动群众、重视科学技术攻关是中国共产党取得血吸虫病防治工作历史性胜利的经验和优势。始终把人民生命安全和身体健康放在第一位，充分彰显了党中央集中领导、集中力量办大事的社会主义制度的优越性。

---

① 吕山、许静、曹淳力等:《我国血吸虫病防治70年历程与经验》,《中国寄生虫学与寄生虫病杂志》，2019年第5期，第514—519页。

第七章　母亲河上的较量：与长江黄河洪水抗争的那些故事

西汉末年，黄河、汴渠水患持续60余年，王景奉诏主持了对汴渠和黄河的综合治理活动。王景依靠数十万人的力量，一方面修筑黄河大堤，另一方面又整治了汴渠渠道，新建汴渠水门。不但使黄河灾害得到平息，而且还充分利用了黄河、汴渠的水资源。

这个小故事叫作《王景治河》，讲述的是西汉时期王景治理黄河水患的方法，是26集系列动画片《中华治水故事》中的第14集。

大禹治水，孙叔敖与芍陂，邗沟的故事，西门豹治邺，鸿沟的故事，百里长渠的由来，李冰和都江堰，郑国渠的来历，灵渠的故事，瓠子堵口，召信臣开辟南阳灌区，王景治河，隋炀帝开大运河，王元玮建它山堰，钱四娘与木兰陂，咸阳王治理滇池，郭守敬兴水利，贾鲁治河，潘季驯治河，靳辅治河，海上长城——古海塘，林则徐与坎儿井，王同春水兴河套等26个小故事覆盖了中华民族历史上比较有名且有代表性的治理水患的典型，每个故事独立完整，连起来又显现出强烈的时间连贯性，按顺序看就是一部中华民族的治水简史。

治水在古代是维持朝廷政权稳定的大事之一，在现代同样也是政府特别重视、保护人民生命财产、促进社会经济发展的重要工作之一。中华人民共和国成立以来，我们从古代的治水故事中吸取经验教训，再加上科学认知及现代科技及设备的不断发展，治水正在迈向更加科学化和现代化的阶段。

一、洪涛不散三闾恨，浊酒难醒湘水人

长江，中国第一大江，给我们的印象总是浩浩荡荡，一路东去。但是，在 1954 年，长江出现了两次截然相反的现象，一是 1 月 13 日江苏泰兴段突然断流 2 小时，二是 7 月发生特大洪灾。其实，长江在历史上只有过两次断流现象，第一次在元朝时期（1342 年的 8 月）。断流的水往何处去了？这也许已经成为历史上的不解之谜了。但是，断流后的短短几个小时后，又有洪流滚滚而来，这也是一种新的灾害了。事实上，泰兴那次的断流再接续，就让很多正在河床上抓鱼的人受惊不小。长江异常现象的出现，预示着马上就有危险到来。

雨若不止，洪水必起

1954 年进入汛期后，长江流域罕见地下了将近 3 个月的连阴雨，梅雨期比常年延长了一个月，6、7 月大范围暴雨达 9 次之多，直接形成了百年未遇的特大洪灾。这也是中华人民共和国建立以来首次遭遇特大洪水，其雨期之久，洪峰来势之猛，灾区范围之广，均为历年所罕见。全江干支流河段洪峰累聚，洪水泛滥。干流枝江以下约 1800 公里长的河段，洪峰水位均突破历年最高纪录。同时，淮河流域、海河流域也发生了特大洪水，造成大面积内涝。据不完全统计，湖南、湖北、江西、安徽、江苏五省 123 个县市受灾，受淹农田 4755 万亩，受灾人口 1888 万人，死

亡3.3万人，京广铁路不能正常通车达100天，直接经济损失100亿元。

据亲历者讲述，湖南岳阳最繁华的商业街梅溪桥被水淹了好几个月，每天有人驾船沿着街道回家取东西。洞庭湖平原一片汪洋，城里的学校全部住满了灾民。大水来得猛，去得迟，汛期长达2个多月，睡前还好好的，起夜时却发现鞋子被水漂走了。

分洪卫武汉

1954年入夏以来，大雨一直滞留在武汉，市郊大部分地区被淹。中央发来紧急指示，要求武汉市各有关部门与地区密切关注水情，迅速采取紧急措施，竭尽全力抢救危关。6月25日，武汉关水位突破26.3米的警戒水位。这时，武汉将防汛放到所有工作首位，提出“防汛工作是全市压倒一切的中心任务”，规模空前巨大的防汛工作就此展开。武汉市防汛总指挥部在短短几天内将5000多名党员干部迅速组织起来，下设8个分指挥部，分段负责全市堤防。从清晨到深夜，指挥部里忙碌不停，办公会议经常开到深夜，根据当天的防汛情况、雨情、水情等信息，部署下一步的防汛工作。为工作方便，指挥员们时常携带必不可少的三件“随身宝”：长筒胶靴、手电筒和雨衣。

党中央电告全国各地大力支援武汉防汛斗争，为武汉调集了大量麻袋、草包、抽水机等防汛物资。在湖北省委、省政府的具体部署和指挥下，防汛总指挥部组织了百万军民奔赴堤防前线，开始了五期加高加固堤防的工程和庞大复杂的排渍工程。

据亲历者胡荣英回忆，当年她任武汉市第十六中学语文老师，7月中旬，她带领30余名高中女生上堤，值守堤角至谌家矶段。白天，她们将砂石泥土填进沙袋，制作加高江堤的沙包；晚上，为一线护堤人员洗衣做饭，做好后勤服务后，就睡在堤上的工棚里。遇到人手紧缺时，全体师生轮流巡堤，排查管涌、渗漏、脱坡等险情，值守长江干堤40天未下堤，直到长江水位渐渐回落。

7月底，武汉关水位超过29米。8月18日，达到历史最高水位29.73米。虽然堤身增高了，但长时间的洪水浸泡，堤身变软，溃堤的险情仍然随时会发生。武汉市防汛总指挥部与湖北省委反复商量，请示了中央，决定采取牺牲局部、抢救大局的措施——分洪。

在一系列分洪中，有三次极为重要。第一次是在上游蒋家码头分洪。7月27日，在蒋家码头打破长江左干堤，分洪进入洪湖蓄洪区，一共分流洪水157亿立方米，汉口的水位得以降低0.48米。第二次是潘家湾分洪。为了争取加固增高武汉子堤的时间，7月27日，嘉鱼县潘家湾被扒开分洪。分流的洪水进入西凉湖，一共分流27亿立方米，汉口水位得以降低0.3米。第三次是梁子湖分洪。梁子湖共分洪两次，一次是8月7日，另一次是8月12日，第一次使汉口水位降低0.28米，第二次实现了汉口水位降低0.47米。

万里长江，险在荆江。除上述分洪之外，效果比较显著的是几次荆江分洪。7月21日，荆江第一次分洪，为荆江大堤脱险赢得了时间。7月29日，荆江第二次分洪，保卫沙市。8月1日，荆江第三次分洪，保住了荆江大堤。保住了荆江大堤，就保住了武汉。除了荆江外，沔阳、洪湖、梁子湖、黄天湖、监利等10多个地区也进行了分洪，总共泄洪500多亿立方米，大大减轻了洪水对武汉的压力。最高洪水位维持了1个多月，但武汉没有被淹没，荆江大堤没有溃决，人们的生产生活基本保持稳定。

中华人民共和国成立之初，百废待兴，人力、物力、财力和技术条件等都十分有限。之所以能战胜1954年的特大洪水，党的坚强领导、统一指挥是关键，军民团结战斗、不怕牺牲是保证。有很多武汉市1954年抗洪期间出生的孩子，被他们的父母取了含有“汛”“水”和“堤”等字的名字，以此铭记、传承这段历史。

我们仍然记得发生在1931年的那场长江大水，是因为当时那场大水夺去了十几万人的生命，更别说其他受灾的土地和房屋等经济损失了。而1954年这场长江大水其实在洪峰和洪量方面都要比1931年的洪水大得多。因此，战胜这场大洪水之后，毛泽东非常高兴，欣然为武汉市防汛胜利题词："庆贺武汉人民战胜了1954年的洪水，还要准备战胜今后可能发生的同样严重的洪水。"他对今后的防汛工作提出了立足于防的原则，也寄予了殷切的期望。

二、黄河西来决昆仑，咆哮万里触龙门

能够在一条大河周边居住和生活是件很难言说的事情，其优劣互见。从伏羲开始，中国古代先民就一直在有意识地寻找一块水草丰美的地方，能够提供族群生存、生活、发展所需的农产品和平台，所以才从西北地区逐渐转移到了黄河下游。

如果说大江大河的上中游多有高山限制水流的话，那么到了冲积平原之后就可以任意行走了。所以，黄河数次改道都是在下游发生的。每次改道必然会有沧海桑田般的巨大变化，淹没大量良田几乎是必然的事情。

在这个过程中，如何应对大江大河带来的水患问题就成了非常重要的一项工作。长江因为水量丰沛、绵延漫长，沿江的居民多，自然会有这样的问题。而对黄河流域而言，中华民族相当一部分文明就诞生并发展于此，在充分利用水资源的同时也对水患进行了风险治理。

黄河怒浪连天来，大响谹谹如殷雷

1958年，黄河流域刚进入汛期，连降暴雨。7月14日起，黄河下游接连出现洪峰。7月16日20时至17日8时，黄河中下游干支流再降暴雨，三门峡以上、洛河、伊河、沁河及三花区间（三门峡—花园口）的干流洪峰叠汇，最终导致黄河花园口发生了每秒22300立方米水量的特大洪水。此次洪峰具有水位高、水量大、来势猛、持续时间长的特点。

这是中华人民共和国成立以来从未有过的大洪水，也是自1919年黄河有实测水文资料以来的最大洪水。此次洪水异常凶猛，对黄河下游防洪威胁较大，豫鲁大平原上，黄河如天河横亘，浩浩荡荡，激流澎湃，如一条黄龙在咆哮、翻腾。黄河下游堤坝漫顶，形势极为严峻，横贯黄河的京广铁路桥因受到洪水威胁而中断交通14天。据不完全统计，仅山东、河南两省的黄河滩区和东平湖湖区，就有1708个村庄被淹，74.08万人受灾，淹没耕地304万亩，倒塌房屋30万间。三花区间各县也遭到了不同程度的水灾。

在洪水到来之前，各级防汛指挥部组织人员将滩区居民迅速转移到安全地区。中国人民解放军出动了陆海空军参与堤线防守，官兵们一致请愿“到最危险的地方去”。还派出飞机空投救生设备和物资，从而避免了居民大量伤亡。对受洪水淹没地区的灾民，中央和地方都迅速派出人员并调拨大量物资进行救济。“一方有难，八方支援”，这次抗洪抢险得到了全国各地的大力支援。湖北、辽宁、江苏等十余个省、市调集了200多万只麻包、草袋，100多辆汽车等各种防汛物资，赶运千里黄河防洪堤线，为战胜洪水提供了物资保障。

黑云压城城欲摧，分洪决策心相随

自黄河下游流域出现雨情、水情、河道险情之后，水利部决定任命黄河防汛总指挥部总参谋长王化云同志来主持这次中华人民共和国成立以来最大的抗洪抢险工作。洛河、伊河、沁河连续出现洪峰，黄河水利委员会黄河防汛总指挥部接收到的关于雨情、水情的电报迅速增多，党中央、国务院、黄河防总面临着是否分洪的抉择。按照预定防洪方案，当花园口站洪峰流量超过每秒2万立方米，需要在北金堤一带分洪。根据当时的统计资料，滞洪区内有100万人口，200多万亩耕地，国家补偿财产损失约4亿元。在短期内将百万群众全部转移绝非易事，而且也会对国家和人民造成不可估量的损失。但如果不分洪，极有可能堤线失守，酿成极为惨重的举国之灾。

这个重大的抉择压在王化云心头，他与专家们一起对气象、水情、堤防、人防、河道情况进行科学的分析，持续关注水情变化，及时作出预警，并落实方方面面的防洪部署。经过反复权衡、推敲，最终决定报告中央并通知河南、山东两省，要求全党全民动员加强防守，同时做好分洪的准备。如果雨情、水情不再发展，可全力防守，争取不分洪。7月18日5时，花园口水文站终于传来了水位已开始回落的消息，而且花园口以上降雨大部分已转为小雨或中阵雨，有的地方已停止降雨。这说明这次洪水的后续水量不大。王化云和黄河防总的专家交换意见后，科学准确地分析了这次洪水的特性，决定采取不分洪的建议，随即向国务院、中央防汛总指挥部、水利部发出了不分洪的请示。

国务院接到黄河防汛总指挥部和中央防汛总指挥部的报告后，立即报告在上海开会的周恩来。周恩来中止了会议，乘飞机在黄河上空俯视被洪水冲断的黄河大桥，查看洪水情况。飞抵郑州机场后，他立即听取了王化云关于不分洪的汇报，详细地询问了豫鲁两省省委关于水情的汇报，毅然作出了不分洪的决策。

此外，周恩来还视察了黄河大桥抢修工程，同河南省委、郑州铁路局、铁道部的领导以及桥梁专家集中讨论了抢修方案。周恩来前往黄河前线，视察水情，指挥抗洪，总体部署防守，极大地鼓舞了治黄抗洪大军的士气，对夺取这次胜利起到了重大作用。黄河沿岸各级党委、政府极为重视，书记挂帅，党员上前线。河南、山东两省政府进行全民动员，指挥部紧急调集各工矿企业基干民兵，农村成立青年突击队，关键时刻解放军战士也奔赴一线，共组织动员了200多万名干部、群众和解放军上堤防汛，有的每公里上堤人数达300—500人，形成了军民团结抗洪抢险的坚强力量。广大军民高呼“人在堤在，水涨堤高，保证不决口”的战斗口号，仅一夜之间就加修子埝600多公里，防止洪水漫溢，保证了大堤安全。沿黄村庄的老百姓主动腾出房屋，安置防汛队伍，并不时地将绿豆汤、开水等物资送到大堤上，慰问抗洪军民。抗洪抢险的勇士们，置生死于度外，在漫长的堤坝上筑起了一条 2 米多宽的麻袋“长龙”，御洪峰于大堤之外。“白天连连赛长城，夜晚熊熊似火龙”，便是当时全党全民齐心协力抓防汛的宏伟局面。

黄河沿岸各村的百姓家，青壮年都在抗洪一线奋战，家里的妇孺和老人时刻准备疏散，气氛都很紧张，夜不能眠。人们提前将能吃的东西及其他必需品打包装好，在自家院子里守候，或者睡觉也不敢睡死，时刻关注着黄河大坝上射向空中的光柱，及时向光柱两侧的高地疏散，以防万一。

7 月 27 日，千里黄河大堤两岸传来令人振奋的消息：中华人民共和国成立以来黄河下游最大的洪峰顺利地流入渤海。同一天，中央防汛总指挥部发言人向新华社记者发表讲话。发言人说：

自 1946 年人民治黄以来，黄河已经安度了 11 个伏秋大汛，没有发生决口泛滥，今年的特大洪峰，最大洪峰流量 22300 立方米 / 秒，特大洪水总水量达 60 亿立方米。这个水量和洪峰流量都和有水文记载以来的最大洪水 1933 年洪水相似。特别是人民治黄以前历年大洪水到不了东明县高村就要发生决口，因而高村以下的河道是从来没有经过像今年这样大的洪水的。但是今年我们战胜了特大洪水，两岸没有分洪，没有决口，保证了农业大丰收。这是我国人民创造的又一个奇迹。

重温这段历史，深切感受到党中央的正确决策、沿黄军民的殊死拼搏、全国各地的大力支援对取得黄河防洪史上首次战胜这样百年不遇的特大洪水的重要意义，创造了黄河防洪奇迹，也为今后的防汛抗洪提供了丰富的经验。

来自东平湖边堤坝上的回忆

山东的东平湖就是黄河下游最后一道能够在黄河泛滥时进行临时蓄水的基础设施。这样的湖泊一般分为一级湖和二级湖，一级湖平时也是有水的，可以供养周边的渔民靠水吃水；而二级湖的主要作用就是在黄河需要蓄滞洪的时候作为缓冲区，平时则主要用于耕种。一般情况下，洪水用二级湖基本就可以容纳了。如果容纳不了，出现二级湖溃堤的结果，那么大城市就要受到洪水威胁，后果不堪设想。

陈守友就一直居住在黄河下游山东和河南分界处的一个叫石庙的小村庄里，大半生都在从事基础教育工作。他目睹过1958年的黄河大水灾以及20世纪七八十年代黄河的几次泛滥，并作为学生被动员上堤值守，曾经有过三天三夜不睡觉的护堤经历。在他就任梁山八中校长期间，学校里曾全部清空，专门接待来抗洪的解放军，他亲眼看到了军队协助抗洪抢险的种种感人事迹。以下是他对于1958年黄河水灾的一些回忆：

县委书记、县长和各级领导干部全部上堤，且可以带枪巡逻，一旦遇到守堤的干部有临阵脱逃的行为，是可以断然处置的。乡镇村级的干部则手持大棍子，毕竟没有持枪的许可，但是这些工具也是为了防止护堤人员玩忽职守用的惩戒工具。事实上，大家也都会坚守岗位，一方面职责所在，这点纪律性还是有的；另外，一旦溃堤，所淹都是自己的家乡，也是每个人都不忍不舍的。

哪里溃堤就会调查哪里值守的人员。我就亲眼看到过一个汇报溃堤过程的真事，当时的值守人员的关键一句话是“我亲眼看见溃坝了”。随后解释了自己和同组的巡逻人员如何在堤上值守，什么时间到了什么位置，当到达溃堤位置时，就见土堤上的土块就快速地被黄水冲走，剩下的石头石块之间的缝隙就开始透水。我们紧急处置，把手边有的所有沙袋等扔下去也没有效果，就这么眼睁睁看着堤垮了。面对天灾，自然所为，人类不可阻挡的灾害，即便造成了恶劣的后果也是没有办法的，所以，这样的情形下值守人员没有过错。

微山湖的闸就是专门用于控制水流的，如果上游来水闸不住，那就要开闸放水，但是，根据当时的观察，感觉水闸的高度不够，即便把闸提升到最高，水还是很难一泻而下，也就是说，需要全面放水的时候水闸可能会起到阻碍作用。事实上，1958 年的那次洪水，微山闸就是出了问题，泄洪不利，最后只能冉寻其他位置给黄河上游来的洪水一个借道的机会，这样才没至于出现问题。

我自己见过黄河水破堤而出的情形，水头不是平铺直叙型地往外奔涌，而是忽上忽下地向堤外狂奔。在这个过程中，拦住水路的那些麦秸垛、树木甚至房子，都是瞬间被掀起来然后随水飘散，摧枯拉朽，气势磅礴。那个镜头感极强，和人想象的样子完全不一样，此时人会格外感觉到自己的渺小，也就更加知道治水之难，那就是人类和能力无限的大自然之间殊死的斗争。

我在济南读书的时候被组织到堤上守过三天三夜。最初从城里被征调之后，和同学们一起往堤上去，感觉堤高得不可思议，大约到树梢那个位置，有七八米甚至十几米的样子。但是等到了堤上，发现黄河水就在脚下。济南的黄河堤和山东内陆的聊城、泰安、菏泽一带不同，完全是地上河的模式，和开封那里差不多。所以，从城里感觉安全，但是一上堤就发现一个不留心济南就成汪洋一片了。头两天我一直在堤上坚持，第三天实在困得不行了，就在堤上头朝下睡着了，连把头换到高处的力气都没有了，而且自己一点儿都没有觉得不舒服。

军队工程兵的素质真是高，他们的技术手段也是我们闻所未闻的。在汛期到来的时候，我在学校里留守值班，接待这些来抗洪的军人，看见他们的通讯车，十几米的天线让人咋舌。学校操场里专门停放那些车辆，车头冲着同一个方向，溜儿直，就像用线标着停的车，技术没得说。当然，这是细枝末节，这些车辆要上堤却没有合适的路，就直接在堤上放置一个绞盘，将车头拽住，用车自己的动力将车身拉到堤上，做别人所不能做的事，真是见识了！

到了改革开放时期的黄河泄洪，我曾经目睹过黄河水利委员会的副主任亲自到林辛闸上指挥的场景，电话都是直通北京的。当时林辛闸是 49 孔，应该说是规模比较大的，一旦全部放开，那气势真是激荡人心，不过来这么一回，周边的土地基本就不再有继续耕作的可能，被毁坏的太厉害了。

转移群众的时候，军队也是非常认真而暖心的。记得梁山八中所在的房台上有一个人不愿意搬家，他把自己的窝棚搭到了树上，跟来疏散的军人说："我不怕死，你们不用管我。"但是，军人接到的命令是每个人都必须转移到安全的地方，所以还是很耐心地做工作，最终说服了这些准备在树上度过汛期的百姓，顺利完成了疏散任务。

当 80 岁的陈守友再讲起这些抗洪抢险的故事时仍思路清晰。在大江大河边上的很多人其实都积累了相当丰富的抗洪经验，能够讲述的故事多是亲身经历，所以尽管过了几十年，依然保有准确的记忆。随着大规模水利工程的建设，中国的水患越来越少，但这些经验和经历依然弥足珍贵，值得我们永远传递下去。

第八章　不堪回首的饥荒：三年困难时期与海河大水的接踵而至

《横空出世》是 1999 年上映的一部电影。这部电影讲述的是我国从 20 世纪 50 年代中后期开始，为了应对国际社会的核威胁而着手研制原子弹的故事。将军冯石和从美国麻省理工学院博士毕业的科学家陆光达，带着从四面八方来到西北荒漠的科学家们，在极其艰苦的环境中，克服一切困难，投身于我国的原子弹研制工作，直到取得最后的成功。

而推动剧情发展的当时的社会背景，恰是涵盖了我国三年困难时期的那些年。研究基地地处荒原，运送粮食和淡水的卡车运送一趟补给需要很长时间。当全国人民都在承受因连续自然灾害带来的粮食严重不足的困难时，研究基地的粮食也开始供应不足，军队为了保证科学家们优先填饱肚子，主动减掉了军队一半的粮食。再后来，粮食更少了，基地上所有人都开始吃树叶。他们把树叶放入稀粥汤里煮一煮，咬着牙吃下去。即便是这样，吃着树叶的军人和科学家们也依然没有停下研究原子弹的进度。而淡水更是科研人员和科研进度中最重要的资源。电影中小勤务兵对陆光达说："总指挥让我保证您的淡水。"而为了寻找淡水，一个小分队的战士们在荒漠里消失了……

就是在这样吃不饱，甚至连淡水都喝不上的艰苦条件下，我国成功研制出了自己的原子弹。

1959 年到 1961 年的三年，国民经济发生严重困难。除了一些政策原因，多地的连续旱灾也是造成问题的原因之一。在中华人民共和国成立初期，我国的水利基础设施一直在加紧建设中，虽然也取得了一些成果，但是由于技术水平尚不够，一旦大规模的干旱到来，水库里积蓄的这些水量就显得杯水车薪了。只有建设更多、更大规模的水利设施，乃至跨域甚至跨国进行水资源调节才能奏效。改革开放后的小浪底、三峡水库都是一个流域内的大规模工程，而三条线的南水北调工程则是跨越从长江流域、淮河流域到黄河流域进行的大规模调水，其成就是举世瞩目的。

干旱和洪涝总是交错的，在连续干旱过后，到了 1963 年，河北部分地区发生大暴雨，造成海河泛滥，淹没了华北平原的大部分地区，随后就有了抗洪天津保卫战。

一、云汉忧歌岁事艰，北方干旱三年连

1959—1961 年全国大范围干旱灾害是中华人民共和国成立以来第一场连续多年的严重干旱灾害，农业生产大幅度下降，市场供应十分紧张，出现了大量人口非正常死亡，百姓生活极为困窘。

《中国共产党历史》第二卷中关于这个时期是这样描述的：

粮、油和蔬菜、副食品等的极度缺乏，严重危害了人民群众的健康和生命。许多地方城乡居民出现了浮肿病，患肝炎和妇女病的人数也在增加。由于出生率大幅度大面积降低，死亡率显著增高。

据正式统计，1960 年全国总人口比上年减少 1000 万。突出的如河南信阳地区，1960 年有 9 个县死亡率超过 100‰，为正常年份的好几倍。

中华人民共和国面临成立以来最严重的经济困难。这三年的死亡人口数据在社会上尚有很多争议，各个部门统计的数据也有差异，国家统计局统计的是 1000 多万人。中国科学院的一份国情报告中曾经提起："三年困难时期，因粮食大幅度减产，按保守的估计，因营养不足而死亡约 1500 万人，成为本世纪中国最悲惨的事件之一。"①

天降斯人穷赤地，全国连岁值饥荒

1958 年，大炼钢铁运动在全国范围内如火如荼地进行，下半年开始的人民公社化运动也开展得轰轰烈烈，粮食亩产量则连放"高产卫星"。《建国以来灾情和救灾工作史料》的序言中提道："灾荒，现在看来已经不是什么大问题了。再过几年、十几年，人们就会不知道什么是灾荒了。"②全国人民正满怀豪情地向着没有自然灾害、灾荒的共产主义迈进。可就在这时，灾荒悄然而至。

据国家统计局、民政部编撰的《1949—1995 中国灾情报告》记载，1959 年全国大部分地区少雨，受旱面积大、时间长、程度重，全国受旱面积 50710 万亩，成灾 16760 万亩，是中华人民共和国成立 10 年来旱情最重的年份。③

1959 年年初，山东省馆陶县一些公社粮食短缺，食堂停伙，大量农民开始外逃，随后全国各地发生春荒。从当年的夏季开始，我国部分地

---

① 中国科学院国情分析研究小组：《生存与发展——中国长期发展问题研究》，科学出版社 1989 年版，第 39 页。

② 中华人民共和国内务部农村福利司：《建国以来灾情和救灾工作史料》，法律出版社 1958 年版。

③ 中华人民共和国国家统计局，中华人民共和国民政部：《1949—1995 中国灾情报告》，中国统计出版社 1995 年版，第 63—64 页。

区降雨量偏少，尤其以陕西、山西、河北三省的南部和河南、山东两省的大部分地区受旱灾最为严重。6—8月，江淮流域也出现了大旱灾，湖北、湖南、安徽、江苏、江西、四川和重庆的部分地区出现了伏旱和秋旱。1959年，全国粮食产量由1958年的2250万吨锐减为1580万吨，不少地区开始出现人口大规模外流和局部饿死人的现象，这为此后的饥荒埋下了伏笔。

1960年，全国灾情继续扩大，受灾面积达6545万公顷，成灾面积为2498万公顷，全年主要灾害包括以北方为主的持续特大旱灾和东部沿海省(市、区)的严重洪水灾害。这一年，全国除西藏、新疆外，各省(市、区）均发生了不同程度的春、夏连季旱灾，全国共有1.2亿人忍饥挨饿，包括山东、河南、河北、山西、内蒙古、甘肃、陕西等华北、西北地区持续大旱，有些地区甚至300—400天没有下雨，受灾面积达2319.1万公顷，成灾1420万公顷。其中山东、河南、河北三个主要产粮区合计受灾1598.6万公顷，成灾808.5万公顷，分别达整个旱灾地区的68.9%和56.9%。山东境内的汶河、潍河等8条河流断流，黄河下游的范县、济南等河段断流40多天，济南地区的800万人生活用水告急。旱灾还进一步扩展到江苏、湖北、湖南、广东、四川、云南等南方地区。根据对1961年粮食产量的核实，这年的粮食产量只有2870亿斤，比1957年的3900亿斤下降了26.4%，基本退回到了1951年的水平。

1961年，全国灾情并未好转，连续三年发生特大自然灾害，受灾面积6175万公顷，仅次于1960年。成灾面积进一步扩大，达到2883万公顷，其中四分之一绝收（减产80%以上为绝收)，成灾人口1.63亿，也超过了上年。进入1961年后，大旱蔓延至黄河、淮河和整个长江流域，河北、山东、河南三个主要产粮区的小麦比上一年又减产50%，春荒人口高达2.18亿，其中四川、河南、河北、山东、湖北、安徽、湖南、辽宁8个省的缺粮人口在1000万以上，人们的生活水平大幅度下降。饥饿遍布城乡，饿死人在各地不再是骇人听闻的事件。首先受灾的是老弱病残，接着就是年轻力壮的劳力。根据国家统计局的数字，河南、四川等省一些县的人口死亡率竟超过了10‰。不能否认的是，造成这一惨剧的原因不仅仅是连续三年较大的自然灾害，还有“左”倾错误路线掀起的“大跃进”运动等。

饥饿与匮乏的百姓生活缩影

1959—1961年，百姓生活采取供应制，比如购买粮食、煤炭、布匹以及各种副食品等，如果没有票和证是根本买不到这些生活必需品的。因为生活资料极度匮乏，市面上供应的生活用品远远满足不了百姓的生活所需，全国人民都处于生活困难之中，长期处于极度饥饿的状态。

每月1日开始供应本月的粮食，因此这一天买粮的人特别多。为了能够尽快买到粮食，需要全家出动，排上一天的队才能将粮食买回。当时，普通百姓家里做饭都要认真地量好粮食，绝对不能超出每顿饭的定量，不然月底就会没有粮食可吃。其实，每顿饭所用的粮食也是极少的，一般都是熬一大锅稀粥，锅底的粮食都清晰可见。所以很多百姓会去挖野菜来充饥，或者把挖来的野菜腌成酸菜，饿得难以忍受的时候，就用开水冲泡一点酸菜充饥，而这在当时也算是美味可口的食品了。

1960年，很多百姓以谷糠、蕨根、橡籽、树叶等杂食替代粮食，因为长期营养不良而全身浮肿，这在当时属于一种很常见的病，叫作浮肿病。浮肿病加上干瘦病、年轻妇女会患的闭经病和子宫脱垂病，被称为“新四病”。有些在困难时期出生的小孩，因为母亲的奶水不够，加之又没有牛奶和奶粉，缺乏营养，得了软骨病，到五六岁还不能稳稳当当地走路，只能拄着木棍行走。

统一齐部署，抗旱备荒忙

1959年8月，灾情初期，中共中央、国务院公开发布《关于展开抗灾斗争的紧急指示》。其中提道“我国中部地区河南、山东、安徽、湖北、湖南、江苏、江西等省的大片地区，在一个长时期内无雨，发生了严重的旱灾”，要求各地充分发动群众，抱着“人定胜天”的信心，团结协作，同各类自然灾害抗争到底。同时要求在遭受灾害的地区，大力倡导节约，提倡粮食和瓜类混吃，抢种一季晚熟作物和各种尚能种植的瓜菜等作物，准备度过荒年。非灾区也提倡节约粮食，并且要极大地努力增产粮食，以便支援灾区。

针对严重的自然灾害，中央提出“防重于救，防救结合，依靠集体，农业为主，兼顾副业，互相协作，厉行节约，消灭灾荒”的方针。1960年6月，中央认识到灾情十分严重，并有可能持续和扩大，全国性粮食危机越来越严重，国家开始把抗灾保粮作为重要任务，降低工业高指标，大抓农业。6月28日，《中共中央关于抗旱备荒的指示》，要求：

我们必须从最坏处着想，对于可能发生灾害作充分的准备，必须在全力抓紧当前抗旱抢种和抗旱保苗工作的同时，积极进行备荒工作。

《中共中央关于抗旱备荒的指示》指出了1960年灾害的严重性，在旱灾方面：

今年整个上半年，气候很不正常，北部和西南部某些地区，雨水奇缺，受旱面积达六亿亩，影响了部分夏季作物的收成……今年的旱象发展到异常严重的程度：黄河流量大减，只及常年流量的三分之一，下游某些地区已可徒涉，小河普遍断流，已修水库大部干枯，一部蓄水很少，地下水位大大下降，有的地区土地含水量降到百分之十左右，严重地影响了夏播作物的适时播种，种下去的也有相当部分出苗不好，甚至有的已经旱死，缺乏水源的山区，人畜吃水也都成了问题。

这是1959年庐山会议以来对自然灾害态度和对策的一个重大转折。

《中共中央关于抗旱备荒的指示》的具体措施包括：

第一，立即进行动员，把旱灾威胁的严重性向全党全国讲清楚。

第二，一切有关部门和各级干部都必须积极投入抗旱斗争。地委、县委、公社党委的干部，除留少数人处理日常工作外，应立即全部深入生产队领导抗旱斗争。当地驻军、地方工业、交通运输、商业、文教等部门都要积极支援抗灾斗争。

第三，受旱地区也有一部分耕地水源充足，要争取丰收。

第四，在抗旱中贯彻按劳分配政策，防止一平二调的错误。

第五，大力进行备荒工作。降低口粮，抓紧节约粮食和种瓜菜。

第六，已经下雨地区不能松劲。

第七，向没有灾害地区说清楚灾情，支援灾区，节约粮食。

在三年困难时期后期，各级地方政府在中央的统一部署下，解散公共食堂、减少粮食的收购数量、给公社社员留够自留地、退赔农具等措施，在一定程度上缓解了灾情，使得农业生产有所恢复。

在地方上，位于山东省西南地区的梁山县旱、蝗、水等自然灾害在这三年里格外严重，前文我们也谈到了1958年夏季的黄河洪涝在梁山县表现格外突出的情况。再加上当时思想上的激进作风，人祸加剧天灾，对梁山县的农业生产和人民生活造成严重破坏和影响，直接导致缺粮断炊、人口外流以及水肿病盛行。梁山县在中央救灾方针的指引下，高度重视救灾工作，坚持将救灾款用在“刀刃”上，倡导“忙时多吃，闲时少吃，粮菜混吃，多吃稀少吃干，瞻前顾后，细水长流，留有余地”的节约精神，推广代食品，同时还打井治河、兴修水利，党政机关干部、在校师生以及当地群众等13.6万余人投入抗旱工作。

二、千秋不歇海河水，暴雨山洪淹津冀

全国性旱灾过去不到两年，1963年8月上旬，一场罕见的特大暴雨席卷了河北南部、中部的大部分地区。暴雨由南向北移动，主要分布在漳卫河、子牙河、大清河流域的太行山迎风山麓。降雨从8月1日开始，10日终止，绝大部分暴雨集中在2—8日。7天累积降雨量大于1000毫米的区域面积达15.3万平方公里，相应总降水量约600亿立方米，洪水径流量也达到了300亿立方米。当时海河南部的暴雨中心，7天降雨量高达2050毫米，实属历史罕见。

据《20世纪中国水旱灾害警示录》记载：海河流域的这场大暴雨，强度之大、范围之广、持续时间之长、总降水量之大，均达到海河流域有文字记载以来的顶峰。这场暴雨直接造成海河上游40多条支流相继山洪暴发，海河南系支流漳卫河、子牙河、大清河的特大洪水一齐涌向华北平原。由于平原地区河道狭窄平缓，无法及时泄洪，据统计，南运河、子牙河、大清河三大水系主要河道决口2396处，支流河道决口4489处，全长350公里的滏阳河堤防全部漫决、溃不成堤，330座小型水库垮坝，洪水四处漫流，平地行洪。

河北中部、南部平原及天津市南郊广大地区尽成泽国，洪水主要席卷了邯郸、邢台、石家庄、保定、衡水、沧州和天津七地，巨大的破坏力触目惊心。这场海河流域有历史记录以来最严重的大水灾，导致1265万间房屋倒塌，受灾人口达2200余万人，死亡5030人，约有1000万人无家可归；淹没农田5360多万亩，其中绝收3739万亩。[①] 交通、通信设施受损严重，京广、石德、石太铁路被冲毁822处，全长116.4公里，冲毁

---

① 郑功成:《多难兴邦——新中国60年抗灾史诗》，湖南人民出版社2009年版，第126页。

桥涵209座，通信线路毁损959.7公里，7个地区的公路交通几乎全部停顿。

党中央、国务院、中央军委、中央防汛指挥部深切关注海河流域罕见的暴雨洪水。有一首打油诗对当时的做法进行了生动具体的刻画：

炉灶起，工棚搭
抗洪大军堤为家
筑堤防，守岸崖
移来泰山当堤坝
昔日战场杀敌勇
今天何惧蛟呲牙

这就是海河流域内军民奋力抗洪抢险的生动写照。在党和各级政府的领导下，最多时出动800多万人，保卫水库和河道堤防安全，护城护村，保卫天津，保卫津浦铁路。经过艰苦卓绝的抗洪抢险，特大洪峰最终循序入海。

亲历者的回忆

一位家住保定的海河洪灾亲历者回忆道：

8月2日，暴雨袭来，刚过一两天，洪水就开始肆虐。又过了三四天后，刘家台水库坍塌，汪洋一片，大家争分夺秒地将食物、生活用品等搬到一个二层小楼上，以备不时之需。当时积水很深，已经几乎快淹到二楼的窗台上了……刘家台水库大坝遗址到了今天虽只是一抔黄土，但它却向我们诉说着当年的惨状。

生活在冀中平原的一位亲历者也回忆了儿时关于海河洪灾的所见所闻：

大雨是从8月3日开始下的，一开始大家都没放在心上，只是觉得阴天下雨是常事。在雨连续下了两天两夜后，天空中黑压压的云格外令人心生恐惧。田里的水已经满了，开始向地头的排水沟里流，这是历来干旱的本地村子不曾有的状况。还有不少人家的房屋开始漏雨，人家拿出家里的盆盆罐罐接水，叮叮当当的声音让人愁绪纷攘，坐卧不宁。

大家开始期盼日出天晴，但天不遂人愿，到了第四日，天上依旧阴云密布，雨下得越来越大，成“白汤灌”，如瓢泼一般。夜里，村里领导站在屋顶喊话，告知村民西山口水库告急，决定提闸放水，避免水库决堤的危险。大家都担心着泄洪可能造成的种种危险的后果，所幸泄洪提闸程度并不太大，洪水并入距离村子8公里远的潴龙河。有好事的青壮年去抓顺洪而下被撞晕的大鱼，缓解因洪灾带来的忧愁。土坯房子经受不住长期的雨水冲刷，频频倒塌，村里人的情绪愈发紧张害怕。

到了第五日，村里的洪水已经不再流动，老鼠都趴在树上躲着。上级开始组织村里人扶老携幼，带着家中仅有的那些米、面以及包袱，搬离祖祖辈辈生活的地方。大雨在连续下了七天七夜后终于停了，洪水也渐渐退去，村里人开始返回村庄，躲过了一场大灾大难，幸运的是全村没有伤亡一人。村里人除了在生产队的组织下开始进行生产自救外，还接收到来自全国非灾区的捐赠，温暖着灾民的心。

在这场抗洪救灾的战斗中，涌现出很多抗洪英雄，谢臣就是其中之一。

1963年8月8日凌晨，保定市易县东高士庄村突发山洪。谢臣发现王洛荣的女儿王莲子边呼救边挣扎，马上就要被洪水冲走了。谢臣跳进洪水中，奋力游到王莲子身边，拉着王莲子奋力游向岸边。谢臣双手托住王莲子的后腰，用力把她一下子推上岸。当他又听到落水儿童的呼救声时，虽筋疲力尽，仍坚持游向激流，救出儿童。最后，他因体力不支，被巨浪吞没，英勇牺牲，年仅 23 岁。所在部队党委追认他为中国共产党党员，并追记一等功；国防部追授他“爱民模范”荣誉称号，命名他生前所在的班为“谢臣班”。

天津保卫战

经过白洋淀洪水下泄，子牙河系洪水冲进贾口洼，漳河河系洪水又接踵而来，这些大洼淀出现了齐涨之势，并形成长期高水位的严重局面。海河流域各河系洪水殊途同归，通过京广铁路进入平原地区，直逼天津城。据水利部海河水利委员会的总工程师说：“按照当时的设计规划，海河能够承载的降雨量是 1200 毫米，而最大的洪峰是 1690 毫米，超过原先的设计将近半米。”

洪水兵临天津城下，老城里面还能勉强维持，在城外郊区的百姓家里，大水已经漫到了炕上，小孩子们可以在院子里泼水划船取乐，但他们也被告诫要随身带着绳子和木盆，以备不时之需。

中国现代作家林希也遭遇了此次天津洪灾，他对当时的情形记忆犹新：

当时水面离堤顶不到半米，风浪轻轻一打就能漫过去，基本上就靠抗洪大军在堤坝上码放草袋子，全市各行各业一律去人，齐心协力抗击洪水。为了保护堤顶的土木不流失，防止风浪翻过，解放军战士两个人一张席，把席子铺在上面，然后把身体趴上去，用血肉之躯抵挡大水冲击。

面对这样紧迫的洪灾形势，天津已经做了最坏的打算，学生们将图书馆的书籍与资料全部搬到二楼以上存放，三轮车工人将地势较低的仓库内的米面全部抬到海河附近的高楼里，防止被淹。

8月11日，国务院批复了中央防汛总指挥部呈送的《关于当前海河流域水系特大洪水处理的紧急请示》。在天津城生死存亡之际，中央防汛总指挥部及时采取了分洪、蓄洪、导洪入海等一系列紧急措施。

一是分洪。在白洋淀水位高过堤顶时，在小关村扒口向文安洼分洪，确保白洋淀千里堤的安全，缓解对天津的威胁。

二是蓄滞洪。8月18日，子牙河上游洪水又逼近天津，冲进了贾口洼，省市防汛指挥部决定采用向文安洼、东淀和团泊洼联合蓄滞洪水。

三是导流。为了尽快宣泄三洼洪水，确保津浦铁路顺利通行，主动扒开南运河堤，洪水通过津浦铁路25孔桥，导入团泊洼和北大港，随后爆破入海，迫使三洼水位回落，最终确保了天津的安全，实现了牺牲局部、保全大局的目的。

8月14日，《天津日报》头版刊登中共天津市委、市人委发出的防汛抗洪紧急指示，号召全党全民动员起来，向洪水展开顽强斗争。据现已退休的海河水利委员会的工作人员回忆：

当时在中心广场整日停着100辆解放车，随时听候调遣；部队指战员、机关干部、水利部门的技术人员统统上了救灾前线，绝大多数人连行李都没带，很多上前线的同志身上还穿着夏装，结果就一直穿到了9月底——那时候水才真正被控制住；天津市所有领导分段到各线督战，亲临现场，严防死守；机关工作人员家属制作干粮；空军部队将食物等救灾物资空投到灾区。

在抗洪期间，天津市全市有50万人赴抗洪抢险前线，人们在“万众一心，英勇顽强，战胜洪水”防汛抗洪口号和“工农兵学商，个个斗志强，抗洪大军奋勇上战场”《抗洪歌》的鼓舞下，士气高涨，热火朝天地劳动着。队伍中不乏女性的身影，她们也一起加入了抗灾队伍，坚决守卫了长达300公里的堤防安全。9月27日，《天津日报》刊载了《广大军民以回天之力战胜洪水》，并配发社论《我们战胜了洪水！我们经受了考验！》，标志着苦战50多天的天津保卫战最终取得了胜利。

“一定要根治海河”

1963年海河洪灾发生后的8个月里，毛泽东4次到河北了解灾情，询问救灾工作进展，深感河北省水灾形势之严峻。11月17日，在天津市举办的河北省抗洪展览上，毛泽东题词：“一定要根治海河”。这句话成为治理海河15年中一面鲜明的旗帜，全面、彻底治理海河也成为中央领导人的共识，从此展开了轰轰烈烈的“根治海河”运动。当年“一定要根治海河”的题词纪念章真实地表达了党中央对治理海河的决心和信心。

1963年海河洪灾的惨痛教训为人们敲响了警钟，海河流域的治水工作全面开启。至此，人们逐渐认识到，海河流域发生洪灾的主要矛盾在于无法将洪水顺畅地宣泄入海，并非仅是上游蓄水，因此提出了“上蓄、中疏、下排、适当地滞”的治水方针。此后，海河治理工作如火如荼地开展起来，先后治理了海河流域的各大水系，具体措施有开挖和疏浚骨干河流、支流河道以及大小沟渠配套工程，修筑了防洪大堤，兴建了桥梁涵洞6万多座，新建、扩建大中小型水库，这些基础工程也解决了困扰多年的农业用水难题。当时，几乎每一个青壮年都为治理海河出过力，很多人不计报酬，自备手推车、提土篮、铁锹等工具，奔赴治理第一线。从工地上下来的人，肩膀都又红又肿，不知用坏了多少副垫肩。

天津被称为“九河下梢”，这是由于海河水系所有的支流都需要集中到海河干流后在天津入海。经过对海河流域的综合治理和改造后，各河都形成了自己的入海口，有效地缓解了天津市的防洪压力，防洪的标准也得到了很大提高。

用老百姓的话说：“这些年我们辛辛苦苦挖了这么多的沟沟坎坎，建了这么多的水库，修了这么多的水闸，再大的洪水也有能力扛过去。”再加上之后多年来不断巩固、完善、提高，海河流域的防洪抗旱能力又有了更大的提升。50多年过去了，海河流域的人民切身感受到了那一代共产党员与群众合力辛勤付出留给后人的安全和幸福。

第九章　震颤中的悲伤与温暖：爱在邢台唐山

在北京市西北约30公里处的鹫峰国家森林公园里，吸引人的除了林海草甸、野花奇石、道观庙宇之外，还有一处位于中心区却又极易被游客忽略的地方——鹫峰地震台。从古至今，我们一直盼望着地震这一人类生命安全的巨大威胁能够被认知，更希望它能够被准确预测。于是，对地震的科学监测就成为通往地震预测的必由之路。实际上，经过改革开放40多年的风雨历程，我国地震台网监测等基础设施建设早已相当完备，现在已经建成了169个国家数字地震台、859个区域数字地震台，但为什么还要特意保留这样一个只工作过7年的小小鹫峰地震台呢？

这是因为，鹫峰地震台在我国地震监测史上具有极为重要的意义——这是我国近代以来第一个自主建立的地震台。换句话说，我国地震监测的发源地，就在鹫峰！这里，是每一个地震工作者藏在内心深处的骄傲，也蕴含着他们对地震监测割舍不断的感情。

绿荫掩映着一座二层小楼，灰白色调的石头外墙素朴低调，同样素朴的是门边上挂着的白底黑字竖条牌子，牌子上书“地质调查所鹫峰地震研究室”几个字。这就是鹫峰地震台，旁边已然有些斑驳的石碑上，刻着这样的简介：

鹫峰地震台原名“地质调查所鹫峰地震研究室”，是在我国著名地质学家翁文灏先生推动下，用林行规律师捐赠的鹫峰秀峰寺别墅旁的山坡地，1930 年建成的我国自行设计建设的第一座地震台，由我国著名地震学家李善邦先生主持观测研究工作。该台首先安装了一套小型维歇特机械式地震仪，在 1930 年 9 月 20 日 13 时 02 分 02 秒记录到第一个地震。1932 年又增设了当时世界上最先进的伽利津—卫立蒲电磁式地震仪，成为当时世界上第一流的地震台站……

小楼前面加立了李善邦先生的半身雕像，旁边的秀峰寺内也保留了李善邦先生的故居，而且那里也为捐赠出这块地的原主人林行规建造了雕像。1937 年 8 月 1 日记录完最后一次菏泽地震的信息后，鹫峰地震台停止工作，伽利津—卫立蒲电磁式地震仪被送到燕京大学存放，维歇尔式机械地震仪留在原地。这里后来被用作抗日游击队的指挥部。一直到了 1990 年鹫峰地震台建立 60 周年之际，鹫峰地震台才由国家地震局地球物理研究所修缮复原，用作地震科普教育基地，供市民参观和青少年见学之用。楼内现在放置的是一些仿制的观测仪器和反映当时观测工作的照片和文字资料。而当年小楼外用作宿舍和暗房的建筑一如从前，仍然默默地矗立在那里。

眼前的一切看似平淡无奇，但看着这些仪器和照片、文字，一个又一个为地震观测献出毕生才智与心血的人却不由地会再次被人们记起：立志以科技救国的翁文灏，为地震而生的李善邦，不怕吃苦、勤于育人的地球物理勘探专家秦馨菱，工程地震学的奠基人谢毓寿……

一、心中为念邢台苦，耳里如闻饥冻声

如果没有1966年的那场大地震，了解邢台这个城市的人可能并不多。邢台大地震是中华人民共和国成立后第一次发生在平原人口稠密地区的大地震。在中华人民共和国成立初期，灾害不断，邢台地震牵动了从中央到地方亿万群众的心。

1966年3月8日至29日之间的20多天时间里，邢台地区的隆尧、宁晋、巨鹿，以及石家庄地区的束鹿北，先后发生了5次6级以上的地震，这一段时间的地震被统称为邢台地震。其中最大的两次，一次是3月8日凌晨5时29分，河北省邢台专区隆尧县发生的6.8级地震；另一次是3月22日下午4时19分，河北省邢台专区宁晋县发生的7.2级地震。两次大地震共死亡8064人，受伤约38000人，经济损失达10亿元左右。

1987年3月在隆尧县落成的“邢台地震纪念碑”的碑文中，详细记载了邢台地震时的情形。

震前，地光闪闪，地声隆隆。随后大地颠簸，地面骤裂，张合起伏，急剧抖动，喷黄沙、冒黑水。老幼惊呼，鸡犬奔突。瞬间，五百余万间房屋夷为墟土，八千零六十四名同胞殁于瓦砾，三万余人罹伤致残，农田工程、公路、桥梁悉遭损毁。灾情之重实属罕见，伤亡惨状目不忍睹。

1966年3月8日和22日邢台两次地震发生后，周恩来都赶赴现场，查看灾情，鼓舞群众，领导抗震救灾。邢台大地震中的许多感人故事及之后创造的多项第一，都与周恩来的深切关心有着直接的联系。

邢台地震连发，救灾牵动人心

1966年3月8日凌晨，离北京约400公里的邢台隆尧县大地颠簸、屋倒人亡。

发生地震以后，政府立刻下了两道命令。第一道命令是令北京军区驻石家庄和邢台地区的六十三军及河北省军区的部队立即赶赴地震现场，开展抢险救灾工作。震后不到一个小时，驻邢台解放军某部的官兵就坐着一辆吉普车和一辆大卡车从石家庄出发，最早到达地震震中隆尧县，他们成立了抗震救灾指挥部，并用无线电与北京军区和中央取得联系，汇报了灾情。第二道命令就是指挥空军司令部准备直升机，以便周恩来第二天到灾区视察灾情，给当地百姓鼓劲打气。

3月8日一整天，周恩来了解邢台地区及隆尧县的情况后，召开紧急会议部署救灾工作，并立即向毛泽东汇报，中央为邢台在奔忙着。当晚，国务院和总参谋部的有关人员开会，对邢台地震救灾工作作出周密部署，并将情况通告给了相关中央领导。

3月9日一大早，周恩来前往石家庄。到达石家庄之后，他听取了河北省委副书记阎达开、六十三军军长张英辉等各级领导关于邢台地震后应急处置情况的汇报。因为从石家庄到隆尧县的道路已经完全被地震破坏，所以听完汇报后，周恩来马上询问前往震中隆尧县的方法。尽管大家对总理身体的劳累和余震不断的情形很是担忧，但当时已经68岁的周恩来还是登上了当天晚上8时30分从石家庄开往冯村的列车。到达冯村火车站后，他立刻赶往隆尧县城。到达隆尧县城之后，周恩来冒着余震危险召开了关于救灾工作的会议，提出了“自力更生，奋发图强，重建家园，发展生产”的工作方针，并作出具体部署，要求当地用一周时间恢复社会秩序，帮助群众掩埋死者，救助、安置伤员，搭建棚子，帮助大家恢复简单的生活，然后转入正常的生产自救中。周恩来尤其重视伤员救治问题，动员医疗队到现场，并要求及时转运救治重伤病人。

距离隆尧县城12.2公里的白家寨是这次地震的重灾区，全公社19498间房子除209间之外全部倒塌，总人口12696人，其中死亡1687人，重伤588人，几乎是人人都失去了家园，家家户户都有亲人死伤，整个村庄被夷为平地，惨不忍睹。当周恩来要赶往白家寨时，通往白家寨的路已经完全被阻隔。于是，周恩来立刻决定转道石家庄，从石家庄前往白家寨村看望村民。

3月22日，下午4时11分，邢台地区宁晋县东汪村附近发生6.7级地震，下午4时19分再次发生7.2级地震。这几分钟之内发生的两次地震，震级和烈度都比两周前的那次大。这次地震震感范围比上一次大得多，连人民大会堂的玻璃都被震碎了。宁晋县遭受特重大地震灾害的公社28个，重灾11个，轻灾2个，倒塌房屋234848间，危房680491间，死亡431人，伤2022人。

短短两周之内，邢台连发三次大地震，一时间民间谣言四起，人心惶惶。周恩来在3月23日先对谣言问题作出指示，并于3月31日晚上再次来到石家庄，连夜听取了汇报。4月1日，周恩来接连奔赴了宁晋县东汪村、束鹿县王口村、冀县码头李村、宁晋县耿庄桥村、巨鹿县何寨村五个村庄进行视察访问。

每到一处，周恩来都满怀深情地召开群众大会，鼓励群众生产自救，战胜困难，然后一家一户地看望伤员，指导救灾。在东汪村党支书董保顺家里，董保顺用一个自己的粗瓷大碗给总理倒了一碗水，尽管碗里落上了灰尘，但总理还是一饮而尽。这个粗瓷大碗在周恩来逝世十周年时，由董保顺捐赠给了中国历史博物馆。现在，这个粗瓷大碗在那里诉说着当年的一幕一幕。[①]

3月11日的《人民日报》发表了《灾区的英雄人民是难不倒的》的社

① 贾兴安:《周恩来与邢台大地震》，花山文艺出版社2018年版，第63页。

论。社论中这样写道：

在人力还不可能完全控制自然的情况下，这里那里发生这种那种自然灾害，是难于避免的。但是，在自然灾害面前，我们国家的人民已经不像旧社会那样无能为力；我们在党和政府领导下，完全能够进行有组织的抗灾斗争。这次地震灾害发生以后，各个有关方面，立即以顽强的战斗姿态，投入紧张的救灾工作。再一次充分显示了社会主义制度的优越性，充分显示了我国广大干部和人民高度的革命觉悟和坚强的团结。

救灾捐赠念同胞，沧海自浅情自深

3月8日，隆尧县地震发生后，六十三军驻邢台一八七师接到通知，立刻一边上报军部，一边组织队伍迅速前往灾区。距离隆尧县最近的五六零团，距离隆尧县只有不到20公里的路程。他们在3月8日凌晨5时多，地震刚刚发生之后，就带着工具，跑步前往灾区。震后道路基本上都已经被损坏了，战士们就这样克服困难，跑了3个小时，在早晨8时左右到达了隆尧县的任村、马栏村、白家寨村，展开了救援。

3月9日下午，已经有2万多名解放军到达隆尧县。这相当于以重灾区当地人口十分之一的比例部署了救灾部队。隆尧县白家寨村支书武永贵老人曾经这样回忆：

解放军都是用双手挖着救人。我看见好几个当兵的手都流血了。因为当时村里都是土坯房，人压到下面，用铁锨或者镐头什么的去挖太硬，怕伤了人，他们都是用手在碎土坯里刨。看他们双手血淋淋的，真让人感动啊！[1]

① 贾兴安:《周恩来与邢台大地震》，花山文艺出版社2018年版，第31页。

而在邢台3月22日发生第二次和第三次大地震之后，全国各地的医疗机构和医疗工作者迅速赶往邢台，多达8000多人。此外，全国医疗机构还无偿送来了价值200多万元的药品、医疗器械等，此次救援共出动80多架飞机和2000多辆汽车用于运输伤员和物资。

除了解放军和医务工作者，普通老百姓也不甘落后，积极加入了救灾队伍，三天之内，邢台就收到了来自全国各地高达16万元的捐款。这些捐款中，更多的是个人捐款，很多人都没有署真名，而是代之以"雷锋的战友""共产党员""共青团员"等。在当时中国老百姓生活那么困难的时期，收到的个人捐款竟然达到了68万元之多!

"一方有难，八方支援"的模式自此形成。一时间，来自全国各个领域的救灾物资被一批批运往灾区。据统计，从3月8日开始，全国共有24个省、自治区、直辖市，18个地区和城市为灾区送来了48种物资，总价值1654万元。当时正值春耕时期，要生产自救，除了需要粮食种子之外，灾区也急需耕种的牲畜。西藏自治区派专人护送，历经26天，送来了良马242匹。内蒙古自治区无偿支援牲畜3000头。这一时期灾区收到的捐款、物资，以及帮助修理农具的技术援助数不胜数，无法用语言一一叙说。

地震预测：万丈长缨要把鲲鹏缚

邢台地震发生后，中国的地震预报开始走上了快车道。在这期间，周恩来通过与科学院等专家谈话，得出"地震有前兆，可以预测预报"的结论后，就开始多方鼓励展开地震预测预报研究，促使了关于地震的科学探索、研究、预报和群测群防这一"国家行为"和"全民行动"的全方位推进。

大震发生之后，中国科学院、中国科技大学、北京大学、石油部、地质部、铁道部等研究机构派人赶赴邢台，展开地震预测预报的探索。同时，一批大学生也奔赴邢台开展工作。

1966年3月，国家科委和中国科学院有关机构组成了地震办公室。

1969年7月，国务院成立了中央地震工作领导小组，李四光任组长。1998年改称中国地震局。

1972年3月，在全国第二次地震工作会议上，制定了“以预防为主，专群结合，土洋结合，多兵种联合作战”的地震预报工作方针，提出了“以预报7级以上大震”为目标，初步形成了“长中短临渐进式地震预报”的思路。

二、唐山之剧痛：一座城，二十四万人

东经118.2度，北纬39.6度，坐标唐山。

1976年7月28日凌晨3时42分53.8秒，地动山摇。23秒之中，这座人口百万的城市被夷为平地。一时间，整个华北都在颤抖。这场灾难在历史上和人们的记忆中留下了五个大字——唐山大地震。

天宫恶作剧，翻手变炎凉

1976年7月28日，新华社向全世界播发了如下消息：

新华社1976年7月28日讯 我国河北省冀东地区的唐山市——丰南一带，7月28日3时42分发生强烈地震。天津、北京市也有较强震感。据我国地震台网测定，这次地震为7.5级……

其实，在中国新华社公布之前，美国、日本、瑞典、中国香港、中国台北等地的地震台已经纷纷爆出了类似的信息。几天后，经过更严密的测算，此次地震震级被调整为7.8级。

这样一组冷冰冰的数字实在难以传达7月28日那天太阳升起之后展现在人们眼前的唐山的惨状。大地一片灰蒙蒙，铁轨扭曲；房屋或陷入

地下，或坍塌；高高的大烟囱上砖块松动脱落，满身疮痍，摇摇欲坠；工厂里的厂房和机械狼藉一片；城市里的居民区已经分不清是房子还是垃圾堆了。尸体，尸体，还是尸体，这里有一只胳膊，那里有一条腿；被压在建筑物下面的人露出了一截身体或是完全被埋得看不见了；即便是侥幸活下来的人，也只剩下了一副呆滞的表情。正是睡得最沉的凌晨，人们实在无法理解，在睡梦中到底发生了什么？瞬间，城市就成了废墟。电不通了，水不通了，路不通了，电信线路也不通了……

生活在现在的我们，多数人通过电影、照片等不同途径看到过当时的画面。那样的场景，看到的人无不落泪，其沉重也实在是令人难以承受。电影中曾经生动地再现过那些飞舞的蜻蜓、满眼的断壁残垣，还有死去的人。很多小说、纪实文学等作品中也曾描绘过那个惨痛的场面。而张翎在小说《唐山大地震》中，没有直接描写鲜血或如何惨烈，而用了一个最为简单，但是也最为残酷的“母亲的抉择”来表现这种惨痛。

又是一阵纷乱的脚步声，有人说家伙来了，大姐你让开。几声叮当之后，便又停了下来。有一个声音结结巴巴地说：“这，这块水泥板，是横压着的，撬，撬了这头，就朝那头倒。”

两个孩子，一个压在这头，一个压在那头。

四周是死一样的寂静。

“姐，你说话，救哪一个。”是小舅在说话。

母亲的额头嘭嘭地撞着地，说天爷，天爷啊。一阵撕扯声之后，母亲的哭声就低了下来。小登听见小舅厉声喝斥着母亲：“姐你再不说话，两个都没了。”

在似乎无限冗长的沉默之后，母亲终于开了口。

母亲的声音非常柔弱，旁边的人几乎是靠猜测揣摩出来的。可是小登和小达却都准确无误地听到了那两个音节，以及音节之间的一个细微停顿。

母亲石破天惊的那句话是：

小……达。[①]

地震很残忍，可是在一对双胞胎姐弟之间要选择一个生，一个死，是比地震直接夺去人的生命更加残忍的事情啊！

我们已经不忍再去听那一个个活生生的生命的诉说，也不忍再看那些幸存者揭开伤疤去回忆那些惨痛的场面。但我们还是要再次确认一遍这些数字，242769 人死亡，164851 人重伤，死亡人数仅次于发生于 1920 年的海原大地震。

消失了的，除了人，还有房子。这次地震中，唐山城乡总计 682267 间民用建筑中，竟然有 656136 间倒塌或者遭到严重破坏。因为，地震前唐山地区建筑的防震标准是“六度设防”，房子的建设基本没有考虑过抗震要求。这验证了地震界经常说的一句话：地震不杀人，杀人的是建筑，尤其是不合格的建筑、劣质的建筑、濒危的建筑。

十万勇士降唐山，争分夺秒为救人

对于中国人来说，1976 年是一个特殊的年份。今天的我们，仍然不会忘记十万解放军赶赴唐山救援中发生的一件件让人泪流不止的故事，也通过影视作品、照片文字资料再现了当时唐山大地上谱写出来的动人的救灾场面。

唐山大地震发生后，党中央在第一时间作出指示，不惜一切力量对唐山地震受灾地区和人民进行最快最准确的抢救。解放军自然是第一个奔向现场救灾的人。除了震区本来的 2 万军人之外，最早进入唐山地震灾区现场的是河北省军区驻滦县某团和驻玉田县的北京军区某师步兵团

① 张翎：《唐山大地震》，花城出版社 2013 年版，第 23 页。

一营。7 月 28 日中午 12 时，他们就赶到了唐山市新华旅馆的废墟前。

同时，西南和东北两条线上，更多的解放军在赶赴唐山。西南线上来的是从高碑店出发的某摩托化部队，东北线上拼命赶路的是从沈阳军区赶来的某部二营官兵。

灾情极为惨烈，救灾极为紧急，而那些令人泪洒心痛的故事本可以少一点，救灾本可以更有效一些，但是，那个时候，所有人都从来没有想象过会有如此之大的地震，所以来救灾的时候带着的仅仅是一颗颗抢救人民的热切之心，却没有准备相应的救灾工具。最早进入灾区现场的驻玉田县北京军区某师步兵一营教导员李福华痛心地回忆道："我们出发时想得太简单啦，别说大型机械，就连铁锹都没带几把。战士们就凭一双手，去扒碎石，掀楼板，拽钢筋！"作出同样反省的不仅仅李福华一个人，后来很多参与救灾的部队领导都懊悔不迭，认为这次救灾最失误的地方就在于没有准备大型重机械。可以说，救灾之所以留下了和大地震一样的无数个让人动容，甚至痛苦的记忆，是因为与大地震之后的唐山搏斗的，是我们赤手空拳的十万解放军。眼睁睁看到、听到被困群众呼救却又束手无策的士兵们，心都要碎了，他们只能拼命徒手继续挖着，挖着……直到 8 月 7 日，救灾部队才陆续得到了配发的吊车、电锯、电焊切割机、凿岩机等机械。

大震后，第一就是救人。

被压、被伤群众被战士们从废墟堆里扒出来以后，紧接着最需要的就是医疗救治。因此，医疗救治就成为与时间赛跑的一场战争。来自全国各地的 200 多个医疗队在废墟上空挂出了自己的旗帜，空军总院、海军总院、上海六院……一万多名医护人员迅速散入唐山废墟的各个角落里开始了救助。尽管临时搭起了帐篷做手术抢救重伤员，但是如此之多的受伤者在唐山这一片废墟之上还是无法全部完成救治的。

7 月 30 日，国务院决定将唐山伤员送往全国 11 省（直辖市）紧急救治，大批列车和飞机被调往唐山，开始了历史上罕见的全国伤员大转移。最快速度将伤员转移出去成为抢救生命的第一要务。从 7 月 30 日开始到 8 月 25 日，共计 159 列火车，470 架飞机出动，将 100263 名伤员运送到了吉林、辽宁、山西、陕西、河南、湖北、江苏、安徽、山东、浙江、上海的医院进行抢救。

我们无法忘记，在同样伤痕累累的唐山机场里，当时是如何完成如此繁重的转运任务的。从 7 月 28 日至 8 月 20 日这一段时间里，唐山机场共起落各类飞机 2885 架次，最多的时候一天起落 356 架次，平均每 2 分钟起落 1 架次，最为紧急的时候，每间隔 26 秒就要起落一架飞机。当时的唐山机场，只是一个中等规模的军用机场，如此密集的起落对于调度的要求有多高，我们难以想象。而且当时刚刚经历了大震，余震还在不断发生，机场的通信设备也严重损坏，调度指挥难度进一步加大。但是伤员必须争分夺秒地送出去，因此，指挥调度的军人们被迫使用塔台车指挥双向起飞，调度员用肉眼目测指挥飞机降落。在这样艰难的条件下，竟没有发生一起飞机冲撞事故或者失误！

送走伤员、接受援助是当时唐山的两大主要任务。机场工作人员不眠不休、兢兢业业的付出为运送伤员和救灾物资铺平了道路。根据河北省抗震救灾前线指挥部的数据统计：除了飞机，地面上还有 2 万多辆汽车参与了救灾伤员及物资的运送。截至 1976 年年底，唐山共接收到了援助的粮食 7611 万斤、饼干点心 3644.7 吨、食糖 1230 吨、肉 947.1 吨、蔬菜 1406 吨，此外还有衣服鞋帽、生活用品、工具等若干。救援物资的大量涌来也带来了巨大的混乱。在地震后的最初两天，救援物资的分配管理全部由机场场站站长掌握，直到 7 月 30 日才转交给抗震救灾指挥部。即便是抗震救灾指挥部接手了这一工作，最初的救灾物资分发也是一片混乱。

尽管 7 月 28 日上午唐山市委就在一辆破公交车上成立了救灾指挥部，

晚上河北省委和北京军区在机场又成立了前线救灾指挥部，但是救灾经验却不会随机构的成立而自发产生。一时间，摆在救灾指挥部面前的紧急任务实在是太多了，供水怎么保证，电力如何修复，通信怎样维修恢复，铁路如何尽快抢修，伤员如何抢救，而当时的抗震救灾队伍，确实是毫无经验，只能是凭着一腔热血拼了命、熬红了眼地去干，此外别无他法。

力足者取乎人：青龙县幸运与开滦矿务局奇迹

对于唐山来说，这场大地震来得如此突然，猝不及防，唐山已经成为人间地狱。而令人感慨的是，就在这场劫难中，却有两个地方创造了人员几乎无伤亡的奇迹。

第一个是青龙县。河北省青龙满族自治县紧靠唐山地区的迁安县和卢龙县，距唐山市仅有 115 公里的距离，全县 47 万人在这场大地震中无一人死亡，可谓是大劫难中的一大奇迹。在唐山地震 20 周年前夕，有联合国的人专程到青龙县考察，想要知道为什么青龙县可以创造如此奇迹。

其实，世间本无奇迹，青龙县的成功避难经验总结起来无非就是两点：有备无患的态度，认真做好防震备震的措施。

当年 7 月 13 日，青龙县同其他县地方工作人员一起参加了国家地震局在唐山召开的京津唐渤张地区地震群测群防经验交流会。会上，来自国家地震局地震地质大队及其他几个单位的同志都预报 7 月 22 日至 8 月 5 日期间，京津唐可能会发生 5 级左右地震。7 月 21 日，参会者向青龙县委汇报了会议精神，县委本着有备无患的想法，决定加强预防。7 月 24 日，县委书记冉广岐通过电话会议进行了传达部署，决定 25 日从当时在县里参加农业学大寨会议的人员中，每个公社派一名书记和一名工作队负责人回去抓好防震抗震工作。于是，25 日当日，各公社、县直各单位都召开了紧急会议并实行了宣传通知包干负责制，由公社干部包大队，大队干部包生产队，连夜向群众宣传防震抗震知识，并进行防震抗震部署。27日，县科委副主任在县农业学大寨会议上讲解和分析震情，并进行了防震抗震知识宣讲。此外，对于重点工程、仓库、设施等还责成专人进行了检查确认。几天时间，青龙县做到了家家户户知道防震，男女老少时刻警惕，大家睡觉不关门、不关窗，时刻做好地震逃生准备。

就在这样严密的地震防范准备下，大地震发生了。这次地震，青龙县虽然损坏房屋18万余间，倒塌7300余间，但是无一人死亡。可见青龙县的紧急防震措施确实是效果显著。

如果说青龙县是农村，防震抗震难度比较小，不足以成为典范的话，那么在大震中成功带领万名矿工实现胜利大逃亡的开滦矿务局创造了人间奇迹。我们都知道，唐山不但是瓷都，更是煤都。一旦发生地震，矿井下矿工的处境就非常危险。开滦矿务局各煤矿在井下工作的矿工达1万多人，唐山大地震发生后，极震区的唐山矿无一人伤亡，烈度10度区的马家沟矿死亡4人，赵各庄矿死亡2人，烈度9度区的唐家庄矿死亡1人，共计死亡7人。万分之七的死亡率，况且还是在井下，随时都有瓦斯爆炸、断电、涌水、人员无法撤离的极大危险，我们不得不说，这是真正的胜利！矿工们的脑海中自然也会闪过1942年发生在本溪湖煤矿的那次人员无法撤离导致矿工大量死亡的爆炸事件。两相对比，令人唏嘘。

开滦矿务局能做到在如此大震中只有万分之七的死亡率，其秘诀就是思想上的重视加行动上的提前准备。其实在1975年海城地震后，开滦矿务局就一直在思考如何应对地震，并多次以“开滦煤矿革命委员会”的名义发布文件，部署井下的防震抗震工作。当时一份文件中有这样的工作安排：

为了防备矿井在地震万一发生时发生突然透水和瓦斯突出的危险，在制定预防措施的同时，在矿井改扩建中，又结合抗震，考虑了井下涌水和瓦斯的问题……为了预防地震发生后一旦断电，井下人员不能安全撤到地面的问题，各矿现已都做好了直通地表的撤离安全出口。[①]

与其说青龙县和开滦矿务局的成功避难是一种幸运，倒不如说这是提前准备的必然结果。应急管理前期防备之重要，在这两个案例中体现得淋漓尽致。

三、未来，我们如何与地震共存

邢台！唐山！大地震发生后亲人们之间那一声声隔着生与死的相互呼喊，是那么令人感到揪心。而在断壁残垣中不眠不休地抢救群众的官兵、民众的脸上，则会因为又多救活了一个被困群众而露出喜悦之情。地震是无情的，但中国共产党领导下的党员、解放军、人民却在一次又一次残酷无情的地震中谱写出了一曲曲爱民的真情赞歌。

在地震专家们前往邢台灾区对地震进行科学研究时，有一个令人心痛的场面让人至今难忘。我们篇首提到的在鹫峰地震台作出过重要贡献的著名地震学家李善邦曾第一时间赶赴灾区。但是当地的老百姓听说他是研究地震的，看着身边的残垣断壁，想到失去的亲人，瞬间群情激愤，他们把李善邦按在地上拳打脚踢，七嘴八舌地质问和谩骂他：既然你是研究地震的，为什么你预测不出地震来？同样心痛不已的李善邦就跪在那里一动不动，任由愤怒的群众打骂。

地震预测，无论是在中国还是在其他国家或地区，一直都是一个不解之谜。它有时似乎唾手可得，有时却又飘忽不定，仿佛披着一层面纱，

① 马泰泉：《中国大地震》，地震出版社 2018 年版，第 192 页。

真面目始终朦胧。在世界各国发生的大地震中，既有被成功、准确预测出来，从而避免了更多人员伤亡的，也有猝不及防被大震颠覆了生活的。比如，1905 年地震学家今村明恒就准确预测出了 1923 年关东大地震的震中位置和地震时间。我国也有海城大地震被成功预报的例子。但是，失败的例子也数不胜数，如 1994 年美国洛杉矶北岭（Norhtridge）6.7 级地震给美国造成了 200 亿美元的经济损失，但并没有一位地震学家预测到这次地震。

那么，地震到底可以被预测吗？从地震学开始出现到现在，乐观和悲观两种态度始终并存，甚至还表现出明显的乐观期和悲观期交替出现的现象。1911 年，英国著名地震学家约翰·米尔恩（John Milne）在《自然》中评论道："若地震学家能够像天文学家那样有预测的权利，地震学家的声望也终将提高……天文学家自占星术时代起就得到了国家的支持，而地震学家在更多认可成长的过程中仍处于孩提阶段。"

地震认知之难

地震预测的前提是对地震的认知。认知地震一直都不是一件容易的事，即便是到了近现代，人们开始进入利用科学理论来试图解释地震的探索时期，正确认知地震仍然是一条看不到尽头的漫漫长路。

不论在很久以前还是在近现代，有些人仍然相信地震是上天为惩罚人的罪而降下的灾祸。即便是接替牛顿充当剑桥大学卢卡斯数学教授的著名历史学家、天文学家、数学家、物理学家威廉·惠斯顿（William Whiston），也仍然沉醉于他的预测未来世界末日的 99 种信号中，而他所坚持的第 92 种信号就是地震。而皇家学会会员罗杰·皮克林（Roger Pickering）同样相信，即便是离开伦敦，也躲不过地震。可以说，17 世纪的人们对于地震的理解，并没有比亚里士多德时代进步多少。

地震，你到底是什么

进入18世纪，和牛顿同时代的罗伯特·胡克（Robert Hooke）尽管没有公开发表，但是他坚信地震是由海洋洋底抬升造成的，而且还由此形成了世界上主要的丘陵和山脉。自然哲学家斯蒂芬·黑尔斯(Stephen Hales）则认为地震是硫黄气体以类似闪电的方式在空气中爆炸形成的，因而当时还出现了一个特别流行的新词——空震（airquake）。当富兰克林的电实验被广为传播时，社会上又出现了一个以电学为基础来理解地震的学派。这之后，著名天文学家约翰·米歇尔（John Michell）开始使用牛顿力学来解释地震。他提出地震是地表以下岩体移动而产生的波动，同时还揭示了海床发生移动时会产生海啸及地震的秘密。

这些，都是进步，但是从认识地震到预测地震，还有很长的路要走。

预测方法之难

即便到了今天，地震预测，依旧如同玄学一样让人无法看得清。

“弹性回跳”模型是科学家们长期以来在地震预测时所依赖的方法。根据这一模型，断层压力以恒定速率累积，定期就会发生破裂，由此产生了一个地震发生的周期性概念。因此，在短期内预测地震时，主要依赖观察这一周期出现之前的前震现象。但是，这一规律似乎只适用于预测“前震—主震”型的地震，而很多没有前震的地震的发生，自然靠这种方式无法被预测到。而这种没有前震的大地震有很多，如1923年的东京大地震就没有前震，我国的唐山大地震也没有前震。

20世纪80年代，希腊的三位科学家提出了VAN地震预报方法。其实所谓VAN并不是什么新的方法，只是三位科学家的姓的首字母而已。三位科学家的名字分别为帕纳约蒂斯·瓦罗特索斯（Panayotis Varotsos)、凯撒·亚历克索普洛斯（Caeasar Alexopoulos)、科斯塔斯·诺米科斯（Kostas Nomikos)。他们三人通过探测地震电信号（SES）来进行地震预测，并且准确预测到了希腊周边17次地震的时间和震级。

但是这种方法引起了全世界的高度争议，因为地震电信号并非哪里都可以测得到，而且各国存在对数据的不同的阐释。这一方法的适用性遭到了质疑。

我国从邢台地震后开始地震预测工作后，也同样经历了一个不断探索的过程。从群测群防过程中群众普遍使用的观察地下水异常、动物异常行为，以及使用一些简易仪器，到官方普遍达成共识的以地震前兆为基础的预测方法不断被科学家们开发出来。如原中科院兰州地球物理所的科研人员发明的所谓“土地电”观测法，就是将电法勘探的对称四级装置引入地震前兆异常监测中，具体操作就是在大地表面任意取两个点，埋入金属电极，然后把电极用导线连接并串联到微安表上，以此来监测大地两点之间自然存在的电压变化。这种方法简易方便，被大量用于群测点。当年主持地震预测的李四光则以他的地质力学理论为基础来分析地震的发生。他认为地应力活动与组成地壳岩石抵抗力之间的矛盾激化会产生地震。因此，他主张通过观测地应力变化来预测地震。这也就是被称为“地震地质—地应力”的地震预测理论及方法。

此外，我们较常用的还有使用统计方法预测地震，也就是通过分析地震记录来探索其间存在的统计学规律，由此来算出发生某种强度的地震的概率。这种方法精确性的提高必须建立在所分析数据的量上。

无论是地质法、前兆法，还是统计法，目前世界上仍然没有一个国家能够准确预测每一次地震。

制度优势给我们信心

既然要共存，人类又该如何尽可能实现自我保护呢？

在人们为之努力了几百年的地震预测预报的基础上，美国科学家库珀（J. D. Cooper）于1868年在世界上最早提出了“地震预警”（earthquake early warning）的概念，也就是在监测到地震将要发生时发出警报，让人们逃生。尽管当时由于技术限制，这一设想未能实现，但是随着计算机技术、数据传输处理技术、地震检测仪的成熟与发展，这一设想正是我们努力的方向。地震预警技术主要有三种：第一种是利用地震波传播速度比电磁波慢的原理进行预警，我们称之为“异地预警”；第二种是利用地震波的纵波和横波传播速度不同而产生的时间差进行预警，我们称之为“当地预警”；第三种是利用地震波达到一定阈值时发出警报来实现，这被用于预报大地震。

当然，地震预警在原理上是存在盲区的。要想实现准确预警，就要将盲区缩到最小。目前我们有两种地震预警方案，一个是基于地震速报系统的方案，另一个是单点地震预警。地震多发的日本在 20 世纪 60 年代就已经与新干线同步建设了新干线地震监测与预警系统，在 2004 年新潟县地震和 2011 年东日本大地震时都成功进行了紧急处置。我国目前在京津高铁、京沪高铁、京石武高铁，以及哈大高铁线路上已经布设或者拟布设地震监控子系统，当地震达到一定强度时，该监测系统将采取紧急制动。

我们现在正在经历着快速而巨大的变革，大数据、互联网、数字地球，都在改变着我们的生活。而地震，除了在预警方面，更会在应急救援、减灾宣传、信息共享等多个方面改变我们认识和防御的方式。

与技术更新一样重要的，是地震应急管理的领导体制和应急管理制度。虽然我们无法阻挡地震这一自然灾害发生，但我们做到了面对地震时更为快速敏锐地应急响应，更为精准、有效地应急救援，以更为开放、合作的应急态度，进行更为科学、快速的震后重建。举国体制的优势，全国一体的制度优势，在面对大灾大难时所发挥的作用，让每一个中国人感到自豪。

1976 年唐山地震灾后情景

第十章　英魂悲歌：我们一起战斗在牛田洋的风浪之中

不敢忘，牛田洋。
汹涌过几代人的血泪，
回荡着军号的哀伤。
无畏的底蕴是酷爱，
善良的源泉是希望。
站着死去的是英雄，
永垂不朽的是理想。
活下来是奢侈的偶然，
快把先烈的重担挑上！

——摘自李肇星《难忘牛田洋》

李肇星写下的对牛田洋抗击台风战斗中牺牲者的哀悼，今日读来依旧让人仿佛看到当时指战员们以生命保卫堤围时的样子，更能体会到他们当时抗击台风时的无畏和英勇。一个个鲜活的生命在一场灾难后离开了，《广东省志》中留有这样的记录：

1969 年 7 月 28 日，强台风在汕头市登陆，伴随大雨和海啸，汕头、惠阳、梅县地区受灾，汕头市、澄海、揭阳、潮阳、饶平、普宁等县部分城镇、村庄被海水淹浸达 2 米以上。汕头地区倒塌民房 11.6 万间，沉船 603 艘，死亡 821 人，伤 6060 人，受浸农作物 57 万亩。[1]

牛田洋究竟是一个什么样的地方？而 1969 年的那场台风发生时，在当地又曾发生过怎样的悲壮故事？

一、牛田洋来了学生兵

在旧社会一直流传着一首民谣："牛田洋，牛田洋，涨潮一片水，退潮一片荒，风如虎，水似狼，穷人遭祸殃。"牛田洋是位于汕头市西郊的一个海湾。每当遇到台风，风雨逞威的凄厉就与海浪撞击的咆哮纠缠在一起，巨大的海浪席卷上岸，危及周边群众的生命安全。世世代代生活在牛田洋的劳动人民希望能修筑一条拦海长堤，围垦滩涂。

1962 年 2 月，西楼会议研究了当时国内在财政经济方面的严重困难，一场国民经济大规模调整正式启动，其中加强和支援农业战线就是调整的一大内容，牛田洋生产基地应运而生。广州军区派出万人队伍驻扎在牛田洋，开始围海造田，仅在 4 个月的时间内就完成了修堤复垦的任务，在海上筑起了 18.7 公里的长堤，围垦了 8.67 平方公里（约 1.3 万亩）良田。但由于滩涂长期浸泡在海水里，盐碱性极大，一般来说，需要 3—5 年时间才能种植水稻。当时的解放军却不信这个邪，引韩江、榕江的淡

① 广东省地方史志编纂委员会：《广东省志 · 民政志》，广东人民出版社 1993 年版，第 118 页。

水冲咸，还不停地靠人拉犁耙的方法翻土，想尽一切办法淡化盐碱，结果短短2个月，滩涂上就能够浅插秧苗。据统计，1963年，平均亩产达到了500多公斤，创造了当年海田围成种植的奇迹，在国家困难时期减轻了人民的负担。1964年春，农垦部部长王震到牛田洋视察，称赞牛田洋就是当年的南泥湾，高度赞扬了我军“草棚不高士气高”的艰苦奋斗精神。曾有诗云：“烂泥筑长堤，咸地育壮秧；军队创奇迹，海滩变粮仓。”当时牛田洋被视为“人定胜天、征服自然”的典范。

“五·七”指示的发源地

牛田洋是创造英雄诗篇的地方。1966年5月7日，毛泽东看到了牛田洋生产基地围海造田的事迹后，深受感动，提出了后来著名的“五·七”指示，指出“军队应该是一个大学校”。牛田洋也因此成为“五·七”指示的发源地。1967年，在“五·七”指示和政府支持下，生产部队规模进一步扩大，牛田洋面积从1万多亩增至3.3万亩，耕地面积也高达2万亩，当年大获丰收。1968年6月15日，中共中央、国务院等下达了《关于分配一部分大专院校毕业生到解放军农场去锻炼的通知》，要求“1966年、1967年大专院校毕业生一般必须先当普通农民、普通工人，决定安排一部分毕业生到解放军农场去”。因此，1968年至1969年，当时全国24所大专院校甄选出来的2183名“尖子”毕业生响应国家“上山下乡”的号召，陆陆续续来到牛田洋接受“再教育”。这些大学生来自中华人民共和国外交部、中国共产党中央委员会对外联络部（以下简称中联部）、中华人民共和国第七机械工业部（以下简称七机部）等，以及北京大学、清华大学、中国科技大学、北京外交学院、复旦大学、中山大学、暨南大学、武汉大学、华南师范学院、华南农学院等高校。

被编入0492部队的校三连

根据1969年毕业于中国科学技术大学的汪秉宏教授的回忆，他当时大学毕业后就选择去了广东省，后被分配到牛田洋军垦农场进行锻炼再教育。在我们的访谈中，汪教授详细地回忆道：

当时我们被编入了0492部队的校三连。校一连主要是来自外交部、中联部的学生，包括后来成为外交部部长的李肇星；校二连则以北京大学和清华大学的毕业生为主；校三连的组成就比较复杂些，中国科学技术大学几个毕业生在一排，该排还有上海交通大学的学生，七机部来的人则编成了另外一个排。

当时作出了护堤的决策之后，就开始奔着这一目标安排人员，第一道堤是首先要守卫的，所以派了不少人过去。我自己因为有一些歌唱功底，所以被编入了宣传队，准备在大家护堤的时候用艺术形式进行鼓动和激励。也因此，上堤的时间稍微晚于护堤人员。正是因为这样延迟了的安排最后幸免于难，而校三连的连长在这次护堤的过程中死难，同一个班来自海南师专的两位同学也葬身于这次台风中。

台风经过的时段其实还不到一个上午的时间，但是由于台风太猛，沿海的许多村庄被淹，庄稼自然是颗粒无收。而台风过后的一个重要任务是收集殉难于这次灾害中的战友和同学的尸体，这个过程用了三天的时间。

汪秉宏教授直到1970年4月才离开军垦农场到一所中学当老师，后来又被当年的老师重新召回中国科学技术大学，成为一名在理论物理上颇有建树的教授。每每想起这段经历，汪秉宏都会不寒而栗，深刻体会到李肇星诗里所写的“活下来是奢侈的偶然”这个说法。

满是学生兵的牛田洋当时到处插着“人民解放军应该是一个大学校”“备战备荒为人民”等宣传标语。大学生们在农田里拼命干活，过着严格的军事化的部队生活，与解放军们同吃同住同工，希望能够得到优秀鉴定，从而未来能被分配到一个好的工作岗位上去。那时候，很多大学生没有接触过农耕，双腿因为经常要浸泡在泥水里，所以布满伤痕。他们与部队官兵们一样一边务农一边训练，日子十分艰苦但又乐在其中。

二、海化桑田田复海，生死只在一线间

1969 年 7 月 28 日上午 10 时 30 分，一场世所罕见的强台风（编号 6903）和风暴潮席卷了牛田洋，良田又一次变沧海。根据文件记载，台风中心登陆时，平均风力达到 12 级以上，汕头市郊阵风风力高达 16 级，惠来县的风速甚至达到每秒 60 多米，风力达 18 级。据《汕头大事记》所载，这次台风中风、潮、雨交加，汕头市区海潮迅速上涨，水深达 2.3 米，郊区及周边县地势较低的地方水深能达到 4 米。强台风造成汕头全区死亡 894 人，水稻受损 42 万亩，其他农作物受损 45 万亩，民房崩塌 14 余万间，仓库、工厂损毁 3500 余间，海堤决口 316.54 公里。这场强台风是在中华人民共和国成立后，汕头所经历的强度最大、持续时间最长、波及面最广、危害性最大的一次台风。

驻扎在当地的上万名解放军和大学生们为了保卫来之不易的军垦基地，用自己的血肉之躯抵挡风暴、守护海堤，但面对如此暴虐的灾害，以人的力量抗击一场 18 级以上的超级台风无异于以卵击石，最高达 5 层楼高的海潮最终以摧枯拉朽之势吞噬了 470 名解放军和 83 名大学生的生命。这场强台风成为中国沿海灾难史上不可忽视的重要事件。

天下有大勇者，卒然临之而不惊

1969 年 7 月，正处盛夏时节，连续好几天太阳像火一般炙烤着大地，天气异常闷热，海面上漂浮着大量的黑色泡沫，当地人知道这是台风的前兆。牛田洋热浪逼人，驻地官兵与大学生们刚刚收割了夏收水稻，身上都还粘着晒谷场的稻芒，就又赶着回到田里将晚稻秧苗插下。他们拼

着命地比赛，谁也不愿意落后于人，并没有理会台风即将袭来的事情。

7月25日上午，挂在牛田洋电线杆上的喇叭重复播放着中央人民广播电台关于6903号强台风“维奥娜”的消息。午后，台风进入中央气象台播报的48小时警戒线并增强为4级台风。当时，周恩来致电汕头地方委员会办公室，传达台风可能在汕头登陆的消息，并对防风抗灾工作作出指示，要求各有关部门积极做好防风抗灾的准备工作，驻军必要时做好撤退准备，并叮嘱说牛田洋锻炼的大学生是国家的宝贵财富，一定要注意保护好他们。

汕头地区就此进入了抗击台风的紧急准备状态。26日，广播又传出台风逐渐增大的消息，并预计27日19时在汕头与海丰之间登陆，台风中心风力将会超过12级。汕头市气象局在这次台风预测中作出了较大的贡献，在“7·28”表彰会上荣获了汕头市唯一的集体一等功。26日下午，牛田洋生产基地通过潮阳县革命委员会知晓了国务院的通报。

7月27日，中央人民广播电台发出台风预警“太平洋第3号台风将在粤东地区登陆”，此消息也在牛田洋上空回荡。下午时分，驻地官兵和大学生们还在紧锣密鼓地插秧抢种，通讯员紧急传达了上级通知，要求他们停止劳作，返回营地，部署抗击台风的工作。这时候，牛田洋防洪防台风指挥小组陷入“是撤还是守”的艰难决策中。“撤”可以保护人员、军械、器材，但对不起之前部队用血汗修筑的革命大堤；“守”则风险巨大，对1万多名官兵和2000多名大学生的生命安全是极大的威胁。在牛田洋防洪防台风指挥小组组长——122师白副师长看来，“这次抗台风比抗日战争还难哪！”“122师绝非苟全性命，牛田洋确非固如金汤”。

最终，在台风到来之前，部队提前将家属、民众转移到了安全地带。但军垦基地领导并没有下达官兵与大学生们撤退的命令，要求官兵与大学生们要捍卫“五·七”指示，发挥“一不怕苦、二不怕死”的精神，誓死确保拦海大堤不出问题，人在大堤在！

诚既勇兮又以武，终刚强兮不可凌

暴风雨在破晓时分肆虐而至，英勇、无畏和悲壮已注定成为牛田洋7月28日不变的旋律。

1969年7月28日，6903号台风在潮阳至惠来之间登陆，中心风力12级以上，台风登陆时适逢大潮期，在巨浪暴潮袭击下，沿海大部分堤围漫顶溃决，汕头市区水深2—3米，饶平、澄海、潮阳、惠来等的沿海较低地方水深4米左右，灾情严重。[①]

1969年7月27日，太平洋3号台风已经闯进了24小时警戒线，以每秒75米的速度直逼汕头。黄昏时分，天空出现了风缆，一条红一条蓝，这是台风非常强的预兆。夜间，气象部门的雷达观测到台风的回波，发现此次台风属于双眼套台风，威力极大。但驻扎在牛田洋的官兵与大学生们对台风的认识比较浅薄，还未真正认识到一场不可抗拒的大自然灾害正在向他们逼近。

半夜时分，天气变得闷热无比，空气似乎凝固了，没有一丝丝风，很多人辗转反侧，难以入眠。28日凌晨1时多，开始有风吹来，但牛田洋大地仍保持着宁静。天微亮，狂风飙起，据亲历者回忆，当时营房外面的搪瓷脸盆和口杯都被风吹到了一二十米外的菜地或空地里了，营房的草屋顶被大风刮上了天。6时整，风力还未达到10级，牛田洋响起了嘹亮的军号声，各连成立“敢死队”，每20人抓住一条粗麻绳，迎着狂风赶赴牛田洋堤坝。此时恰逢农历六月十五的天文大潮涨潮期，风力增至12级以上，瀑布般的暴雨倾泻而下，雨点如子弹似急箭，怒吼的风把土、雨、泥、草、木、生活杂物等卷在一起，10多米高的黑色巨浪向海

① 广东省地方史志编纂委员会:《广东省志・自然灾害志》，广东人民出版社2001年版，第845页。

堤砸去，一场惊天地泣鬼神的大堤保卫战拉开了序幕。

人力在巨大的自然灾害面前显得异常渺小。由于强台风、大海潮不断的剧烈冲击，牛田洋堤坝有几处开始漏水。解放军抱起沙包、石头进行抢堵，但一切都白费功夫，洞越冲越大，成了决口。在“一不怕苦，二不怕死”口号声的鼓舞下，解放军每四五个人或抬或拉一个沙包，大家奋力把沙包运往决口处，但仍无济于事。生死关头，不少战士和大学生毫不犹豫地跳进齐腰深的水中，以血肉之躯筑起人墙，阻挡不断涌进的潮水。一个巨浪袭来，很多人再也没有上来。

解放军手挽手，肩并肩，拼尽全力顶着沙包堵住决口，即使洪水已经淹到了胸部，被海水呛得脑袋发昏，但他们顽强地守护了水闸3个多小时。

让人唏嘘不已的是西牛田洋有一个班7名战士至死都保持着手臂相连的姿势，他们在风浪中结成一体，甚至灾后人们都无法将他们的尸体分开。

这样的故事还有很多很多。遗体被打捞上来的时候，有的死者手挽手连在一起，怎么也掰不开，有的死者有绳子绑在腰间，一个接一个。

7月28日10时，抗台风指挥组下达撤退命令。但这时候，一切通信早已断绝了，无线电台不响，有线电话无声，甚至连信号弹都被狂风暴雨打得无影无踪，无法起到作用。大堤指挥所的副团长段文波派出了身边仅有的两个警卫员传达撤退命令，自己则到险情最严重的连队指挥撤退，他把生的希望让给了别人，把死的威胁留给了自己，最终被大浪吞噬。

崩岸、决口、溃堤，越发猛烈的台风风暴潮冲毁了更多的堤岸，此时的堤内堤外已经是一片汪洋，一切不堪设想的后果都已经成为残酷现实。几层楼高的海浪将战士和大学生们像皮球一样抛到空中，又狠狠地砸在浪底。牛田洋3.5米高的大堤被狂潮削去了2米，成了废墟。

在7月29日拂晓，久违的阳光又一次普照着大地，生命也从来没有像这个雨过天晴的日子这么美丽。数天时间，全然已分不清原先那里是陆地还是大海，到处一片汪洋，漂浮着原木、竹子、稻草，还有尸体。这次空前的灾难中，牺牲驻军第55军指战员470人，牺牲大学生83人。

《广东省志》中记录下了这样的事迹：

台风登陆后，汕头地区人民在各级党政领导下，及时抢救受灾群众，保护国家财产。各地驻军派出大批指战员就地参加抗灾救灾。驻珠池肚的4077部队指战员奋力抢救东风农场及广新村群众600余人；驻牛田洋指战员及时抢救参加夏收夏种的澄海县延安中学90名学生使其全部脱险；为保护牛田洋垦区堤围，组织指战员冒死跳进水中，筑起人墙，力图保护堤围，但结果有600名官兵（包括来锻炼的大学生）不幸遇难。[①]

牛田洋这场台风成了一群人的集体记忆，从当年的"北有珍宝岛，南有牛田洋"到后来汕头海边巍峨的纪念碑，历史没有忘记他们和自然灾害不屈的抗争，每年的7月28日，都有许多幸存下来的"牛友"来到纪念碑前，默默地向曾经一起战斗过的英烈表达自己的缅怀之情。感谢他们为命令、为理想、为信念战斗到了最后一刻。

三、同来何事不同归，精神传承永相随

当地政府后来搬迁并重立了纪念碑，553名死难者名字全部被刻在石碑上。七·二八烈士纪念碑上留下了这样的碑文：

① 广东省地方史志编纂委员会：《广东省志·自然灾害志》，广东人民出版社2001年版，第845—846页。

一九六九年七月二十八日，汕头地区遭受历史上罕见的大台风、大海潮的袭击。驻在这里担负战备生产任务的中国人民解放军某部段文波、王秋萍、王丙申、陈汉民等同志，为抢救人民生命和国家财产光荣牺牲，特立此碑纪念。

身既死兮神以灵，魂魄毅兮为鬼雄

王之栋在《我这个外交官》中将"牛田洋精神"归结为如下六个方面：第一，敢于斗争、敢于胜利；第二，献身理想、忠贞事业；第三，热爱生活、珍惜生命；第四，乐观主义；第五，忘我奋斗、不顾个人名利；第六、坦诚、公开，实事求是。岁月易逝，但这段抗灾史树立起了一座精神的丰碑。牛田洋470名解放军及83名大学生用生命警示后人，在大自然面前，我们要有敬畏之心、科学之理、和谐之意，也要将"牛田洋精神"因时制宜，传承下去。

灾后，省、地、县各级政府迅速采取措施，开展救灾善后工作。卫生部门组织了28个卫生工作队共262人，到潮阳、澄海、饶平、揭阳等县为群众治病。汕头地区组织药物技师支援灾区，同时发动轻灾群众支援重灾群众。潮安、普宁组织劳动大军自带口粮、耕牛、农具到澄海、潮阳重灾区支援恢复生产。经全区人民共同努力，到8月底，人民生活生产即得到安定、复苏。

不经一番寒彻骨，怎得梅花扑鼻香

牛田洋"七·二八"台风造成的这场惨痛悲剧，既是天灾，又是人祸；既有特殊时代的历史背景，也有抗灾救灾应灾方法、技术等方面的局限。在大自然面前人类是渺小的，尊重自然客观规律才是对防灾救灾的基本要求。

以史为鉴，可以知得失。一定要树立科学精神。在2004年面对强大台风"云娜"时，第一次正式发出了严禁为抢救财产而冒生命危险的命令，

七·二八烈士纪念碑（图片来源：中国科学技术大学教授汪秉宏提供）

这是对科学真理的正确审视。

人类与自然界的每次斗争，都会伴随着人类的牺牲，有的牺牲是不可避免的，有的牺牲则是可以避免的。人类在生存与发展的过程中，必然存在我进你退的人与自然的博弈，拥有了认知和改造自然能力的人类有时候会占上风，但是有时候也会被自然界所打击，台风是其中的一个。所以今天在征服自然的进程中，人类还是要在认知自然的路上走得更踏实些才好，未知其然及其所以然就贸然改造，往往就要面临巨大的风险。

中国共产党为了给人民带来福祉，在中华人民共和国成立后不断地向自然要粮食、要土地、要资源，战天斗地，也确实依靠大无畏的革命精神取得了大量的成果。但是，慢慢地，中国共产党也开始意识到要与自然和谐相处。

1921—1949

1949—1978

1978—2012

2012—

第三阶段　改革开放和社会主义现代化建设新时期

改革开放对于中国的意义是划时代的。它不仅表现在经济体制的改革上，还体现在社会生活的各个领域，也包括救灾领域。1978年党的十一届三中全会决定实行改革开放政策，2012年党的十八大提出要在2020年全面建成小康社会，全面深化改革开放。从宏观上来看，改革开放仍然处于持续状态。具体来看，在应灾方面，抗击“非典”（SARS）疫情的2003年具有里程碑意义。

在这三十多年时间里，尽管我国的预防预警能力提高了很多，但是在一个幅员辽阔、自然环境复杂的国家，自然灾害的发生依然不可避免。我们经历了山洪地质灾害，也经历了洪水、雪灾、森林火灾和台风的袭击。汶川地震的爆发，再一次将我们已经有些淡忘的地震恐惧唤醒。和之前不同的是，随着全球化的推进，国际交流交往增多，其间我们还经历了SARS这一全球性重大传染病的洗礼。

当然，与上一个阶段相比，这一阶段中我国的救灾能力有了质的提升。尤其是一场SARS事件，成为我国应急管理走向规范化、制度化的促进剂。“一案三制”的确立奠定了我国目前应急救灾、预防预警的基础。

除了SARS之外，这一阶段里还有几个重要的转折点需要铭记。第一个是1981年，我国首次向国际援助敞开大门。之前由于政治因素影响，我国始终拒绝接受国际社会的援助。因此，这一年可以说是我国救灾捐赠史上的一次质变。

第二个值得记住的是1989年。这一年，我国积极响应国际社会号召，加入了“国际减灾十年”计划，开始参与到联合国框架下的减灾救灾国际合作中，由此翻开了我国抗灾史的新篇章。

1998 年参加长江抗洪抢险的武警官兵转移被洪水围困的群众（新华社记者摄）

2003 年加紧生产防“非典”药品(新华社记者 刘海峰 摄)

2008 年汶川地震救援行动中抢救一名废墟上幸存的小学生（新华社记者 陈建力 摄）

第十一章　最后六秒的忠诚选择：利子依达泥石流中响起的警报

从遥远地方传来的声音像是怪兽的吼叫，也像是沉重的列车远远驶来，更像是从地下发出沉闷的雷声。

十八号山……塌了！从傍晚灰暗的雨雾中，从十八号山的顶峰开始，有一条宽宽的泥土在慢慢滑动。于是，十八号山变得矮了，而且越来越矮。

轰响越来越大，向苗圃地的山谷逼近，那是一种如同岩浆一样黏稠的液体，翻腾着，从山谷和峡谷间膨胀出来，汇成一体，浩浩荡荡，裹着水、泥土和风化石，发出巨大的声响，好似山崩地裂。它所到之处，树木、竹林统统都被冲倒，然后被掩埋起来，这股可怕的物质的高大峰头，已经势如破竹地接近了水坝和苗圃地，前面跳跃着石块和波浪，把泥土和荒草裹在中间，滚滚而来。

一眨眼的工夫，只见水坝怯弱地扭动了一下，就轻而易举地消失了。坝中的水掀起一股水柱后，便和泥石流融成一体。我甚至来不及悲伤地叫一声，苗圃地里的橡胶树苗就被永久地埋在泥沙之中。

更加可怕的袭击又来了，只见十八号山的整个一面坡像小孩子玩的积木一样，轻轻一沉，半个山完全塌了下来。顿时，泥石流加宽了，也加快了，冲力更大，峰头更高，咆哮着，向我们住的山坡压来。

在长篇小说《泥石流》中势不可挡的泥石流带着混浊与喧嚣冲向人类社会，而这一切恰恰是人类对自然不合理的开发所导致的。“不能怀疑自己的事业与整整一代人的力量”成为开发大自然的理由，但是，这样的过度开发带来的却可能是大自然的报复。

泥石流是一种非常特殊的地质灾害，也叫土石流，它和水灾不一样，水有可爱以及可利用之处，只是由于我们认知的局限性很难把握水运行的规律，才会在水灾发生时无力应对。只有依靠科学技术、提升工程管理质量和水平，才能真正用好水资源。而泥石流除了摧枯拉朽的毁坏之外，没有任何价值。因此，我们能够做的首先是避开这样的灾害，其次就是不要因改造大自然而引发泥石流灾害。

事实上，1977年的蒋家沟泥石流，1981年冲断铁路的利子依达泥石流，以及造成1000多人丧生的2010年舟曲泥石流，其前因基本上是人类活动对于周边生态环境的破坏。对森林的过度砍伐、对土地的不合理运用等都是泥石流发生的环境条件。

《泥石流》中描写的泥石流奔涌而下的场面足以让人产生视觉震撼。它所发生的地点正是多雨的云南。虽然泥石流的发生只是几个小时的事情，但可能是由于几个月甚至若干年对环境的不断破坏导致的。当泥石流过去之后——

呈现在我眼前的是一片平展展的泥土、石块和水浆。原来的慢坡和慢坡下的沟谷、道路全被填平了，那几排草房似乎从没有在这里出现过，马和马车也不见了。泥石流还在蔓延，但威力小多了，水面漂浮着一棵棵小草，远远地，泥石流的峰头还在吼叫着，扫荡着山林和道路……十八号山上已经开好的梯田、种上的橡胶树都不存在了，那里变成了一道长长的陡坡，似乎是谁把一座巨大的山丘一劈两半。

一、惊雷滚滚山塌陷，泥水滔滔天上来

泥石流一般产生在沟谷中或斜坡面上，是一种饱含大量泥沙、石块和巨砾的特殊山洪，是高浓度固体和液体的混合颗粒流，其运动过程介于山崩、滑坡和洪水之间，是各种自然因素（地质、地貌、水文、气象等）和人为因素综合作用的结果。

应对泥石流，预警加防护

对于这类灾害，如果影响的区域人员密集，则极易造成巨大损失。面对泥石流灾害，很难在事件发生前的短暂时间内开展应急措施，但是可以提前预警。目前我国的技术人员已经开发了一些地质灾害类型的预警技术，有的可以通过检测滑坡体的变动情况提前警示。我国是一个多山的国家，泥石流风险分布比较广，因此，从目前已有的泥石流案例中汲取经验和教训，使之对居民和环境等的影响尽量降到最低限度，是非常有必要的。

当然，也有一些针对滑坡体的提前预防措施，比如在存在泥石流风险的地段早早装上防护墙或防护栏，防护设施既可以直接将滑坡体固定在山石之上，也可以建在山体下方。一般来说，由泥岩和页岩组成的山体，材质松垮，容易发生滑坡现象，要提前采取预防措施。例如，欧洲小国安道尔就是因为山体是松垮材质，所以建有从山脚近处到远处的多

道防护网。

泥石流的知识你知道多少

有一篇关于泥石流的文章《一次大型泥石流记述》[①]，对于泥石流发生时的负面影响、成因以及具体的流淌过程进行了非常细致的描写。每当泥石流发生时，“常常淤埋农田，冲毁桥梁、涵洞、渠道，阻隔交通，甚至堵塞河道，使河水泛滥成灾”。说到成因，文章认为：

在一些山区的沟谷中，由于地表径流对山坡和沟谷不断地冲蚀、掏挖，使山体发生崩塌滑坡，大量固体物质在沟床中被水流挟带搅拌，变成黏稠的浆体，在重力和惯性力的作用下，以极大的速度向山外奔泻。

接下来文章主要描述了云南省东北部乌蒙山区的蒋家沟大型泥石流的情况。那里有一条南北走向注入金沙江的河流——小江。蒋家沟就在其下游与之近乎呈直角相交，长12公里，流域面积47.1平方公里。在一段相当长的时间里蒋家沟年年暴发泥石流，少则10多次，多达30次。1977年7月27日那次泥石流给人留下的印象非常深刻：

至凌晨3时，狂风呼啸，倾盆大雨接踵而来……清晨6时25分，透过雨声，从山沟里传来隆隆巨响，好似火车轰鸣，震撼山谷……在巨响之前，往常流水不大的沟槽中，流量很快增大到3—4立方米每秒。稍过片刻，突然出现断流状态。几分钟后，随着响声的增大，泥石流就蜂拥而至。

……

① 李械、张卫国:《一次大型泥石流记述》,《地理知识》,1978年第5期，第11—12页。

当第四阵泥石流在6时40分下来时，已如万马奔腾，飞流而下……在河道较直的地方，它犹如一列奔驰的火车，开出山口；在弯曲的沟道里，它又宛如一条巨蟒，拖着长长的尾巴，蜿蜒而行，百米不见其尾……我们站在离岸边三四米的地方，竟被溅得满身泥浆，并感到地面在颤抖。

当阵性流持续到早上8时20分之际，突然大雨滂沱。不久，在沟中出现了泥石流的另一种形态——连续流。它黏稠依旧，疾如流星，呼啸吼震，流速高达12—15米每秒，流量增至500—800立方米每秒……这一巨大的连续流，历时40分钟……连续流过后，复又转入类似前述的阵性流。

……

综观这场泥石流，奇异之状实属少见。据初步估算，这场巨型泥石流中共发生阵性流168次，总量为18万多立方米；连续流时间虽短，但搬运物质数量仍十分可观，约有7万多立方米。

就泥石流整体而言，每立方米的质量有2.2吨，冲击力则达到了每平方米60余吨。这场泥石流共持续了5个多小时才减缓了势头。到了12时30分，稀性的连续流变成了水流，泥石流才完全结束。

随后，文章主要分析了泥石流背后的自然机理：

这一带断层发育，岩石较为破碎；在第四纪以来的新构造运动中，地震较多，地壳上升运动强烈，附近的金沙江急剧下切，致使小江、蒋家沟河（沟）床坡降加大，山坡陡削；加之，这一带暴雨多，为泥石流的形成提供了条件。

在分析自然原因之外，这篇文章还特别提到了对于环境的过度开发问题以及科学的治理逻辑：

但更主要的原因，是历史上封建统治者在这里进行破坏性开采，伐木充薪，将蒋家沟流域内的森林砍得精光，形成童山秃岭，裸露的岩石强烈风化，在流域内的山坡上形成厚厚的风化壳，并被暴雨冲刷成沟壑纵横，为泥石流提供了大量的物质来源……仅据可查的资料记载，蒋家沟的泥石流就曾十余次堵断小江，把河道堵塞，形成湖泊，淹没大片农田、房舍。

……

以蒋家沟而论，就已进行了十多年的治理、研究工作……在这里修建了导流堤、拦挡坝和停淤场，在源头又大量植树造林，使爆发规模有所减小，大量的泥石流体被拦在沟槽中或躺在停淤场内，危害明显减弱，已连续十年未发生堵江的灾害。

二、利子依达泥石流，百人梦中葬甘洛

追溯到 1981 年，在成昆铁路四川凉山地区甘洛县境内的大渡河支流段，利子依达铁路大桥就曾经被泥石流冲垮，而且当时正有列车向大桥开来，尽管火车司机发现情况不对时进行了紧急制动，但仍有部分车厢被泥石流冲走，造成了重大的伤亡和损失。

一般情况下，泥石流都是从发生的前夜开始酝酿。1981 年 7 月 9 日凌晨，在利子依达沟一带，突然狂风暴雨，导致特大山洪暴发，不久便形成一股极为猛烈的泥石流，气势汹汹地直扑向飞架沟口的成昆铁路利子依达铁路大桥。

职业伦理与个人生命之间的艰难抉择

7月9日凌晨1时41分，由格里坪开往成都的442次旅客直达特快列车于成昆铁路尼日车站正点开出北上，仅1分钟后，尼日车站值班员向前方乌斯河车站报点，突然电话不通，电灯不亮，一切线路中断，谁也不知道发生了什么事情，也无法通知正在运行中的442次列车。就在通信不畅的情况下，中国铁路史上极为严重的一次自然灾害事故在这两站之间发生了。就在11分钟之前的1时30分，4公里以外的险山恶谷里，高达20多米的泥石流在风雨交加的黑夜中冲到了大渡河边两山夹峙的利子依达沟口，惊天动地的巨响之后，怒吼的洪流瞬间就把17米高、100多米长的利子依达铁路大桥彻底摧毁了。肆虐的泥石流依然没有满足，它咆哮着，肆无忌惮地倾泻而下冲向大渡河。失去联系的442次列车当时正以每小时40多公里的速度穿入连接着利子依达桥南端、位于1000米半径弯道上的奶奶包隧道，从漆黑的隧道冲向这座断桥。

凌晨1时46分，当列车运行到距离隧道口仅30余米处时，机车前照灯的灯光才射到了洞外的桥头上。隧道里的隆隆声掩盖了洞口外咆哮洪流的怒吼，但是凭着雨夜行车的高度警觉和30余年丰富的行车经验，司机终于在机车即将冲出隧道口的瞬间发现了险情——442次列车正在冲向死亡。司机当即果断地撂下死闸，实施紧急制动，但是已经来不及了。列车带着巨大的惯性和猛烈的撞击，顺着下坡道向深谷滑去。车毁人亡的惨重灾难就这样发生了。

当班的燕岗机务段正机长王明儒是一级司机，也是年近半百的老共产党员，更是抗美援朝战场上的英雄司机，还是从东北前往大西南支援建设奋斗了25年的老战士。他和他的助手、副机长唐昌华，在这生死关头，毅然选择了与车同在。他们用生命的最后6秒钟，坚定地一把撂下死闸，连连拉响风笛，作出了一个火车司机在死亡威胁下的最后努力。尖利的笛声划破了夜空，向正在睡梦中的千名旅客发出惊心动魄的警报，他们坚守自己的岗位，与机车一起滑坠到断桥下面汹涌奔腾的泥石流里，最终壮烈牺牲。紧接着，第二台机车、13 号行李车、12 号邮政车与载有 90 多名旅客的 11 号硬座车厢相继坠落，被咆哮的泥石流无情地卷入了滚滚大渡河。10 号硬座车厢和 9 号硬座车厢冲出早已变形的钢轨，沉重地坠在桥下 17 米深处的护坡上。8 号硬座车厢在桥头的隧道内被强大的冲击力撞出钢轨，翻覆在隧道口外。万幸的是，列车后部的 7 节客车、1 节餐车和 700 多位旅客幸运生还。这次事故造成 442 次列车中 275 人死亡及失踪，146 人受伤，成昆铁路中断 15 天。

在如此危难的时刻，车上的副机长、列车员等人迅速组织车上的旅客自救和他救。大家纷纷在危难时刻站了出来，主动参加到救援的队伍中。冒死抢救旅客的战斗在夜雨中持续了 3 个小时，他们一共救出轻、重伤旅客 140 人。参加抢救的这些共产党员用行动表明自己无愧于中国共产党的长期培养。

连夜救助，冒雨出发

凌晨 2 时 30 分，即桥断车坠后的 40 多分钟，铁道部成都铁路局就成立了抢险指挥部。在救援列车紧急赶赴利子依达桥事故现场的隆隆声中，指挥部召开了第一次会议：对抢救、维修、死伤者的善后、险患的调查与根治，都作出了具体部署。凌晨 3 时多，当不幸的消息传到 37 公里外的凉山彝族自治州的甘洛县城后，1 小时内，公安干警、民政干部、民兵、医生、护士、商店售货员、旅店招待所服务员共 1000 多人，带着大批药品、食品、营养品、衣服鞋袜，外加 23 辆涂着红十字的面包车，冒雨急奔利子依达桥头。

凌晨 4 时 05 分，当地驻军接到告急电话，通向各营连的电话相继响起。4 时 15 分，紧急集合的号声打破了营区黎明的寂静，各路救援大军直奔遇险的桥头。他们同铁路职工和当地各族干部群众协力同心，给了 100 多位受伤的旅客以第二次生命，找到并整理好 44 具死难者遗体。四川省和铁道部的一些领导干部也都冒着大风大雨昼夜坚持在抢修岗位上。

7月13日下午，又一阵瓢泼大雨和泥石流吞没了用4个昼夜清理出来的桥墩基坑。洪峰一过，成都铁路局房建三队党委书记第一个跳下3米深的泥水坑里，排水、清泥、搬石头。

1981年7月24日清晨6时许，经过抢修铁军15个昼夜中万众一心的鏖战，一座钢结构铁路便桥胜利地横跨于利子依达沟两山之间。祖国西南边陲的交通大动脉在被凶恶的泥石流切断了整整半个月以后，终于恢复了便线临时通车。

第十二章　春天里的一把火：大兴安岭的土地在燃烧

先去废墟，不禁胆寒。

副食店，玻璃熔化了，成为粉皮状，铁皮罐头烧得鼓了起来，玻璃罐头瓶爆炸了，里面的罐头有的成了炭灰，有的“失踪”了，这就叫“吞噬”吧！

变形！一切都在变形！

那直径寸许的镀锌自来水管子烧弯了，小汽车烧成了一堆废铁，自行车、缝纫机、电视机全都面目全非，石头烧得崩裂开来，层层剥落。几乎所有的煤堆都在冒烟，尽管已经燃烧了 10 余天。

……

远处，升起浓烟，向上翻腾着，由黑变白，白色烟云呈蘑菇状，同我国爆炸第一颗原子弹时的蘑菇云极为相似。面前的山火烧来，部队以攻为守，放了几把火，由外向里烧。一时间，隆隆作响，黑烟腾空而起，枯树在燃烧，树干上挂着火，如同一根根浑身在燃烧的大蜡烛。厚厚的植被，被推土机推向两侧，中间形成一道开阔地，这就是防线。但防线里面，地上的植被已经燃烧起来，浓浓的黄色烟雾向上喷涌，黄烟上面是蓝烟，夹杂着炽热的火苗。那火，居然会变为地下火，突然从几丈远的地方窜出来，表面风平浪静的地表上，突然间会冒出一缕缕的烟来。

大兴安岭的土地也在燃烧！①

以上描述来自著名报告文学作家雷收麦于1987年大兴安岭特大森林火灾发生期间的现场采访日记。火灾发生时，雷收麦任《中国青年报》黑龙江记者站站长，他和李伟中、叶研以及实习生贾永结束了在大兴安岭火灾现场为期一个月的现场采访，回到工作岗位后，立足于火灾后的思考这一角度，写下了被称为“三色报道”的系列深度报道——《红色的警告》《黑色的咏叹》《绿色的悲哀》，并发表在《中国青年报》上，一下子引起了热烈反响。登载了这一系列报道的《中国青年报》在各个报刊亭都瞬间脱销。这一系列报道荣获了1987年全国好新闻特等奖、全国绿色好新闻奖。

在他们的笔下，我们看到的是一个个鲜活的生命的消逝，是浓烟滚滚、危险万分的大火现场，是灾后缺衣少食但坚定乐观的当地百姓。这些令人动容的文字背后，传递着官方统计数字所无法充分表达的对于火灾发生的扼腕叹息，也引起我们对这次特大火灾的深深反思。

一、无边林海莽苍苍，浓烟翻滚烈火狂

森林防火工作始终是党中央和国务院高度重视的一项工作。这是因为森林火灾是威胁人民群众生命财产安全、危害森林资源与自然生态环

① 雷收麦：《30年前的大兴安岭特大森林火灾采访日记》，《博览群书》，2017年第5期，第36—50页。

境最为严重的自然灾害之一。森林火灾处置扑救难度较大，因此在预防、应对、管理森林火灾时，一般都坚持“隐患险于明火，防范胜于救灾，责任重于泰山”的基本原则。但原则之下，森林火灾还是会不时发生：1976 年黑龙江抚远“10・17”特大森林火灾，1987 年黑龙江大兴安岭“5・6”特大森林火灾，2002 年内蒙古北部原始林区“7・28”特大森林火灾，2019 年四川省凉山州木里森林火灾，2020 年四川省凉山州西昌森林火灾……这一场场森林大火让人们看到了生命在火灾面前的脆弱，也让人们感动于消防人员扑火救灾时的英勇，感动于在我们党坚强领导下人民群众救灾时众志成城的顽强意志。

其实，大规模森林火灾绝大多数都是由人为原因引发的。我国应急管理部相关负责人曾经这样说过：“据统计，2010 年至 2019 年，在已查明火因的森林草原火灾中，由人为原因引发的占 97% 以上。”一般来说，森林火灾的主要原因包括祭祀用火、农事用火、野外吸烟、炼山造林等。近几年，发生在四川省凉山州的两次森林大火，无情地剥夺了许多年轻森林消防员的生命，这也告诉人们“进山不带火，入林不吸烟”这些看似简单的基本原则在森林防火中是多么的重要。因为一点儿火星，引起的可能就是一片火海，夺去的可能就是一条条生命与无数家庭的希望和未来。

1987 年大兴安岭“5・6”特大森林火灾是中华人民共和国成立以来毁林面积最大、伤亡人员最多、损失最为惨重的一次火灾。其惨痛教训，我们不能忘记，更不应该忘记。

母林绿暗幼林鲜，嫩绿草原相映妍

大兴安岭位于我国东北部，北纬 50° 11′至 53° 33′、东经 121° 12′至 127° 00′之间，是中国最北、纬度最高的边境地区。大兴安岭境内基本上被茂密的原始森林覆盖，森林覆盖率高达 75.16%。无论是从木材生产还是从对生态调节的作用来说，大兴安岭都非常重要，一贯有着“绿色宝库”的美称。同时，大兴安岭也是我国面积最大的现代化国有林区，林区内主要生长的树木有落叶松、樟子松、红皮云杉、白桦、蒙古栎、山杨等。林地面积646.36万公顷，活立木蓄积5.29亿立方米，用材林蓄积4.4亿立方米，占全国林木蓄积总量的8%左右。大兴安岭区域内除了林木资源以外，还有野生动物390余种，植物资源966种，可利用草场20万余公顷。

大兴安岭地处北部边疆，冬季气候严寒。“兴安”两字源于满语，意思就是“极寒的地方”，因此在历史上一直人迹罕至。直到1964年，党中央和国务院决定成立会战指挥部，才开始对大兴安岭东北坡进行开发和建设，从而形成了现在大兴安岭的基本格局。大兴安岭林场下辖塔河、漠河、呼玛三个县及加格达奇等14个林业局，边境线长786公里。截至2016年，大兴安岭地区户籍总人口45万余人，大兴安岭林场为我国提供着大量的商品木材。

火龙百谴横空射，夜月霜凄古战场

1987年春，黑龙江省大兴安岭地区出奇干旱。5月6日，大兴安岭的西林吉、图强、阿木尔、塔河四个林业局所属的几处林场同时起火，由此引发了后来被称为“大兴安岭‘5·6’特大森林火灾”的惨剧。这场大火持续燃烧了27天，直到6月2日才被全面扑灭，过火面积达到130万公顷，其中70%都是森林。也正是这场特大火灾，夺走了211人的生命，重伤200多人，轻伤2万多人，造成5万多人无家可归，受灾群众10807户、56092人。据统计，这场大火烧毁林场9个、贮木场4.5个、存材85万立方米；各种设备2488台，其中汽车、拖拉机等大型设备617台；桥涵67座，总长1340米；铁路专用线9.2公里；通信线路483公里；输变电线路284公里；粮食325万公斤；房屋61.4万平方米，其中民房40万平方米[①]，对人民的生命财产、森林资源和生态环境造成了巨大的破

---

① 陈俊生:《关于大兴安岭特大森林火灾事故和处理情况的汇报》,《国务院公报》，1987年6月16日。

坏，直接经济损失约合 5 亿多元。而且，这次火灾造成的林区动植物资源的破坏，以及给周围生态环境带来的危害更是无法用金钱来衡量的。

中夙（原名郝仲术）在《大兴安岭火啸——1987 年大兴安岭森林大火》一文中对当时火灾发生时的情形做过生动的描述：

那是一条发疯了癫狂了的红色恐龙，所有目击者都为它呈现出的畸形、残酷、神秘而壮观的美所惊愕所恐惧。火头叠起几十丈高，里翻外卷，左缠右旋，放射出万丈惨白的光幕，宛同巨大的倚天而立的丧幛……火头经过的地方，几十公里的地域空间全被红色笼罩，太阳失去光辉，大气淡而稀薄，大地灼热发烫，人畜惶惶不知所以……[①]

火灾过后的景象更是惨不忍睹。漠河政府网站“历史事件”板块有如下记载：

在劲涛镇附近的一小树林内，卧着 8 具尸体，焦糊的胳膊和身躯，男女不辨，整具尸体不足半米。他们是在逃生的路上被卷入火头中丧生的。在一家仅 1.5 平方米的地窖里，交叉着 18 条被烧焦的腿骨。在一家四合院内，大火过后有 16 具被烧焦的尸体。在育英的一处山坡上一家 3 口被烧死在冒烟的树林中，女主人一手抱着孩子，另一只手伸向躺在一旁的丈夫身上。

这场震惊全国的大兴安岭火灾的直接原因有两个：一是在西林吉古莲林场 4 支线 11 公里处，正在进行采伐作业的林场工人擅自启动了本来在防火期间禁止使用的割灌机，并且在给割灌机加油时加得过满，导致

① 钱钢、耿庆国:《二十世纪中国重灾百录》，上海人民出版社 1999 年版，第 1000 页。

汽油溢到外面，还有部分洒到了地上。之后，当他启动割灌机时，又因为违反操作规程造成了跳火，火星遇到机身和地上的汽油，顿时燃起了熊熊大火。二是在另外两处起火林场中，工人违规在森林中吸烟，以致引发了大火。

除了直接的人为原因之外，还有几个自然条件也是这场大火难以扑灭的间接原因。从气候上来看，每年的 3 月 15 日至 7 月 15 日这 4 个月期间，大兴安岭地区的风力都非常强，一旦发生火灾，火借风势，风助火威，扑灭难度极大。在防火期间，这段时间属于火险 5 级——强烈燃烧等级。从地形上来看，大兴安岭地势平坦，沟谷、河道狭窄，一旦起火非常容易连成片，很难阻断。而且，白桦树和樟子树都是含油量高、易燃性极强的树种，而在大兴安岭的树木中，这两种树占了很大比例。此外，大兴安岭草林相连，一旦草地着火，就会引起林区着火。这些自然因素与人为操作失当的叠加、耦合，使得火势进一步加大，难以扑灭。

5 月 7 日中午，漠河境内天气突变，狂风肆虐，刮起了 8 级以上的西北风，河湾、古莲两处火场死灰复燃，形成了巨大的火球，凭借风势冲向漠河县城，鹌鹑蛋大的石子漫天飞舞，浓烟充斥着整个县城，到处都是焦烟味和哭喊声。据目击者回忆，火球相撞就像是原子弹爆炸一样恐怖，城内居民通过大喇叭接到紧急疏散通知，有的躲在地窖里，有的拖家带口逃到城外。幸运的是，逃往阿木尔河边的数千人，由于周边缺少可燃物，大多数生命得以保全。后来这条河被当地人亲切地称为“母亲河”。“家里人还好吗”成为当时活下来的人们之间最真诚的问候，大家分享着找到的食物，彼此之间充满了劫后余生的庆幸与相互慰藉的温情。

二、军民团结抗灾情，试看天下谁能敌

火灾发生后，党中央、国务院、中央军委将“坚决保卫人民的生命

财产，最大限度地减少森林损失”作为整个扑火战斗的指导方针，成立了大兴安岭扑火前线指挥部，将组织扑火与疏散、安置灾民作为当下最重要的两项任务。这场灭火救灾战斗共出动了5.88万军民，其中解放军3.4万多人，森林警察、消防干警和专业扑火队员2100多人，预备役民兵、林业工人等2万多人；出动飞机96架，车辆1600台，各种扑救工具3.45万余件，其中风力灭火机3600多台；调运人工降雨飞机4架，人工降雨18次，降雨面积2万平方公里。扑灭大兴安岭这场特大森林火灾，成为中国现代扑火史上的一个辉煌战例。

当大兴安岭受灾的消息传遍祖国各地后，灾区牵动着全国亿万人民的心，全国29个省、自治区、直辖市积极组织医护人员奔赴灾区，将食品、衣物和各种救灾物资及时运往灾区。全国各地开展了自发的募捐救灾活动。同时，许多海外侨胞和国际友人，以及外国政府、国际组织也纷纷伸出援助之手，捐赠款项和物资。最终在党和政府的关怀以及各方的援助下，大兴安岭火灾彻底被遏止，灾民也得到转移和安置，顺利地渡过了难关。

民为邦本，本固邦宁

1987年5月7日，大兴安岭驻军边防某团发出了火情电报，人民解放军迅速调集队伍前往现场，加入扑火救灾工作。

5月8日，国务院接到火情报告。国务院副总理李鹏立刻指示林业部尽快调查火情，并要求他们提出救灾方案。

5月9日上午，林业部成立了扑火救灾领导小组，由林业部副部长刘广运担任组长，全面负责扑火救灾的具体工作。

5月10日，国务院决定成立扑火前线总指挥部，由时任黑龙江省委书记的孙维本任总指挥，下设5个分指挥部，实行分片指挥。这种指挥模式经实践证明富有成效。在成功保卫塔河县城和基本解除东线火区危险后，还剩下西线火场危害惨重，危及林区和人民群众生命财产安全的特大火头仍在不断扩大，向北威胁北部沿江村屯和林场，向南逼近内蒙古原始森林。由于交通、通信中断，并且群众的一切生活用品都在大火中化为灰烬，灾民面临着寒冷和饥饿的威胁。中央下达命令，“不准冻死一人，也不准饿死一人。要让灾民有饭吃、有衣穿、有医疗、有学上”。

5 月 12 日，李鹏到秀峰林场火场上空查看火情，到塔河的现场指挥部听取汇报，并召开了国务院现场办公会议。李鹏在会上听到急缺救火人员的汇报时，决定立刻增派 2 万名战士上山参加扑火救灾工作。3 个小时后，2 万多名增援战士迅速集结，向着大兴安岭前进。在会上，李鹏全面肯定了当地“打防结合、以火攻火、打隔离带”的做法，并重点强调要安置好受灾群众，“确保他们有吃、有穿、有住，生病的有医有药。要大力组织群众恢复生产，重建家园”。

5 月 19 日，国务院召开常务会议。会上，从大兴安岭火灾现场回来的李鹏和林业部扑火救灾领导小组相关人员作了火情汇报。在汇报中，重点提出了灭火工具、灭火人员不足，以及安置受灾群众的问题。①

5 月 23 日上午，孙维本率前线总指挥部领导亲临西线火场，观察火情，作出“调整部署，明确防段，打防结合，速控西线”的战略决策。为确保大兴安岭林区最大的安全，扑火前线总指挥部决定于 5 月 26 日开始西线大决战。为保证大决战的彻底胜利，消灭一切暗火、残火，不留后患，扑火前线总指挥部做了万全准备，动用了现代战争的多种手段，来协助部队进行有效灭火。

5 月 24 日，人工降雨成功。

5 月 26 日中午，时任国务院副总理田纪云一行到达漠河火灾现场，听取了西线指挥部的汇报，看望了救火的警察和消防战士，慰问了灾民之后又飞往塔河。在塔河，他听取了东线指挥部的汇报。在掌握了整体

---

① 陈俊生:《关于大兴安岭特大森林火灾事故和处理情况的汇报》,《国务院公报》，1987 年 6 月 16 日。

情况后，田纪云对这次扑火战斗的成果作了基本评价：

> 经过数万军民的顽强奋战，燃烧了20天的这场大火，到今天上午明火已经全部熄灭，可以说大兴安岭扑火战斗取得了决定性的胜利，但还没有取得彻底胜利。暗火、残火还存在，如果气温高、太阳大、风大，还有可能死灰复燃，因此丝毫不能放松警惕，不能麻痹大意。务必发扬连续作战、再接再厉、奋勇拼搏的精神，为夺取扑火战斗的彻底胜利而努力。[①]

6月2日下午至3日上午，天降中雨，全体军民冒雨清理火场，消灭了一切余火、暗火、残火，这场特大森林火灾终于画上了句号。

在整个大兴安岭扑火指导过程中，国务院领导反复强调既要扑灭大火，又要保障扑火人员的生命安全。在整个扑火行动中，5.88万名参与者果敢坚决，没有蛮干，采用“不打顶风火，不打上山火，不打树冠火，宜打则打，宜防则防，有打有防，打防结合”的策略，取得了较好的成效。

此外，战士们挖出来的长达891公里的隔离带对围隔这场森林大火起到了至关重要的控制作用，火场上没有牺牲任何一个扑火人员。在很多未开发的原始森林中，需要打通生土隔离带，任务难度大，时间紧迫，扑火队员用铁锹和手，扒去草皮，硬生生地挖出一道12公里长、100米宽的生土隔离带。这些扑火队员大多是失去家园，甚至失去亲人的林业职工，吃的是救济饭，穿的是救灾衣，只有他们最明白丧失森林资源对于他们意味着什么。

在大火袭来的危难关头，许多共产党员不忘自己的职责与使命，冒着生命危险，奋不顾身地抢救国家财产和遇难的群众。比如黑龙江省军

① 张持坚:《1987年大兴安岭火灾扑救纪实》(三),《档案春秋》，2017年第8期，第52—54页。

区驻军某部二营的指战员，冒死闯入火海3次，保住了漠河县西山炸药库和中心加油站，在大火中救出老人、妇女和儿童229人，引导疏散群众1200人，抢救烧伤群众37人，在驻军大院内安置无家可归的灾民数千人，漠河县人民称赞驻军部队是“卫民长城营”。在扑火大军撤离时，在塔河车站，在西林吉、图强、劲涛车站，在灾区所有的车站，欢送的人民群众有成千上万人，他们流泪送别了这些“最可爱的人”。

将军分虎竹，战士卧龙沙

这次扑火救灾工作整体上分为四大战役完成。

第一步是“死保塔河”。因为塔河离西林吉、图强、阿木尔三个镇的距离只有20多公里。在这种情况下，战士们在火头和塔河县城中间打通了一条长达几十公里的隔离带，这才保全了塔河县城。

第二步是“东部火区危险解除”。扑火战士们采取边扑火边打通隔离带的方式进行救火。到5月19日，长达300公里的隔离带被打通，同时东部火区的明火被全部扑灭。

第三步是“决战西部火区”。从5月20日至26日期间，所有的扑火力量都集中在西部火区，一周后西部火区的明火全部被扑灭。同时继续沿用隔离带的思路，围绕着西部火区开通了200多公里长的隔离带。至此，东西部火区的明火已经全部扑灭，而且隔离带也已经全部开通。这次大兴安岭的扑火战斗基本取得了决定性胜利。

第四步是“彻底铲除余火、暗火、残火，杜绝隐患”。5月26日开始，一直到6月3日上午，借用人工降雨及自然降雨，所有军民扑火人员继续开辟隔离带，清理现场，消灭一切隐患。这次扑火战斗全面结束。[①]

在灭火的四大战役中，战士们不畏艰难、勇往直前的精神让人感动，那一幕幕的扑火场景更是令人难忘：

---

① 夏明方、康沛竹：《风雨同舟》，中国社会出版社2015年版，第15页。

5月25日早晨，随着三声枪声，三颗红色信号弹在总指挥部驻地的山坡上被点燃，意味着全面出击的命令已经发出，西线灭火决战开始了，多层次、多兵种的数万名扑火战士向大火扑去。有在长缨、劲涛、红旗等林场待命的扑火主力——森警部队，配备了足够的风力灭火机；有来自中国人民解放军211、235、321各野战医院的医疗队，分别配属在各个扑火部队；也有集结在河东林场的机动部队——坦克旅，以备应付意外的攻坚战。

曾担负大兴安岭东线总指挥的吴长富师长为了鼓舞士气和严明纪律，站在山坡上用广播喇叭向全师官兵发布命令：

同志们，我们在东线保卫塔河的战役中取得了彻底的胜利，现在，在西线大决战中，一定要发扬我们的光荣传统，坚决夺取全胜。现在我命令：第一，部队严守纪律全部野外露营，沿路摆开，绝不许到附近的村子里找水喝，做饭吃，更不许去借宿。第二，不许向老乡们打听山里的火势火情，以免引起群众的恐慌。第三，部队一律不许生火做饭，吸烟的同志在这段时间里一律戒掉。

在这次大兴安岭森林大火的扑救行动中，吴长富率领的步兵某师是第一支赶赴火场的部队，全师荣立集体一等功。

不得不说，人民解放军、武装森林警察、公安消防干警、林区职工为这次扑火救灾出了大力，立了大功，相互协作配合，显示了广大军民保卫国家和人民生命财产的高度责任感和坚强的战斗力，充分显示了党和国家的动员力量以及社会主义制度的优越性。气象、交通、邮电、地矿、民政、公安、商业、医药等部门在各自的岗位上为扑灭这场大火作出了积极的贡献，组成了一支覆盖各行业、各领域的立体式救灾扑火队伍，显示出了团结配合的力量。

卫星监测中心依据气象卫星的红外光谱扫描来呈现卫星云图（这场森林大火初期就是这样被发现的）。在扑火行动中，气象部门成立专门小组，严密监测大兴安岭森林火情，为扑火前线总指挥部及时提供火区卫星资料和准确的气象预报，为组织指挥灭火和实施人工降雨提供了重要依据。黑龙江省气象局在哈尔滨、加格达奇、塔河三处设服务中心，发现大兴安岭林区北部上空在5月25日、26日、27日这3天内将有微量的降水性云层，这是人工降雨难遇的机会。总指挥部指示抓住这一有利天时，进行人工降雨。同时要求空军和民航部门以及部队抓紧时机，立即做好准备。两架停在临时基地齐齐哈尔市南郊三家子的军用机场的“安一”26型飞机，装满人造干冰、降雨用化学原料，时刻准备投入使用，负责人工降雨的技术人员和飞行人员也随时守在飞机旁待命准备出动。某部高炮旅严阵以待，数十门安装在列车上的高射炮，都已装上了人工降雨的炮弹，做好对空射击的准备，以配合飞机人工降雨。5月25日天亮后，火场上空出现灰黑色的云层，尽管云层不厚，但具备了人工降雨的条件，两架时刻待命的飞机钻进云层，洒下降雨干冰。飞机走后，安装在列车上的数十门高射炮开始对空射击，随着高能量炸弹在云里爆炸，即刻下起雨来。[①]

沈阳军区空军部队和某飞机学院的8架侦察机也参与了火场情况的空中侦察工作，往返于火区上空，向扑火前线总指挥部提供了即时火势发展情况。中国民航局派出24架飞机，从陕西临潼运来840台风力灭火机，还指派沈阳、长春两局抽调13架飞机组成3个专业飞机大队，准备向大火洒化学灭火剂和投掷灭火弹。

1987年5月25日，国务院致电大兴安岭扑火总指挥部，对他们的卓越表现予以肯定，并对后续工作提出了要求：

---

① 郑功成:《多难兴邦——新中国60年抗灾史诗》，湖南人民出版社2009年版，第227页。

大兴安岭扑火总指挥部并参加扑火救灾的全体解放军指战员、武装森林警察和职工同志们：

你们在扑救大兴安岭特大森林火灾的斗争中，已经连续奋斗了20个昼夜，现已控制了东部火区；西部火区西线也已基本控制，并正在争分夺秒开通西部火区南线的防火隔离带，为彻底扑灭这场大火奠定了基础。同时，抢救了大批国家财产，疏散安置了大量灾民，受到全国人民的高度赞扬。国务院向你们致以亲切的慰问和崇高的敬意！人民解放军在这次扑火战斗中立了大功，“火情就是命令，火场就是战场”，哪里有火险，就冲向哪里，发挥了主力军的作用。武装森林警察和公安消防战士，并肩战斗，发挥了突击队的作用。铁路和邮电职工，行动迅速，出色地完成了运输、通讯任务。空军、民航在空投、空运、侦察、运输中作出了重大贡献。气象人员及时提供卫星云图和天气预报，主动为扑火救灾服务。商业、医护、物资、交通、民政等各条战线的职工也都做了很多工作。所有这些都充分体现了军民一致、干部一致、团结战斗、配合协作的社会主义精神文明的高尚风格。目前，扑火斗争进入了关键时刻，有些地段林火仍有蔓延的危险，消灭明火，清理火场，开通全部防火隔离带的任务还很艰巨。希望你们进一步加强集中统一指挥，各方面密切配合，精心指导，做好物资后勤保障工作，再接再厉，全力夺取这场扑火斗争的最后胜利！[①]

电报内容今天读来依旧令人动容，我们仿佛看到了34年前解放军战士和各行各业的人们奋战在火场上的身影。

---

① 郑功成：《多难兴邦——新中国60年抗灾史诗》，湖南人民出版社2009年版，第227—228页。

三、春风雨涤新焦土，荒野旧貌换新颜

艾明波在《大火，烧醒了大兴安岭——震惊中外的“87·5·6大火”寻访记》中记录了自己在开往大兴安岭地区行署所在地——加格达奇的列车上的所见所闻。当列车即将抵达加格达奇时，广播开始播报：

乘客同志们，现在列车已经进入林区，进入林区防火第一。想必大家都没有忘记十年前大兴安岭的那场大火。正是由于人们的防火意识淡薄，才酿成震惊世界的火灾的，请大家牢记这个教训，注意防火……[①]

在加格达奇的大街小巷里，贴着很多花花绿绿的防火标语，并且在加格达奇市区，基本看不到有人在街头吸烟。防火意识在大兴安岭人的心中扎下深根，因为大兴安岭的每一个人都深深知道，决不能让那个惨痛的悲剧重演。

用幸福也用痛苦来重建家乡的屋顶

5月16日，国务院成立大兴安岭恢复生产重建家园领导小组，由国家计划委员会副主任刘中一担任组长。领导小组成立后立即到灾区进行实地考察，准备灾后恢复重建工作。

大兴安岭“5·6”特大森林火灾让一片绿洲化为灰烬。林区采用人工造林、调减木材产量、封山育林和实施森林分类经营等多种方式，全面、立体地进行火烧迹地更新和生态系统恢复。勤劳的大兴安岭人民凭

① 艾明波:《大火，烧醒了大兴安岭——震惊中外的“87·5·6大火”寻访记》,《人民公安》，1998年第9期，第11—14页。

借“吃三睡五干十六”（每天吃饭 3 小时，睡觉 5 小时，干活 16 小时）的劲头开始重建家园。

党和国家也投入巨资来帮助灾区群众重建家园。恢复这片被烧毁的森林花费了 10 多年时间。我国于 1998 年启动天然林资源保护工程，从林区逐年疏散人口，大兴安岭的森林资源得到了很好的休养生息。2014 年，大兴安岭林区实施全面停止国有林区天然林商品性采伐政策，数以万计的大兴安岭人放下斧头和锯子，全身心地参与到保护生态的行动中，大力发展森林旅游、森林食品、生物医药、森林碳汇、矿泉水、森林文化这六大产业，助推国有林区转型发展。

目前大兴安岭生态恢复情况良好，早已是荒野换了新颜，变得郁郁葱葱。但森林生态和涵养水源等综合能力还未恢复到灾前水平，需要继续用实际行动，在那片肥沃的土地上播种希望。

遭一蹶者得一便，鉴于水者见面容

举世瞩目的“5·6”特大森林火灾，对大兴安岭来说，无疑是一场空前的劫难，严重破坏了当地的生态环境，也给漠河人民的生命财产造成了重大损失。关于这场森林火灾的起因，除了气候干旱、员工违章作业以及违规抽烟外，也暴露出当时林业部门领导思想疏忽麻痹、防火观念淡薄、防火力量薄弱、防火救火基础设备落后等问题。大兴安岭平均每年发生林火 40 多起，林区的人们对于预防和扑灭林火是非常熟悉的，而且也有着一套自己总结出来的经验。

不过归根究底，人为因素是最不可忽视的，可谓“防火实际上就是防人。要想管住火，必先管住人”。1987 年 6 月 6 日，有报道称：“20 多天来，人们对这场大火的起因做过各种推测。今天，国务院全体会议在这里做出了最终裁判——造成这起灾难的根本原因是严重的官僚主义和重大失职行为。”

“5·6”大火以后，各级领导高度重视防火工作，成立防火办，在防火设施、扑火设备以及人员配备等方面都有较大的投入，灭火器械实现了从树条、铁锹到卫星、飞机的巨大转变，灭火扑救能力越来越强。

大兴安岭还率先提出了包括宣传教育系统、林火阻隔系统、监测瞭望系统、预测预报系统、火源管理系统、通讯指挥系统、林火扑救系统和后勤保障系统在内的“防火八大系统”，并建立了从空间到地面的天罗地网式的立体防、扑灭火体系——“四网四化”，即探测瞭望网、火险预报网、信息传递网、宣传培训网和防火队伍专业化、灭火机具标准化、内业建设规范化、扑火指挥预案化。一系列的防火战略与举措在 2017 年“4·30”大兴安岭森林火灾的应对中得到了很好的验证。

1988 年 5 月 6 日，中共大兴安岭地委、行署和林管局决定将 5 月 6 日定为“全区反思纪念日”，让人们记住这次森林大火极为深刻的教训。为了铭记这段伤痛记忆，漠河县城中心位置修建了一座标志性建筑——大兴安岭五·六火灾纪念馆。每一个到漠河旅游的人，大都会去火灾纪念馆参观，去了解当年发生在大兴安岭地区的惨痛悲剧，同时缅怀那些在灭火战斗中牺牲了的人。纪念馆的负责人曾说道：“很多人前来馆内参观，他们看着、看着，就哭了……”在纪念馆的一楼大厅里，最显眼的就是被大火烧焦的日历雕塑，时间定格在 1987 年 5 月 6 日（农历丁卯年四月初九，星期三），以其独特的方式诉说着这里曾经发生过震惊世界的特大森林火灾。还有一座引人注目的雕塑，以两个火焰型的数字“5”和“6”为背景，讲述了七位在“5·6”特大森林火灾中奋勇扑火的解放军战士、森警战士、林业干部职工和专业扑火队员的故事。他们严肃的神情和专注的眼神让人们似乎回到了 30 多年前他们同“火魔”誓死拼搏的时刻。

重温事故现场，是为了悲剧不再重演。历史，在注视着我们前行！

第十三章　最柔美却又最残暴：由水而成的洪涝和雪灾

九八九八不得了，粮食大丰收，洪水被赶跑。百姓安居乐业，齐夸党的领导。尤其人民军队，更是天下难找。国外比较乱套，成天勾心斗角。今天内阁下台，明天首相被炒。闹完金融危机，又要弹劾领导。纵观世界风云，风景这边更好！

1998年的那次洪水过后，人们对它所带来的损失和伤害记忆深刻，这场大洪水也是那一年的重大事件之一，由此创作的一首打油诗出现在当年春节联欢晚会上的小品里，逗得全国人民大笑不已。

尽管是侧重于幽默的小品语言，但里面所讲述的道理还是可以为公众所接受的。在党和政府的坚强领导下，抗洪救灾取得决定性胜利，洪水最后顺利入海，没有造成特别大的危害；人民军队在其中所起的作用是不可或缺、决定性的。最后的结论“风景这边更好”也相对客观。中国共产党在集中力量办大事、集中力量抗大灾方面的制度优势体现得淋漓尽致。

作为一种常常会给人民生产、生活造成极大危害的自然灾害——水涝洪灾，是百姓极为恐惧的自然现象，防洪防灾也是党和政府颇为重要的一项职责。关于洪水产生的原因，发生洪涝灾害时民众逃难的景象，以及政府领导抗洪救灾的悲壮行为，也一直是文学作品及其他艺术载体的选材对象。

很多小说都提到过人们对于水灾产生的最原始的认知。比如王安忆在小说《小鲍庄》中提到小鲍庄何以会选取鲍家坝下最低洼、最不好的地理位置来定居时，就讲到了小鲍庄村民的祖上因治水失败而被责罚后，带着无尽的自责和愧疚感，领着家人来到地理条件最差的地方，怀着一颗自我惩罚和赎罪的心，开始了新生活，由此繁衍成了小鲍庄。苏童的小说《米》呈现了洪水在这个民族的记忆中无法被抹掉的恐慌。同样，丁玲在取材于1931年大水的小说《水》中也写道，村民们面对一年一次的洪水毫无办法。

而对于洪涝水灾发生时的场景描绘，不少文学作品也同样有过表现。诗人艾青在名为《北方》的诗歌中，曾经用黄河水灾来指代北方的悲哀。如“北方是悲哀的；而万里的黄河，汹涌着混浊的波涛，给广大的北方，倾泻着灾难与不幸”。作家李准在他的小说《黄河东流去》中，描述过黄河决口的情景：“她不断地决口、泛滥、改道、淤积，仅在解放前的一百年间，她决口和改道达一百四十九次。咆哮的洪水冲毁村庄，淹没农田，吞噬了无数的生命财产。”

我们很熟悉的《平凡的世界》中，作家路遥则提到一位名叫田晓霞的省报记者，在发生因暴雨引起的洪水时，勇敢地投入灾情报道和抗洪救灾中，最后为了抢救一名在水中挣扎的小女孩，献出了年轻的生命。

其实，还有一篇更能引起人思考的文章，通篇都是以水灾和治水为比喻写就的，那就是鲁迅于1935年时写就的《理水》。文章一开始，鲁迅就写道“汤汤洪水方割，浩浩怀山襄陵”，接着短短几句就交代了整个事件的背景，“舜爷的百姓，倒并不都挤在露出水面的山顶上，有的困在树顶，有的坐着木排，有些木排上还搭有小小的板棚，从岸上看起来，很富于诗趣”。读者一下子就明白整个故事发生的背景是大家在洪水中逃生。

而在讽刺当局在救灾时对灾民所表现出的态度时，鲁迅确实是字字珠玑，用了下面的话来极尽冷嘲热讽之能事，笔触辛辣，读来确实是让人笑中有泪：

“灾情倒并不算重，粮食也还可敷衍，”一位学者们的代表，苗民言语学专家说。

“面包是每月会从半空中掉下来的；鱼也不缺，虽然未免有些泥土气，可是很肥，大人。至于那些下民，他们有的是榆叶和海苔，他们‘饱食终日，无所用心’，——就是并不劳心，原只要吃这些就够。我们也尝过了，味道倒并不坏，特别得很……”

“况且，”另一位研究《神农本草》的学者抢着说，“榆叶里面是含有维他命 W 的；海苔里有碘质，可医瘰疬病，两样都极合于卫生。”

可是，现实生活中的洪灾比文学作品中的洪灾更让人有切身之感受，而发生在抗洪救灾中的故事也就更为感人。

一、滔滔千里淹天地，华东暴雨引山洪

1991 年是我国又一个多灾多难的年份。在刚入夏的五六月，我国有 18 个省、自治区、直辖市陆陆续续开始降雨。原本以为只是梅雨提前到来而已，但反常的暴雨连续不断，15 天降雨量近 1600 毫米，几乎达到全年的降雨量。

安得诛云师，畴能补天漏

据当时亲历这场洪灾的一名淮南人讲述：“河水几乎要漫了门口的大坝，平常几十米的河道一眼望不到边，下大雨的时候拿个洗澡盆伸到屋外五六秒就接满了雨水。”在没日没夜的暴雨下，江淮地区水位猛涨。滁河位于苏皖交界处，作为长江下游左岸一级支流，流经合肥、滁州等地，经南京入长江，一旦决堤，不仅会对安徽、江苏等地造成灭顶之灾，还会摧毁津浦铁路的路基。

1991年6月14日，滁河晓桥水位达12.33米，突破了历史最高洪水位。为了确保津浦铁路晓桥段地基的安全，解放军在津浦铁路晓桥段奋勇抢险，先后两次炸开了晓桥段的蒿子圩，后期还炸开了青骆圩和孟家圩分洪，撤离了圩内近千名群众，最终保住了津浦铁路。

这场洪灾，带给江淮地区的伤害是巨大的，其中安徽和江苏两省灾情最严重。据当时初步统计，短短2个月内，安徽全省受灾人口达4800多万人，占全省总人口数的近70%，因灾死亡267人，农作物受灾面积430多万公顷，各项直接经济损失近70亿元。江苏全省受灾人口达4200多万人，占全省总人口的62%，因灾死亡164人，农作物受灾面积300万公顷，各项直接经济损失90亿元。200万无家可归的灾民在淮河大堤上搭建起一眼望不到头的临时帐篷，并且有些灾民患上了肠道疾病和疟疾等传染病。连绵的阴雨天，夏秋作物受灾大减产，又使得抢割的麦子、油菜以及家中屯的大米大量发芽、发霉，造成粮食短缺，实属雪上加霜。

上下同欲者胜

这场特大洪灾，深深地牵动了党和国家领导人的心。7月7日至8日，时任中共中央总书记、中华人民共和国主席的江泽民到安徽省沿淮地区现场部署防汛工作，来到在田间地头搭建的救灾帐篷，慰问医务人员和受灾群众。他对灾民们说：“我们是社会主义国家，要体现社会主义优越性，做到一方有难，八方支援，通力协作，团结治水，要兼顾上游、下游的利益，从思想上、组织上、物质上做好准备，做到有备无患，战胜灾害，要关心人民群众，妥善安排好灾区人民生活。”[①]

解放军战士永远冲在抗洪救灾第一线，驻苏、皖、浙、沪三军参加抗洪抢险的总兵力达到了17万人次。在抗洪抢险斗争中，部队的5000多名党员组成了280个突击队，成为“专啃硬骨头”的主力军。

1991年华东水灾在历史上实属罕见，是我国历史上第一次直接呼吁国际社会援助的自然灾害。7月11日，“救灾紧急呼吁”新闻发布会在北京紧急召开，呼吁联合国各有关机构、各国政府、国际组织，以及国际社会各有关方面，向中国安徽、江苏两省灾区提供人道主义的救灾援助。从7月11日至12月31日，我国共接受境内外捐款物合计23亿元。联合国先后收到的捐赠，包括美国、英国、加拿大、澳大利亚、丹麦、荷兰、德国、新西兰等国家的捐赠，总额达到5000多万元。“血浓于水”，港澳台同胞和海外华人华侨率先行动，捐款捐物约占总额的四成。1993年6月25日，江泽民尤其强调了这一点：

近十年来，每当中国发生较大的自然灾害时，特别是1991年发生严重水灾时，国际社会给予了人道主义的援助，支持灾区的紧急救援和恢复重建工作。国际社会同中国防灾方面的合作也有了良好的开端。对此，我们表示衷心的感谢。[②]

“滔滔千里淹天地，痛惜苍生不幸……滔滔里一起跨过步过，愿有你跟我，暴潮里愿同步一起跨过……”这是一首专门为华东水灾筹款而创作的歌《滔滔千里心》，当时整个香港的大街小巷都在循环播放这首歌，呼吁香港各界为华东水灾捐款捐物。当时香港演艺界人士为了赈灾筹款，

① 郑功成:《多难兴邦——新中国60年抗灾史诗》，湖南人民出版社2009年版，第260页。
② 张恒:《1991年的华东水灾》，《世界知识》，2008年11月18日。

拍摄了电影《豪门夜宴》，并举行了一场规模空前的大型音乐会——“忘我大汇演”，全港随即掀起捐赠救助华东水灾的热潮。据有关方面统计，短短 10 天时间，香港的赈灾筹款总额就达到 4.7 亿多港币。

二、惊涛遥起风声急，长江翻滚堤坝溢

1998 年刚入夏，洞庭湖、鄱阳湖一带连降暴雨，长江流量迅速增加，洪水在中国大地肆虐泛滥，长江流域出现了 8 次洪峰，珠江、松花江、嫩江……中国境内全流域都发生大洪水，荆州告急，武汉告急，九江告急，大庆告急，哈尔滨告急，全国告急。全国 29 个省、自治区、直辖市受灾，其中江西、湖南、湖北、黑龙江四省受灾最为严重，8 月，哈尔滨防洪纪念塔江段江水没过江堤，大庆石油管理局头台油田有 226 口油井遭水淹。

1998 年长江洪水暴发的原因众说纷纭，不过大致可以归结为百年一遇的厄尔尼诺现象，长江上游森林被乱砍滥伐造成水土流失，中下游围湖造田造成河湖调蓄能力下降，分洪区没能发挥作用等。这场中华人民共和国成立后仅次于 1954 年长江特大洪水的灾难，举世瞩目。据初步统计，受灾面积 3.18 亿亩，成灾面积 1.96 亿亩，受灾人口 2.23 亿人，死亡 3004 人，倒塌房屋 685 万间，直接经济损失达 1666 亿元。

1998 年的整个夏天，全国电视、报纸都在报道各地灾情、防洪的新闻，电视里循环播放着汛情预警。1998 年洪水肆虐了大半个中国，对很多中国人来说，是一段刻骨铭心的记忆。当年洪水来得猝不及防，有人失去了父母，有人失去了妻子和丈夫，有人失去了孩子，有人失去了家园。面对这突如其来的人间惨剧，罹难者家属发出绝望的悲鸣。据当时江西省抚州市黎川县的一位村支书描述：“从梦中醒来，发现背上有水，穿衣时淹到膝部，穿好衣服淹到胸部。”那时候通信没那么发达，很多洪

灾信息都需要靠现场观察或者靠人力传达，一点风吹草动足以让百姓本就紧绷的神经彻底绷断。据江汉平原的洪灾亲历者回忆：百姓们密密麻麻地挤在堤面上，农田完全淹没在洪水中，房子也只剩小半截儿露出水面，飞机盘旋在空中投放食物和救生衣。整幅景象，各种慌乱和无序，还有那些空房子的荒凉，一幅诸般接近战乱流离的画面。甚至不经验证的溃坝谣言都足以让百姓全家老小出动逃难，现场混乱。

湖北咸宁嘉鱼县簰洲湾民垸堤决口是长江防线第一次失守，当天包括 19 名抗洪战士在内的 44 人罹难。人民子弟兵前赴后继地赶往前线，用身体和沙袋顽强抵抗，坚持再坚持！相信很多人还记得，当时被称为“抗洪小英雄”的 7 岁女孩江珊，在民垸堤决口时，她在洪水中紧紧抱住一棵杨树挣扎了近9个小时后被解放军战士救下。但不幸的是，她的爷爷、奶奶、母亲、大姐和两个弟弟都被洪水夺走了生命。很难想象，本该享受家庭呵护的幼童是如何独自面对如虎般凶猛的洪水，她的内心是多么的恐慌和绝望。这也许就是 1998 年长江洪灾的缩影，但江珊坚强的求生欲感染并激励着许多受洪灾影响的人，成为定格在亿万人心中最为感动的镜头之一。

誓与大堤共存亡

1998 年长江的抗洪抢险斗争，是党中央、国务院领导广大军民与大洪水展开的一场殊死搏斗。1998 年 7 月 22 日，党中央要求沿长江各省、市严防死守，做到三个确保：确保长江大堤安全，确保武汉等重要城市安全，确保人民生命财产安全。时任国务院副总理的温家宝担任全国防洪抗旱总指挥，前往现场指挥。

万里长江，险在荆江，在水情如此严峻的情况下，是否启用荆江分洪区是当时面临的重要抉择。荆江分洪区位于湖北省荆州市公安县境内，始建于 1952 年，1954 年特大洪水时首次启用，当时群众全部转移，公安县全县被淹。面临长江水情的巨大威胁，分洪意味着公安县 921 平方公里大地将化为汪洋，33.5万人要转移；如果不分洪，荆江很有可能大堤决口，江汉平原、武汉三镇将全部被淹没，生命和财产的损失将无法估量。1998年8月6日，沙市水位44.68米，荆江水位首次超过分洪线，温家宝当晚抵达荆州沙市。根据国务院1985年文件的规定："当沙市水位达到44.67米（争取45米），预报将继续上涨时，即开荆江分洪区北闸。"中央原则同意湖北省委、省政府分洪的报告，温家宝在公安县孟溪大垸溃口之际仍决定固守大堤。他表示不要轻言分洪。随后，荆江水位持续上涨，8月7日中午11时，荆江水位达到44.98米。

8月13日，江泽民亲赴湖北长江抗洪抢险第一线指导抗洪斗争。他站在堤岸，举起喇叭，声嘶力竭，一句一顿，发出决战决胜的总动员令："我们要坚决地坚持到底！坚持奋战！坚持再坚持！"8月16日，暴雨再袭，沙市水位达到44.99米，水位有继续上涨的趋势。8月17日，荆江大堤上，炸药、雷管完全准备妥当，引爆工作都已到位，邻近居民也被通知疏散。上午10时，荆江水位已经达到45.22米，但温家宝仍然没有下令分洪。也许是对百姓赖以生存的家园有着深深的眷恋，天公作美，暴雨停歇，洪峰顺利通过，荆江水位没有再上涨，最终荆江分洪区没有遭受重创，分洪区内的几十万居民得以幸免。

九江决堤是1998年长江洪灾中不得不说的事情。8月7日下午1时左右，长江大堤江西九江段4号、5号闸口间破堤决口，九江市处于最危险的状况之下，城乡被淹、房屋被冲，工厂、良田浸泡在滔滔洪水之中，洪水像猛兽一般冲向城市中40万无辜的百姓，九江人民的生命财产危在旦夕。时任国务院总理的朱镕基赴决堤现场，面对着惨不忍睹的大堤，他怒斥九江大堤为"豆腐渣工程"，鼓励抗洪战士坚决堵住决口。此时，有一群身穿绿色迷彩服的人，逆着人流和洪水，朝着决堤的大坝毅然决然地冲了上去。他们开始了争分夺秒的抢修行动，面对来势汹汹的江水，石料、沙包如同杯水车薪。在如此严峻的形势下，战士们把一辆辆装满石头的卡车推进决口，但卡车很快就消失在洪流中，随即出现在几百米开外的地方。绝境中，九江市代市长刘积福作了沉船堵口的决定。但由于洪水太急，沉下去的第一艘石料船由于吨位不够，沉船失败。万幸的是，当时在下游不远处有一艘75米长、装载1600吨煤炭的大驳船被成功征用，又将7艘船分别在大驳船前方、后方沉船，暂且堵住洪水，随后立即加紧修筑一道弧形围堰。3个建制团在团长的带领下，冲进又冷又脏的洪水中，顶着烈日，没日没夜地修筑围堰。在这场没有硝烟的战火中，总共出动了30万官兵。尽管大浪冲击，但官兵们毫无退缩之意，完全将生死置之度外，坚守自己的岗位。1998年的夏天，军民经过七天七夜的奋战，成功修筑完成这道生命之围堰，创造了一个防洪史上的新奇迹。

“抗洪抗到水低头，堵口堵到水不流！”“誓与大堤共存亡！”这个防洪史上的奇迹背后，有着很多催人泪下的故事。普通战士李向群连续在风里雨里和洪水搏斗，就算生病发烧，也要与队友们共同战斗，最终因劳累过度，抢救无效，牺牲在抗洪一线。南京军区副司令员董万瑞身先士卒，连续三天三夜和战士们在一起堵决口，中间只吃过一顿饭，甚至与几千名士兵手拉着手用自己的身体挡洪水。在描述这场战役中英勇奋斗的战士时，董万瑞说着说着忍不住流下了眼泪：

你要我讲官兵中有多少英雄，我说不清。但我可以告诉你，他们中每一个人都是英雄，都有一串催人泪下的故事……

灾难无情，军民情深。部队在抗洪一线时，老百姓们自发地送来矿泉水、西瓜、解暑药等物资，放下就走，不留姓名，不留单位。很多老百姓，围着抗洪战士要签名留个纪念。1998年9月，抗洪部队从九江撤离时，九江万人空巷送别子弟兵，留下了众多感人的场景和很多温情的记忆。回望历史，无数的党员干部和人民子弟兵冲锋在前，与洪水进行英勇斗争，干部群众一条心，无数青年响应党的号召，奔赴一线抗击洪灾，无不体现着中华民族的团结拼搏精神。

科技的力量

1998年的抗洪抢险，充分体现了实事求是、尊重科学在防汛斗争中的巨大作用。在整个汛期，面对瞬息万变的抗洪抢险态势，党中央以及各级防汛指挥部门将重大应急决策建立在科学的基础上，充分听取各方专家的意见，建立了抗洪抢险专家顾问组，对雨情、水情、大堤险情和防守情况进行科学分析和判断，力求抗洪抢险大小决策的科学化，确保指挥及时、准确。国家防汛抗旱总指挥部、水利部和长江防汛抗旱总指挥部先后派出30多个工作组和专家组，在抗洪一线进行技术指导。长江水利委员会水文部门的广大外勤职工冒着生命危险每隔1小时或半小时就进行一次测洪报汛。

水文科技在抗洪中起到不可忽视的指导作用。计算机广域网络、气象卫星通信系统、水文自动测报系统、卫星遥感、卫星定位观测等现代科学技术手段在此次抗洪斗争中都得到了应用。当时，全江建有1209个水雨情报汛站，除采用常规设备、设施外，还采用了雨量、水位自动采集和固态存储，采用了微机测流系统和多普勒剖面流速仪（ADCP）、全球定位系统测速测深。通过有线、无线、公用数据交换网、微波和卫星系统等联合组网，将水情、雨情发送到预报中心、国家防汛抗旱总指挥部、长江防汛抗旱总指挥部及流域内有关部门。此外，还利用气象电报、卫星云图、天气传真图和测雨雷达等综合监测信息直接为水文实时预报和防洪决策提供依据，也为分析洪水成因、水资源保护和防洪规划、灾后重建积累资料。在1998年长江流域的抗洪抢险斗争中，充分依靠科技人员解决抗洪抢险中的技术问题，在一线的各级工程技术人员有5万多人。

在党中央、国务院和中央军委的坚强领导下，经过沿线数百万军民的团结拼搏、奋力抢险，成功保住了长江大堤，保住了沿江重要城市和交通干线，确保了人民的生命安全，取得了1998年长江抗洪抢险斗争的全面胜利，形成了“万众一心、众志成城，不怕困难、顽强拼搏，坚韧不拔、敢于胜利”的抗洪精神，成为中华民族宝贵的精神财富。

抗洪精神诠释着生命至上的理念，凝聚着强大的合力。它不会随着时间的消磨而褪色，而一定会随着时间的推移愈发散发出耀眼的光芒。

三、万里冰川野萧寥，天涯霜雪霁寒宵

“瑞雪兆丰年”的意思是一场适宜的大雪往往令人喜悦，其不仅带来了银装素裹的美景，也预兆了来年良好的收成。然而，雪下得过大，就会变成灾难，就会对人民的生命和财产安全造成严重损失。历史上，中华大地上发生了多次大型雨雪冰冻灾害，各时期的政府大都为应对这类灾害付诸过努力，但是唯有在中国共产党的领导下，尤其是在中华人民共和国成立后，中国才形成了成熟应对雨雪冰冻灾害的预防与救援体系。

暴雪秋冬袭北疆

2000年，50年不遇的暴雪席卷北疆。2000年9月26日夜，阿勒泰地区突刮大风，接着就是冷雨，气温从20多摄氏度一下子降到4摄氏度，人们来不及穿秋衣便换上了冬装。10月4日再次下起了冷雨，随后连续多日的冷雨终于在8日下午变成一场冰雹，气温骤降到零下8摄氏度以下。在2000年11月至2001年3月的100多天里，“白色灾难”突降新疆北部草原牧区，暴风夹杂着大雪接连不断地袭击，共有6个地（州）、29个县（市）受灾。在灾情最为严重的阿勒泰地区，共下了大小38场雪，其中10场为强降雪，山区和牧区的积雪厚度达2米多。日平均气温为零下35摄氏度，最低气温零下45摄氏度，最大风力9级以上。2001年3月，受灾人数已达百万，因灾死亡13人，倒塌和严重损坏房屋1.6万间，

35万牧民生活出现严重困难。不计其数的牲畜和野生动物倒毙雪中，其状惨不忍睹。在这场大雪灾中，新疆各族军民奋起抗灾，党中央及全国各省市、社会方方面面全力支援，谱写了一曲抗灾自救的英雄赞歌。

阿勒泰在新疆的北部，是典型的易受灾地区。2000年10月22日早晨，当地一些住在风口区的农牧民一早醒来时，怎么也看不到昔日天明后窗户外的亮光，打开屋门才发现，“家”已经被大雪掩埋了。11月至12月的2个月中，全地区下雪天多达50多天，积雪厚度0.7米至2.5米。大雪过后，接踵而至的是零下45摄氏度的寒流，是大风，是雪崩，是国道、省道、县乡道路的全面中断，328万头越冬牲畜无处觅食，167个村庄和12789人被大雪围困，人畜陷入饥寒交迫之中。

这场特大雪灾，造成阿勒泰地区的牲畜提前45天开始补饲，328万头牲畜因无法觅食被迫舍饲圈养，瘦弱牲畜达97.73万头，冻伤牲畜11.15万头，7589头牲畜因冻饿而死。雪灾使全地区受灾人口达11万余人，2人冻死，649人冻伤，10多人甚至因冻伤而被截去了手指或脚趾。全地区3192间牧民房屋、1583座畜圈被大雪压塌。地区境内的数千公里道路严重受阻，多次打通的道路，由于大风刮起的积雪而前通后阻、时通时断。许多路段已经疏通350多次，路两边的雪墙达3米高，犹如战争年代的战壕一般。全地区累计有5243辆客货车、36350名旅客被风雪围困途中。

阿勒泰的悲伤

阿勒泰地区从2000年10月8日以后气温就下降到零下8摄氏度，入冬时间比正常年份提前了一个多月，是该地区有气象记录以来入冬最早的年份。10月17日以后普降大雪，许多仍在转场途中的牲畜被困在风雪里。青河县是全地区的重灾区，入冬以后连降大雪，气温降至零下30摄氏度以下，县城积雪达1米以上，牧区积雪厚2米多，生活在当地的5万多名各族群众饱受风雪之苦。县公安局组成救援小分队，深入公路沿线和牧区，及时救助被风雪围困的车辆与人员，平均每天要救助150余名群众和20多辆汽车。

32岁的萨力汗是阿热勒乡的一位普通牧民，雪灾发生的晚上，他外出拉运牧草时迷路。尽管迷路的地方离家只有1公里远，但零下46摄氏度的低温把他冻得失去了方向感。家人找到他时，他竟然已经在风雪中徘徊了10个小时，被严重冻伤。送到医院后，他被截去了18根手指和脚趾。这一结果对萨力汗的家庭来说无疑是残酷的，因为他是家中唯一的劳动力。萨力汗是入冬以来青河县人民医院收治的伤情最严重的冻伤者之一。据该院统计，全县共有1000多名农牧民被冻伤，其中40人重伤，7人被截肢。

相比之下，青河县阿热勒托别乡的哈萨克牧民库木都拉要幸运得多。入冬以来，库木都拉赶着羊群到北塔山牧场放牧，不料大雪封山，他的绵羊开始由肥变瘦并一只只死去，100多只羊仅剩下50多只。2001年2月，库木都拉把他的羊群从400多公里以外的北塔山牧场转移出来，运回家去圈养以恢复羊膘。在途中，又有7只羊被冻死。严寒的天气还使许多活羊的毛开始脱落。库木都拉对此无可奈何，他拿不出一根草来喂这些已被饿得瘦弱至极的羔羊，只能不时地把羊群聚拢些以保持温度。虽然损失惨重，但库木都拉仍觉得很幸运，因为毕竟他还有能力用车把剩余的羊从牧场运出来，那些无钱租车的牧民则可能面临羊群全部死亡的困境。

阿勒泰地区的富蕴县是另一种情形：大部分农牧区学校校舍因融雪渗透墙体，致使地基下沉、墙体裂缝、屋顶下坠成为危房，受损面积达到16396平方米。同时，部分偏远乡村道路交通中断，使学校取暖用煤不能及时运到，危房和取暖问题严重影响师生们的生活。富蕴县哈拉通克乡可可布拉村孤悬在阿尔泰山腹地，当入冬以来的第19场暴雪又一次横扫这个小村庄时，1000多名哈萨克族村民实在支撑不住了，许多人家已经断粮，成群的牛羊暴尸雪野。边防团得知后，由副团长侯付奎带领载着救灾物资的车队日夜兼程赶去救援。连续零下40多摄氏度的低温天气给行车带来重重困难。有的地段积雪太厚，官兵们就用铁锹把厚雪一块块铲开。遇到坡度大的道路时，他们先把货卸下，车轮下再垫上皮大衣，几十个人喊着口号推车，几乎是走一段推一段，有时10个小时才能走上5公里。经过四天四夜的奔波，官兵们又累又饿，驾驶员张立功在往水箱里加水时，晕倒在雪地上；汽车队队长朱永波和2名战士的鞋子冻成了冰坨，他们便脱下毛衣，将双脚伸进袖筒里御寒。最终物资送到了可可布拉村，哈萨克族群众终于得救了。

杜热乡回县城上班和上学的24名少数民族群众、13名学生乘坐的车已失联20多小时，估计被暴风雪所困，请求火速救援！

2001年1月30日早上9时，新疆军区边防某部队接到了驻地富蕴县领导的求援电话。9时20分，某部队按照上级的命令，带着电台指挥牵引车压路开道，运输股长和军医带着食品、药品、大衣，冒着零下38摄氏度的严寒紧急出发。他们驾车在牵引车压出的一车宽的冰雪路上艰难地前进。好几处雪太厚，心急如焚的某部副政委索性裹上皮大衣在齐腰深的雪中探路。官兵们用铁锹挖雪，门板垫路，众人推，钢绳牵，使出长年在风雪边防开车练就的本领驾车行进了85公里。下午4时05分，救援车队与被困群众、学生会合了。原来，29日回城的车队刚跑了100公里，一场大风卷起的雪，把路堵了个严严实实，车辆前进不了也回去不得，他们挖雪推车走了5公里多，实在走不了，手机没有信号也打不了求救电话，只好蹲在车上等待救援。30日晚上8时30分，救援车队终于卷着雪浪历经近11个小时的跋涉回到了县城。当部队领导把一碗碗热气腾腾的揪片子面端到面前，30多名被困的群众和学生不禁热泪盈眶。

这一幕幕受灾、抗灾的情景同样出现在塔城、伊犁、哈密、昌吉等地方。哈密地区受灾程度仅次于阿勒泰，全地区34万头（只）牲畜受雪灾围困，死亡牲畜3000多头，大雪封锁牧道900多公里，近3万多名牧民受困。

要战胜的，不仅仅是暴风雪

这场跨越千禧年的罕见风雪席卷了新疆北部，人们用自己的血肉之躯与暴风雪展开了一场场惊心动魄的大搏斗，一次次把自己或他人从死亡线上救出。对牛羊等牲畜来说，伴随着雪灾而来的还有严重的狼害。大雪不仅使阿勒泰地区数百万头牲畜无法在厚厚的积雪中觅食，就连久居山林的狼群也被逼得四处出动，袭击畜群。据阿勒泰地区畜牧局统计，截至2001年2月6日，全地区已有1343头牲畜遭遇狼害，在狼害最为严重的富蕴县，狼群经常袭击转场的畜群或在夜晚到牧民定居点觅食。入冬以来，富蕴县已有746头牲畜死于狼口。狼群袭击牲畜时，牧民一般都能及时发现，但被咬的牲畜即使是轻伤，也很难存活。

最惨的是野生动物，在卡拉麦里自然保护区（成立于1982年，规划面积1.4万平方公里，地跨阿勒泰地区及昌吉地区，为省级珍稀动物类保护区）活动的近6万只野生动物受到威胁。由于保护区的积雪厚度达40厘米以上，且平均气温保持在零下30摄氏度左右，野生动物要靠蹄子刨雪觅食，饥寒交迫，疾病丛生。因气候寒冷，许多动物的蹄子被冰碴割破，这是大批野生动物死亡的主要原因。截至2001年2月，国家二级保护动物鹅喉羚（俗称“长尾黄羊”）死亡3000余只，占整个保护区鹅喉羚总数的六分之一。此外，还有20余只蒙古野驴、10余只马鹿因雪灾死亡。为了躲避大雪造成的危险，保护区北部阿勒泰地区一带的鹅喉羚及野驴不得不大批南迁或向山窝转移。

据保护区恰库尔特管理站站长马哈尔介绍，该站直到2001年2月9日，仍没有得到救灾拨款。但灾情不能等候，为缓解灾情，他们已先后在戈壁滩上撒放饲草70车。这些饲草都是从牧民那里打“白条子”买来的。马哈尔望着被冻死的鹅喉羚痛心地说：“如果不采取坚决措施，保护区内将会有40%—50%的鹅喉羚被冻死或饿死！”

大雪灾使新疆的边贸也遭受重大影响。由于边境地区连降大雪，造成了各口岸二类口岸货物积压，出口货物数量锐减。大雪覆盖了所有草场，从2000年11月起到2001年1月，新疆北部和蒙古国西北部的持续暴雪天气，使中蒙边境汽车运输受到严重影响，导致一向从我国进口成品油的蒙古国西北地区发生油料短缺现象。而新疆几家主要面向蒙古国西北地区出口成品油的企业原计划2000年出口成品油1.1万吨，由于大雪阻塞交通，实际仅出口了7200吨，只完成了计划的65%。据乌鲁木齐海关有关人士介绍，许多二类口岸出口货物积压严重，主要原因是组织货物出口时，俄罗斯新西伯利亚地区气温骤降，大雪封路，对方车辆无法及时抵达边境口岸与中方车辆接货，致使大批中方车辆滞留，运输周转不灵，运力下降。

来自政府的关怀

阿勒泰地区遭受特大雪灾的告急电报，如同雪片般不断地飞到自治区党委和政府领导案头。时任新疆维吾尔自治区党委书记的王乐泉深感不安，春节前他就主持召开各种会议，部署救灾工作，并千方百计地筹措资金用于救灾。除夕之夜，他又分别给受灾最重的青河、富蕴、吉木乃三县的领导打电话，详细询问灾情，指示当地党政领导一定要确保各族人民群众的生命安全，尽一切可能把损失降到最低程度。

2001年大年初二清晨，一架飞机在乌鲁木齐机场腾空而起，穿越茫茫戈壁向阿尔泰山飞去。飞机上坐着王乐泉和区政协领导，他们第一个要看的是离县城不远的齐巴尔乡克孜勒加尔村。踏着厚厚的积雪，王乐泉等人来到哈萨克族老大娘努尔斯亚家中，她体弱多病，生活十分困难，全家仅有的6只山羊因缺少草料而濒临死亡。领导们一边安慰老人，一边嘱咐陪同的县领导对这样的贫困户一定要重点扶持，决不能让他们挨饿受冻。临行前，领导们送给老人家500元现金、2袋面粉、1桶清油和哈萨克族人特别喜爱的方块糖。

领导们来到村牧民哈列力家后，他们紧皱着的眉头舒展了。哈列力家在政府的资助下建起了暖圈，王乐泉一行来到他家时，他正在暖圈里给羊喂食，并指着外面厚厚的积雪和在暖圈里低头吃草的羊说："还是有暖圈好，这样牲畜的热量消耗得少，比没有暖圈的羊吃得也少了。"

等赶到布尔津县阔斯特克乡的萨尔库木村时，领导们更是看到了牧区抗击自然灾害、加快经济发展的希望。萨尔库木村是前几年才建起来的牧民定居点，家家户户都是前有院后有圈的宽敞新居。尽管去冬今春大雪深，但由于家家都备足了饲草，而且都建有坚固耐寒的永久性暖圈，全村牧民的生活未受影响。他们不用把羊赶到冰天雪地里放牧，只要每天早上把羊从暖圈里赶出来呼吸一下新鲜空气，趁这个时间把圈内粪便清扫干净，把饲草铡短切细，拌上盐巴和少许精料补饲，羊就会只只长得膘肥体壮。在村牧民阿勒斯巴依和阿勒斯汗兄弟俩的房前屋后，领导们仔细地查看着他们家的饲草垛子，高兴地望着暖圈里低头觅食的牛羊，深有感触地说："如果我们的牧民都能像你们这样定居下来，再大的雪灾也能抗得住。"

提起以前的历次雪灾，许多老牧民心有余悸。青河县阿热勒乡吐尔根村有一位叫萨合木加玛力的老人已105岁。这位老人对前来看望她的地区领导回忆道："1944年青河县发生了一次大雪灾，但远没有今年这样严重。可那时当地牲畜几乎都冻死、饿死了，牧民们因冻饿致死致残的不计其数，却没人管、没人问。"老人家指着地区领导带来的慰问品动情地说："我活了一百多年，头一次见到这样大的雪灾，但家里却因得到党和政府的及时关心帮助而没受什么损失。家里的80头（只）大小牲畜，没有一只死亡，看着草料不多了，乡政府及时送来了2袋玉米、小麦和

4 袋颗粒粕。遇到这么大的雪灾我们心不慌，腿不抖，因为有共产党和人民政府，我们有靠山啦！”

在党的领导和人民群众的共同努力下，当年的新疆大雪灾平稳度过。

解放军和武警官兵以血肉之躯筑成一道人堤堵住决口
（新华社记者 陈天湖 摄）

第十四章　是吃出来的还是被热死的：关于“非典”病毒的疑团

坐北的老街朝南的院，
香香的槐树甜甜的榆钱；
院墙紧挨着皇城的根，
街心正对着中轴的线；
你种的青藤爬上我的屋檐，
我写的春联贴在他的门脸；
小胡同曲曲弯弯走过一年年，
大北京堂堂正正矗在天地间。

这是 2003 年 SARS 在北京肆虐期间，由北京人民艺术剧院委托知名作家创作并搬上舞台的话剧《北街南院》的主题曲。从 2003 年 8 月开始在北京上演，到 2004 年 5 月，这部话剧一共上演了 78 场，票房收入超过 450 万元，引起热烈反响。这部话剧为我们讲述了北京一个传统的四合院——北街南院中，因为出现了一个 SARS 病人而导致全院子的人都被隔离的故事。北京人民艺术剧院的舞台上搭起了一个会旋转的北京四合院，四个方向代表着四合院的四个角落，每个角落都各有特点，每个角落里住着的正是这个四合院中不同年龄、职业、阅历，以及个性的人。这些人在因SARS突然被限制行动的这一段时间里，不停地发生着碰撞，也表现出各自的本性。戏中的剧情冲突升华不停地考验着每个人，也深深地体现出人与人之间在困难面前最终还是在靠拢、在关爱这一本性。

这部在SARS期间创作的大戏，剧情来源于生活，一下子将我们拉回了2003年SARS肆虐时人们对这种新型未知病毒的恐惧记忆中。而知名演员的演出，更是让剧中的每一个人物都变得鲜活起来。

正如该剧导演所言："坐北的老街，朝南的小院，充满了历史的韵味和现代的气息，使人联想到北京的过去、现在和未来。这出戏就像一面镜子，真实地再现了非常时期北京人的生活状态和普遍心理。"

再次回顾SARS这场突如其来的烈性传染病，在今天也依然意义重大。

一、百战沙场碎铁衣，"非典"无形数重围

2003年新春刚过，暖风依旧自南北上，看上去一切都一如往常，却不知这一年跟随而来的，还有一种新型病毒，未知，无形，夺人性命，这就是严重急性呼吸综合征（SARS），我国将其定名为"传染性非典型肺炎"，简称"非典"。"非典"在短短几个月内传播了大半个中国，感染和死亡的人数不断攀升，人们谈"非"色变，恐慌伴随着疫情到处蔓延。实际上，"非典"最早于2002年11月16日在广东省佛山市暴发，随后影响到北京、香港，又延伸至东南亚多个国家，乃至世界范围，最终袭扰了全球30多个国家和地区。"非典"疫情是一场没有硝烟、不能失败的战争，是一场与病毒争夺生命的战役。肆虐的"非典"终于在夏天到来的时候结束了。截至2003年8月16日，全球患病人数达8422

例，死亡人数919例，其中中国受害最严重，中国内地累计报告“非典”肺炎临床诊断病例5327例，死亡349例，中国香港确诊1755例，死亡300例。

一场没有硝烟的战争

2013年，凤凰大视野制作了纪录片《非典十年祭》，分为“暗涌广州，病毒凶猛”“北京！北京！”“回望小汤山”“SARS之谜”“十年回响”五集，向我们讲述了那场突如其来的重大灾难。2002年12月初，广州军区总医院接收了一位由河源市人民医院转院而来的有类似风寒感冒症状的患者，病因未知，持续性高烧，全身发紫，抗细菌药物疗效不佳，七八天后患者的体温逐渐恢复正常。但与此同时，为这个患者诊疗过的医护人员却出现了同样的症状。2003年1月2日，河源市人民医院将这一情况报告到广东省卫生厅。随着广东中山等地医护人员受到感染的病例逐渐出现，社会上谣言四起，出现了熏白醋、喝板蓝根能预防怪病的种种传言。在恐慌情绪的影响下，很多市民在药店门口排起了长队，掀起了抢购、囤积药品的热潮。尤其是板蓝根的价格出现了水涨船高的局面，平时一大包10元以下的板蓝根一下子飙升到三四十元，白醋的价格也节节攀升，从10元升至80元、100元。

截至2003年2月9日，广州市已经出现100多例病例，其中有不少是医护人员，还有2例死亡病例。此时卫生部派出专家组飞抵广州协助查找病因、指导防治工作。2003年2月11日，广州市政府召开新闻发布会，首次通报了广州地区的疫情。然而，当时对“非典”的认识不够深入，中巴足球友谊赛、罗大佑广州演唱会等聚集性活动也都正常举行。其实危机还不止于此，因为当时正值春运期间，病毒就这样随着返乡潮从广东被带到了全国各地。

北京，北京

2003 年 3 月，北京急救中心的 200 多人、90 台急救车，每天奔波在北京城的大街小巷。在高峰期，仅仅 4 个小时，他们转运病人的数量就达到了 134 个，可见当时北京的“非典”疫情已经不容忽视了。4 月 18 日，北京“非典”病例就已经增长到了 339 例，是五天前官方数字的近 10 倍。“非典”初期，出现了很多病人隐瞒接触史、拒绝转院以及医院拒收的情况，导致医护人员频频中招，仅北京大学人民医院被感染的医护人员就多达 93 人。

那时候的北京，各个社区各自拉着警戒线，口罩和消毒液是那段岁月的底色。各村村口处处是“非本村车辆一律不准进入”等标语，里面的人出不来，外面的人进不去。2003 年 4 月 22 日，国务院紧急批复，北京市征用昌平区小汤山附近的 40.3 公顷土地用于建设“非典”定点救治医院。这就是后来著名的小汤山医院，一跃成为北京抗击“非典”的焦点。与此同时，全国各大军区抽调“精兵强将”型医护人员，做好立即奔赴小汤山的准备。当时北京 5 月份的气温高达 30 摄氏度，医护人员身穿臃肿憋闷的 3 层防护服日夜工作，救治着 680 名从各大医院转院而来的“非典”患者。

2003 年 5 月 17 日，北京小汤山医院第一批患者康复出院。6 月 20 日，最后一批“非典”患者从小汤山康复出院。6 月 24 日，世界卫生组织宣布，北京不再是“非典”疫区。“非典”疫情在炎热的天气中逐渐减弱，突然就无声无息地消失了。从某种意义上说，不是我们战胜了“非典”，而是“非典”放过了我们。

还记得有人把 SARS 解读成“Smile and Remain Smile（始终微笑）”，在面对突如其来的传染病时，也许不屈、乐观才是生命最纯粹的精神。

二、勉之期不止，多获常反思

人类从猿到人的进程走了数百万年。其间，为了生存和发展，人类开始寻找那些易于驯化的植物和动物，并不断获得发展。《三字经》里提到的“稻粱菽，麦黍稷……马牛羊，鸡犬豕”就是典型的被驯化的六种植物与六种动物。

可物种间这种简单的相互作用（吃或被吃）是存在风险的，就像一般情况下我们认为动物奶制品是增强人类健康和体质的重要介质，而乳糖不耐现象告诉我们有些人是不能喝奶的。也就是说，动物或植物所携带的某些成分和人类之间是存在“不耐”的关联的。

那些没有被驯化的、依然野生着的动植物，就更加会带来风险了。但是人类和动植物之间的接触却不可能完全禁绝，这就带来了问题，怎样才能尽量减少这类可能的疫情风险呢？

2002 年发端于广东之后影响世界的“非典”疫情就是一个典型的例证。经过中国科学家十几年的跟踪研究，发现云南的一种名为中华菊头蝠的蝙蝠和作为中间宿主的果子狸构成了引发“非典”疫情的链条，随着广东人食用野生动物的饮食文化和习惯，以及交通方式的便捷化和地域间联系的广泛化，最终导致了疫情在人类群体中的大面积暴发。

应急管理元年之始末

2003 年可以说是中国的应急管理元年。这次疫情是中国第一次从全国范围内开始开展综合性应急工作，人们开始对公共卫生系统投入与职能的长期弱化所暴露出来的问题进行深刻反思，也深刻认识到卫生应急管理的重要性，从而全面启动了中国卫生应急体系的建设工作。同时，中国共产党的领导力以及应对风险的能力也得到显著提升。

今天再回头审视 2003 年的“非典”疫情应对，首先需要理性认知的是，在一种新的病毒带来的新风险出现时，不管是决策者还是组织机构，一开始往往不知道风险源头来自何处，也不知道是什么原因导致疫情出现，更不知道怎么应对才有效。这些都是正常反应。而中国共产党那时就已经有了 82 年的历程，充分具备根据新认知主动调整策略以解决现实问题的能力。因此，从 3 月开始意识到 SARS 病毒是一种全新的病毒类型之后，就开始依据“前线”医疗团队的临床经验去寻找治疗的方法和措施，并在 5 月份完成了疫区的隔离，全国的风险也就随之降低了。所幸 SARS 病毒的感染率不是特别高，也就慢慢在世界范围内消失了。

在“非典”疫情暴发之后，中国共产党始终和人民在一起。尤其是在疫情肆虐的时候，广东中山三院党委委员邓练贤、广东省中医院急诊科护士长叶欣、山西省人民医院急诊科主任梁世奎、武警北京总队医院内二科主治医师李晓红、解放军 302 医院姜素椿、广州市胸科医院二内科主任陈洪光等一大批共产党员挺身而出，坚守在疫情危机的前沿，无私奉献，甚至付出生命的代价。在民众的期待中，一个公开、透明、高效的政府展现在世人眼前，公开透明的信息发布，强有力的应对措施，铸就了真正的信心和信任。

最初在分离病毒的过程中，中国的学者没有将罪魁祸首——冠状病毒抓出来，因为病人的病灶上有衣原体，没有在灵长类动物身上进行科赫法则的验证，就匆匆宣布衣原体是这次疫情的病原体。最后还是海外的学者将病毒分离了出来，完成了验证，发现了新病毒的结构，从而为进一步认清冠状病毒奠定了基础。“亡羊补牢，为时未晚”。中国共产党和中国政府开始反思公共卫生风险的应对策略，一方面从顶层设计上开始改进程序，另一方面从技术设施上开始储备分离病毒和开发疫苗。这些都在随后的其他传染病出现时派上了用场。

“非典”疫情的应急，甚至可以作为全世界现代应急管理的四个里程碑之一，原因在于：

第一，今天的世界已经越来越趋于全球化，所以传染病的传播格外容易；我国各地之间的交通时间随着航空、水运和陆路运输网络的广泛铺开变得越来越短，加之我国的特有文化，相互之间的交流越发频繁。

第二，国际间的连通性不仅体现在可能性上，还体现在规模性上。“非典”疫情期间等待电梯时一个带菌者的喷嚏就会将周边人传染上，且立刻就可能沿着各自的轨迹进入下一级传染环节，随后就是倍增甚至指数级的扩散。中国人口众多且分布相对密集，在控制扩散方面格外艰难。

第三，一国的力量往往不足以发现病原体，更难找到隔离之外的策略，必须依赖国际力量。事实上，中国在应对传染病疫情上不断借助国际力量，同时也利用自身的经验和能力支持了其他国家的抗疫。

第四，当疫情的传播介质是人时，处理起来就比传播介质是动物的情况难很多。因为动物作为传播介质造成疫情蔓延时，可以使用隔离、宰杀、掩埋等方式来处理；而对人，显然是不能这样处理的。

全球化的疫情

自SARS成为全人类的灾害之后，中东呼吸综合征冠状病毒(MERS−CoV)于2012年9月在沙特开始出现并影响人类。它早期因与SARS临床症状相似而得名“类SARS病毒”，成为第6种已知的人类冠状病毒。最早于20世纪60年代在英国被分离出来，它在这数十年里给人类带来了极大困扰。

MERS从沙特影响到韩国，2015年我国从来华的韩国人中发现了首例确诊患者，随后多个国家出现感染者，给人类的疫情防控再度敲响警钟。科学家在沙特寻找病原体的发源地，检测了大量蝙蝠，以及与蝙蝠密切接触过的骆驼、山羊、绵羊和猫等动物，基本上判定是从原宿主蝙蝠到中间宿主骆驼再到人的感染路径。这次MERS疫情因为有前面的烈性传染病“非典”作为基础，引起了世界范围内的重视。由于中国和暴发地韩国距离甚近，人员交流频繁，所以防控形势相比其他国家更加严峻，党和政府再度展示了自己的管理能力，做到了御疫情于国门之外。当时韩国出现184个病例，其中编号为14号，时年35岁的“超级传染者”总共导致85人感染。

2003年的“非典”疫情是进入新世纪后，截至当时中国遭遇的最严重的突发公共卫生事件。从全国防治“非典”的指挥部成立，到世界卫生组织宣布“双解除”，仅仅用了两个月的时间，这一速度也超乎了世界对中国的预期。中国攻坚克难的能力，再次让世界惊叹。

抗击“非典”这一共同的目标将亿万民众紧紧地凝聚在一起，全国人民同舟共济，患难与共，大家都以不同的方式投身到了抗击“非典”的斗争中，直至取得胜利。

在这场斗争中，党中央、国务院不仅领导全国人民取得了抗击“非典”的胜利，而且不断创新发展理念，转变发展方式，提高执政能力。

第十五章　如果“桑美”能来到川渝：2006年的台风与干旱

财富有价，生命无价。在任何情况下，人民的生命安全是第一位的，永远是第一位的！

这是电影《超强台风》中，徐市长在面对台风“蓝鲸”压境时说出的一段话。电影中台风“蓝鲸”在中国登陆后三次转向，并且擦过这座拥有百万人口的城市后逐渐远离，但专家坚持认为台风仍有一半的概率调头。依据以往防台工作“十防九空”的实践经验，在120万群众的安危和可能白白浪费38亿国家财产的现状面前，徐市长陷入了两难的抉择。但在大灾大难面前，徐市长始终牢记自身作为党员的崇高使命，力排众议，坚持从人民群众生命安全的角度出发，宣布全市进入紧急状态，坚持全员撤离，带领党员干部们在短时间内组织实施百万人员大转移。最终，史无前例的18级超强台风掀起惊涛骇浪向这座城市袭来……

这部电影其实是根据真实事件改编的。它记录了2006年在福建福鼎和浙江苍南肆虐长达15个小时的超强台风“桑美”发生的整个过程。

都说文艺作品来源于社会现实，但有时候现实往往比电影更能打动人心、震撼人心。《超强台风》这部电影是从一个城市的抗台救灾故事切入，讲述了在党组织的带领下，在台风“蓝鲸”来临前科学决策，在台风登陆后团结军民抗台救灾的故事。这部电影以2006年在我国登陆的超强台风“桑美”为创作背景，这场台风造成了巨大的人员伤亡和财产损失。当时，在灾难面前，社会各界团结一心，众志成城，来自各行各业，各个省、市、县、乡、村的党员干部始终坚守在抗击台风的第一线。台风肆虐，洪水蔓延，但他们用坚韧冲破灾难，用信念筑起牢不可摧的生命防线。正是无数个中国共产党员用坚定的信念和无私奉献的热血，最终谱写出一曲又一曲中国人民英勇抗击台风的嘹亮战歌。

一、曾近沧溟看飓风，“桑美”有尽海无穷

自唐朝至今的一千多年间，史籍文献中有许许多多有关台风肆虐的记载。由于常常伴随着山洪和泥石流，对于古代先民而言，台风是一种足以毁天灭地的灾难。元朝大德五年七月初一的台风在史料中有这样的记载：

大风，屋瓦皆飞，海大溢，潮高四五丈，杀人畜，坏庐舍，漂没人口一万七千余。

明朝永乐九年九月雷州府出现了飓风暴雨，淹遂溪、海康……溺死上千人。吴川地区于明万历二十四年出现大风，有史料记录如下：

丁巳秋七月十四日飓风大作，倾屋拔木，有舟飞屋。

尽管通过以往的台风灾害数据，理论上人们都知道台风会造成人员伤亡和财产损失，但没有经历过台风的人通常还是会低估台风的危害程度。因为台风的登陆位置相对比较集中，我国除了广东、福建、浙江、海南等省以外，其他地区的人们对于台风的认知较少。只有亲历过台风的人才会明白，台风来临时的恐怖程度一点都不亚于地震、泥石流等自然灾害。狂风大作，暴雨雷鸣，房屋倒塌，海浪翻滚，似乎一刹那整个世界都将被撕扯成碎片，水、电、燃气的供应在大部分情况下也会中断。这，才是台风的本来面目。

每到夏秋季节，我国沿海都要遭遇几次台风的袭击。台风往往伴随着强风、暴雨和风暴潮。强风具有强大的携带力和破坏力，会在海上掀起惊涛骇浪，打翻船只，破坏沿海港口。在陆地上，台风能掀翻房屋，刮走庄稼，拔起或吹断大树，甚至能将海中或岸上的物体吹到空中，直至风力减弱、携带力降低时，才将物体抛下，形成奇怪的鱼雨、虾雨、蛙雨、虫雨、草雨、谷雨等。台风引起的暴雨，会给城市的排水系统造成很大负荷。由于台风带来的暴雨雨量大且集中，排水不及时的话，常会使得城市路面积水，从而导致道路拥堵，甚至发生伤亡事件。在乡村地区，暴雨则会导致水库泄洪压力和泥石流等次生灾害的发生。而台风所引起的风暴潮，会使海面陡然升高，随时威胁沿海城市的安全。

楼台漂燕厦，城市化龙宫

2006 年 8 月 5 日，第 8 号超强台风“桑美”在关岛附近洋面上形成，于7日加强为强热带风暴，并继续加强为台风。8月10日下午5时25分，“桑美”登陆我国浙江省温州市苍南县马站镇，2 个小时后进入福建省福鼎市境内，正面袭击了福建省宁德市，近中心最大风速达到每秒 55 米，风力 17 级，然后横穿过宁德市下辖的福鼎、霞浦、柘荣、福安、寿宁五个县市，于11日在江西境内减弱消失。

这次超强台风是中华人民共和国成立后大陆沿海区域50多年以来风力最强、破坏力最大的一次。“桑美”在洋面上形成后在4天内迅速加强成为超强台风，并且以每小时30公里的速度快速移动。在整个台风生命史中，始终保持这种快速移动速度的台风并不太多见，特别是如此强的超强台风一直持续快速移动更为少见。从运动轨迹来看，“桑美”走的是一条从东南到西北几乎笔直的路径。它从闽北镇安桥登陆后，沿着西北方向由快转慢单刀直入，一路上摧毁了沿线港口、船只、村庄、房屋、田地无数。

“桑美”的特点是风力超强，气压超低，雨量超大。“百年一遇，是中华人民共和国成立以来登陆我国大陆最强的一个台风”，这是中国气象局对“桑美”的定论。“桑美”登陆时近中心最大风力达到17级，浙闽两省观测到的最大风速均打破了当时两省极大风速的历史纪录，中国气象局当时也确认这是有记录以来中国大陆遭遇的最大风速台风（这一纪录后来被发生在2014年的第9号台风“威马逊”超越）。“桑美”登陆的强度甚至比2005年肆虐美国的飓风“卡特里娜”还要强。从气压来看，“桑美”中心附近最低气压为920百帕，比1973年9月14日登陆海南琼海的第7314号台风“玛琪”还要高5百帕，但比1956年第12号台风“温黛”登陆时的923百帕低3百帕。

“桑美”的降雨强而急，且降雨地点集中。在“桑美”登陆的前一天基本没有明显的降雨，但是在登陆前后的几个小时之内却发生了集中式降雨。强降雨主要集中在浙江南部、福建北部和江西中北部的部分地区。8月10日中午12时至晚上8时之间的8个小时内，苍南县平均降雨量达到350毫米，短历时暴雨强度达到300年来最强。苍南云岩和平阳水头的5小时降雨量分别达到了374毫米和233毫米。

台风“桑美”给浙江省和福建省，尤其是苍南县和福鼎市带来了毁灾性的破坏。截至8月17日，浙江省全省有18个县（市、区）的325个乡镇共254.9万人受灾，3.9万间房屋倒塌，农作物受灾面积53.9万公顷，灾害造成的直接经济损失达到127.37亿元，因灾死亡人数193人，失踪11人，其中144人因房屋倒塌死亡。据福建省防汛抗旱指挥部8月23日下午6时统计，省内14个县市的164个乡镇受灾，死亡233人，失踪144人，受灾人口145.52万人，倒塌房屋3.27万间，农作物受灾面积6.88万公顷，成灾面积4.423万公顷，直接经济总损失63.57亿元，其中水利设施损失7.86亿元。福鼎市受灾最严重的是沙埕港。在沙埕港内避风的船只互相挤压碰撞，变得支离破碎。据统计，沙埕港内的7万口渔排几乎在瞬间被摧毁。500多处水利工程被冲毁，绝大多数村级道路被破坏,8万多间房屋倒塌，一些村庄几乎被全部夷平，现场一片狼藉。更令人痛心的是，当风眼经过时，很多船主都以为台风已经过去了，便匆忙返回沙埕港内查看船只情况，结果这些人全部被卷入了海中。

科学预警要重视，严密防范保平安

台风预警主要是由气象部门来负责的。8月8日下午，浙江省气象台就发布了台风警报，公布第8号强热带风暴“桑美”将于9日夜间至10日上午进入东海南部海域，最大可能于10日下午至夜间在浙江中部到福建北部沿海登陆。

8月9日，中央气象台以及浙江省气象台、福建省气象台都发出了强台风警报。浙江、福建两省的气象台在晚上又不断发出紧急警报，提示沿海渔船回港避风，并强制撤离了海上渔排人员。

8月9日，浙江省委、省政府连夜召开全省电视电话会议，全面部署防御超强台风“桑美”。时任浙江省委书记的习近平指出，当前各地主要工作是防风、防雨、避险。各地要组织对城市乡村易涝地区、江河水系、易出现泥石流滑坡等次生地质灾害地带进行再检查，有序组织灾后的抢险救灾工作，要求各地把防御“桑美”作为当前压倒一切的紧急任务，“宁可十防九空，决不能万一失防”。

8月10日，形势变得更加严峻了。早上7时，浙江省温州市气象台发布了台风红色预警信号，温州市紧急召开了抗台风动员大会。当天上午，浙江省委、省政府决定对台州、温州、宁波南部沿海地区采取紧急措施。上午11时，温州市海洋预报台发布风暴潮紧急警报（红色），温州市进入了防台风紧急状态。

8月10日上午9时30分，时任中国气象局副局长的郑国光签署了《中国气象局台风应急响应命令》，宣布浙江省气象局、福建省气象局与国家气象中心、国家卫星气象中心、中国气象局影视宣传中心进入台风一级气象响应状态。在台风一级响应状态下，单位必须实行24小时重要负责人值班制度，全程跟踪台风状态并作出反应。而与本次台风关系紧密的浙江省气象局和福建省气象局则要每天4次向中国气象局汇报台风的变化情况。中国气象局则要每小时汇报1次台风定位警报预报消息，每3小时与有关地区气象局进行1次会商。

同样在8月10日上午，福建省防汛办也发出了水库安全度汛工作紧急通知，要求全省所有水库坚持24小时值班制度，并加强巡查，发现险情要立即采取应急措施。根据前期预警信息，得知特大台风来袭的消息之后，宁德市委、市政府先后六次召开防汛抗旱指挥部成员会议和视频会议，根据台风动向和特点，对全市防抗工作进行紧急动员、全面部署，把确保人民群众生命安全摆在首要位置，按台风正面登陆宁德市的标准做好各项防御工作。特别注重海上的安全防范，把人员安全作为工作重点。全市共动员了市、县、乡、村干部2万多名，认真组织出海船只回港避风，动员渔排人员撤离上岸。迅速转移海边村庄、沿海堤坝内低洼地带和山边、溪边、江边的群众。同时，对铁路、火电、核电等临海在建工程强化保护措施，并提早组织撤离。规定区域内的各学校暂停正常教学，适时关闭旅游景点并及时疏散旅游人员。注重水利工程设施的安全防范，加强对大中小型水库的巡查，强化水库科学调度，及时启动区域内库区防汛预案，扎实做好防强台风、防暴雨工作。为集中力量防御，宁德市充分发挥广播、电视、报纸等新闻媒体的作用，及时滚动播出超强台风最新消息、防台防汛安全知识和省、市工作部署，做到家喻户晓，全民动员。还通过市中心大型屏幕电视全天候播放“防汛防台特别节目”，采取发布台风紧急动员令、告全体市民书电视讲话、宣传车巡回宣讲、海上广播等形式，提高群众的防台意识和避险自救能力。

在整个迎击台风的过程中，宁德市市直各部门紧急行动起来，各尽其职，各负其责，密切配合，形成了防台风工作的强大合力。驻宁德部队、武警官兵的应急队伍，携带冲锋舟等抢险救灾设备，提前赶赴重点防御地区，及时投入抢险救灾。各县（市、区）领导下到乡镇，乡镇领导下到各村，一级抓一级，层层抓落实，全面开展防汛抗灾工作。广大党员干部始终冲锋在前，始终与人民群众在一起，不怕疲劳、不怕牺牲，夜以继日、连续作战，保证了各项工作的有条不紊、有序推进。

共产党员冒风雨，苍南平阳护民生

“暴风雨前的平静”这一特征在台风“桑美”登陆苍南县之前表现得极为显著。直到 8 月 9 日，也就是“桑美”来的前一天，苍南还是一幅白天阳光明媚、晚上星光灿烂的美好景象。即便是对台风已经相当熟悉，具有一定应对台风经验的苍南人民，也万万没有想到，台风“桑美”并没有像大家期待的那样突然减弱或者更改方向在其他地方登陆，而是确实如气象部门预警一样凶险可怕，准时来到。

也正是因为暴风雨之前天气过好，所以在应对“桑美”时，开展得最为艰难的一项工作是在劝群众转移时如何消除群众的侥幸心理和不理解、不配合的情绪。其实转移群众的工作从 8 月 8 日就开始部署了，但还是有不少村民不肯转移。如何在台风登陆之前动员群众主动转移以及重点帮助不肯转移的群众转移成为工作重点。

台风登陆点马站镇各村的做法是充分发动党员力量，以党支部书记为组长，以年轻党员为骨干，在全镇建立起了45支抢险队伍，在短短几个小时之内成功转移群众8000多人。台风登陆以后，这45支由600多名党员组成的抢险队伍更是一直奋战在抢险第一线，查看房屋倒塌和人员受伤情况。其中最令人感动的是，当棋盘村一家四口全都被坍塌的房屋压住时，棋盘村党支部书记带领7名队员在狂风暴雨中赶去，将这一家人从坍塌物下面救出。其中一人伤势非常严重，如果不及时送医院就会有生命危险。但是当时道路基本被坍塌物阻断，救护车和车辆都无法通行，在这种情况下，抢险队员们卸下门板，抬着伤员，顶着狂风暴雨，在黑暗的山路上一步一步蹒跚着往医院的方向走去。他们就这样深一脚浅一脚地走了2个多小时，才和镇机关抢险小组的同志们会合，将伤员送到了马站镇医院接受治疗。

台风"桑美"重创温州苍南，浙江省委、省政府高度重视灾区的抢险救灾工作，习近平驱车6个小时，于11日傍晚来到受灾最严重的苍南县金乡镇，实地察看灾情，亲切慰问受灾群众和参加抢险救灾的军民，指导灾区救灾工作。

半浃连村遭受超强台风正面袭击，损失严重。习近平握着因失去亲人而恸哭欲绝的村民陈薇薇的双手说："你失去了亲人，我们也很悲痛。党和政府都十分关心你们，一定会帮助你们渡过难关。"

习近平在温州灾区考察慰问时反复强调，要始终坚持以人为本、科学抗台，高度重视和切实做好抗台救灾各项工作。

平阳县是"桑美"台风抢险的重点地区，为了应对"桑美"，平阳县非常重视，在防御台风"桑美"的过程中，平阳县一共下发了10个紧急通知，组织了2.4万名党员干部投入抢险工作中。平阳县鳌江镇东明村是一个地质灾害点，因此是鳌江镇的防台重点。平阳县县委书记戴祝水为了安全转移群众，耗尽了心血。他深知平阳县在面临台风时的脆弱性和危险程度，而且从8日开始，他就不停地接到市领导的电话，要求他对平阳县负责。为了切实做好这次抗击台风工作，在他的领导下，平阳县实行了责任“签单制”，要求在撤离工作中，落实转移、检查，每项任务都要由负责人进行签字确认，责任落实到人。就这样，平阳县将危险地段的10万群众安全地转移了出去。

这期间，温州市和平阳县领导在安排人员组织转移东明村村民以后，担心有的村民会悄悄返回家里，于是他们一行人又再一次驱车一个村一个村地检查。当时他们几乎检查了全县所有村子，每到一个村，他们都会去村里最低洼的地方和地质隐患点查看。一直到“桑美”登陆，他们乘坐的吉普车还在风雨中奔驰着，车子几次被狂风吹得几乎失去方向，差点发生危险。

下魁村的党支部书记林中永，为了劝说群众转移，坚持不懈地努力做工作。该村某村民一家非常固执，无论如何都不肯转移，林中永就一次又一次地到他家中去劝说。一次，两次，三次，一直到了第五次，林中永的诚心和耐心打动了村民，终于答应转移了。于是，林中永书记立刻帮助他们一家迅速转移，当时“桑美”即将登陆，外面已是大雨滂沱，狂风大作。就在该村民一家刚刚转移走，台风就掀翻了他家本已摇摇欲坠的房子。如果再晚一会儿，后果不堪设想。

搜救重建看党员，众人拾柴为宁德

这次史无前例、人力无法抗拒的自然灾害给宁德市带来了极为严重的灾情，造成了惨重的损失。台风所到之处交通中断、电力瘫痪、通信受阻、房屋倒塌、渔船沉没、工矿企业停产、农作物被淹。台风登陆后，宁德市委、市政府及受灾市、县都在第一时间成立了救灾工作组，组织了市、县、乡5000多名党员干部，奔赴灾区一线，看望、慰问受灾户，并对死伤者和失踪人员家属、重灾户进行重点帮扶。对因灾死亡和失踪人员的家属进行慰问，给予每个家庭5000元抚恤金，所有用于遗体搜寻、处置、火化的费用均由政府承担。在台风过境后，受灾群众第一时间都得到了妥善安置，基本做到了有房住、有饭吃、有衣穿、有干净水喝、有地方看病，对于受伤和遇难者家庭的帮扶和安抚，保证了灾后的社会稳定。同时政府出台一系列经济、卫生保障举措，也避免了大灾之后出现疫情的情况。

由于巨大的台风导致近海多艘渔船沉没，宁德市委立即召开紧急会议研究部署海上搜救工作。受灾当地沿海乡镇也按照开展海上搜救工作的预案要求，建立了由民兵预备役人员、边防官兵和镇村干部组成的搜救队，分别组织本镇船只到海上实行搜救。福建省武警93师也赶赴海上搜救现场，由师长直接指挥现场搜救。

宁德市在正面迎击台风"桑美"的过程中，发挥了党员干部的带头作用，紧急动员各级各部门和广大党员干部，在台风来临前做好预警，严密防范。在台风来临后，党员干部深入一线，有条不紊地组织军民奋起抗灾。台风减小后，市委、市政府又发起生产自救，重建家园。"台风无情，人间有爱"。在宁德市委、市政府的领导下，在广大党员干部英勇无私的奉献下，宁德市取得了抗击台风的阶段性胜利。台风过后，宁德市委、市政府的主要领导曾先后三次深入一线灾区视察受灾情况，慰问干部群众，指导重建工作。在党中央、国务院和福建省委、省政府的正确领导和大力支持下，经过全市上下和驻宁德部队官兵、民兵预备役人员的共同努力，宁德市灾后重建工作有条不紊、扎实推进。

为加强对灾后重建工作的领导，宁德市成立了以市委、市政府领导为组长的五个灾后重建工作指导组，对灾后重建工作进行指导。市、县两级都成立专门工作组，抓紧核实房屋倒塌家庭，摸清底细，核实补助。政府相关部门指派专人对因灾造成的危房加强管护，防止人员入住，避免造成新的人员伤亡。对于台风"桑美"造成的基础设施损坏问题，当地政府各级各部门迅速行动，坚持先急后缓、先通后畅的原则，组织专门抢修队伍，抓紧抢修因台风暴雨受损的水、电、道路、通信等基础设施，在最短时间内恢复了灾区正常的生产生活秩序。为了促进复工复产，宁德市委、市政府及时制定出台《关于切实做好金融支持灾后恢复生产工作的若干意见》《关于支持受灾工贸企业恢复生产的意见》《关于支持做好灾后恢复农业生产的若干意见》等政策措施。各级部门通过现场办公等方式，积极为工矿企业排忧解难，并引导受淹企业加快清理厂房，检修机器设备，恢复生产。对认定的受灾企业，在恢复生产期间给予减免相关税收和相应优惠电价的措施。

为恢复重建，宁德市委、市政府多方争取、积极筹措救灾重建资金。台风“桑美”造成的灾情极为严重，救灾重建形势极为严峻。为了加快“重建家园、恢复生产”的进度，缓解资金紧张的局面，宁德市委、市政府加大了接受社会捐赠工作的力度，募捐赈灾款工作组还分赴福州、厦门、泉州等地，联系当地企业、筹措善款；市直有关部门还努力联系和组织各地宁德商会、社会慈善团体、海外华侨等向灾区献爱心。

“桑美”离去后，尽管救灾过程中发生的无数令人感动的故事仍然萦绕在人们的脑海中，但其中的一些心酸往事也令人不得不反思。例如，以沙埕港为代表的避风港设施落后，尽管沙埕港调度人员多方调度指挥，但还是造成了 80 多条渔船沉没的惨剧。如何升级改造避风港，提升避风港的基础设施应该引起更多的重视。又如，在这次应对“桑美”的战斗中，我们一方面看到了共产党员可歌可泣的救援行动，但是也不得不承认，作为现代化应急体系的一环，我们的突发事件基层应急救援队伍严重不足，只能靠各村自救。如果应急队伍在关键时刻能够充分发挥作用，应急效率便能有所提高，不必要的民间伤亡就会大为减少。现代化的应急管理完善之路，我们还要勇往直前，砥砺前行。

二、烈日炎炎似火烧，川渝禾稻半枯焦

川渝地区地处我国西南腹地，受地理条件的影响，这里的降水在时空分布上极不均匀，因此，在历史上，这里也是我国发生春旱和伏旱比较频繁的地区。在气象学上，一般把日最高温度在35摄氏度以上的日数称为“高温日数”，把连续无雨日称为“干燥事件”。

近50年来，川渝地区发生少雨干旱的年份有1959、1966、1972、1992、2001、2006、2007年等，其中以2006年最为严重……除西南山地和汉源一带外，川渝其它地区夏季高温日数经历了“1960s 增→ 1970s 减→ 1980s 增→ 1990s 增→ 2000—2006”的年代际变化过程，1980s是低发期，2000—2006年是高发期；西南山地夏季高温日数经历了“1960s 增→ 1970s 增→ 1980s 减→ 1990s 减→ 2000—2006”的年代际变化过程，1980s是高发期；汉源地区夏季高温日数经历了“1960s 减→ 1970s 减→ 1980s 增→ 1990s 增→ 2000—2006”的年代际变化过程，1980s年代是低发期，2000—2006年是高发期。①

由以上数据可以看出，进入21世纪以来，川渝地区无论是夏季高温还是严重干燥都进入了近50年来最显著的高发阶段，这也就意味着川渝地区进入了春旱和伏旱高发时期。而2006年的川渝地区持续干旱就是最为典型的表现。

---

① 胡豪然、李跃清：《近50年来川渝地区夏季高温及严重干燥事件分析》，《长江流域资源与环境》，2010年第7期，第832—838页。

飞鸟苦热死，池鱼涸其泥

2006年入夏，百年不遇的高温天气袭击了川渝大地，而重庆市是受灾最为严重的地区。7月以来，重庆市大部分地区开始出现干旱。8月9日，重庆市发布全市特大干旱一级红色预警，启动了相应的应急响应预警。8月16日，重庆市綦江县气温高达44.5摄氏度，成为重庆市有气象记录以来最热的一天。直到9月4日傍晚，重庆市大部分地区出现明显的降雨，历时60多天的高温干旱才得到了一定程度的缓解。9月18日，重庆市防汛抗旱指挥部宣布解除重庆市特大干旱以及红色预警。干旱期间，重庆市各地日平均气温较常年同期偏高2—3摄氏度，35摄氏度以上的高温日数达30多天，部分地区40摄氏度以上达15天，主城区最高气温43摄氏度，部分区县超过44摄氏度。

这场特大旱灾导致重庆市大部分地区农田龟裂，水库干涸，秧苗干枯，重庆周边和境内的大江大河出现了汛期枯水的现象，有三分之二的溪河断流，275座水库水位处于死水位，其中长江和嘉陵江重庆段水位降到了历史最低，全市水利工程蓄水量不足9.5亿立方米，只占应蓄水量的33%。此次旱灾是重庆市自1891年有气象资料记录以来最严重的一次，40个区县市不同程度受旱，三分之二的乡镇居民发生饮水困难，大面积农作物绝收，火灾频发。重庆市因旱受灾人口达2100万人，820.4万人发生临时饮水困难，农作物受灾面积132.7万公顷，绝收37.5万公顷，直接经济损失达90.7亿元。

2006年重庆市特大旱灾，可以用五点来总结：干旱持续时间之长，干旱强度之大，降水量之少，蒸发量之多，干旱损失之重，实为历史罕见。

执政为百姓，党员抗旱忙

重庆等地的严重干旱给当地的经济社会发展和群众的生产生活带来了重大损失。党中央、国务院高度重视此次旱灾，国家领导都十分关心灾区群众，多次打电话问候或作出批示，为做好抗旱救灾工作明确了指导思想，提出了具体要求。2006年10月2日至3日，时任中华人民共和国国务院总理的温家宝赴重庆灾区一线考察旱情，深入田间地头，探访农家院坝，视察水库山塘，慰问移民家庭，代表党中央、国务院对重庆人民特别是受灾群众表示了深情的关切。

面对突如其来的旱灾，重庆市政府发布了全国历史上首个干旱红色预警，提出了“确保群众生活用水，确保不渴死大牲畜，确保不出现重大森林火灾，确保战斗在生产和救灾一线的干部群众的生命安全，确保完成全年经济社会发展目标任务”。全市人民在各级党组织、政府的坚强领导和精心组织下，展开了“抗旱保饮水、抗旱防火灾、抗旱防疫病、抗旱夺丰收”的抗旱救灾斗争。

灾情当前，重庆警备区紧急启动抢险救灾预案，组织10余万民兵及其他预备役人员成建制地紧急投入抗旱救灾行动中，山城处处活跃着民兵和解放军官兵的身影。他们在田间地头修建了1000多个蓄水池，帮助受灾群众制作简易抽水设备，走乡串寨地为灾区群众寻找水源和挖泉眼，为灾民聚集地杀虫灭鼠，保障灾民生活的安全与质量。

在酷暑高温的环境下，各级党委、政府从百姓的实际需求出发，想方设法地为他们解决眼前之忧，如开放防空洞以供群众避暑，针对特定困难人群增发高温消暑补贴，关心老百姓的饮水问题，为抗旱救灾和送水车辆开通绿色通道，向灾情较重的地区派驻医疗队和防疫队，请求兄弟省市的电力支援等。其中，饮水问题是重庆各灾区亟须解决的大事，所谓“方法总比困难多”，江津市贾嗣镇龙山村成立“党员找水队”，白天戴上草帽，晚上打上手电，穿行在荆棘丛中、悬崖峭壁边上，四处寻找水源，挖出了150多处泉眼，其中54处流出了甘泉，解决了村民缺水的困境。

此外，为了让灾区人民的生活有保障，重庆市从资金、技术、信息等方面帮助农民抢种晚秋农作物，并且还向新疆输送劳动力，动员灾民去新疆采棉挣钱。这个做法受到了温家宝总理的称赞。这些措施最大限度地减少了因旱灾造成的损失。重庆市广大干部群众大力发扬“自强不息、团结互助、攻坚克难、志在必胜”的抗旱精神，与特大旱灾进行了100多天艰苦卓绝的斗争，最终取得了全面胜利。

自强不息，人人重庆

重庆旱情牵动着党中央和全国人民的心，重庆人民抗旱救灾的英勇事迹也感动着海内外同胞。为帮助灾区人民早日渡过难关，中央发放了救灾资金8060万元，其中防汛救灾资金1540万元，抗旱救灾资金2820万元，民政救济资金3700万元。

“一方有难，八方支援”，从国有企业到民营企业，从国家领导人到普通老百姓，都为支持重庆抗旱工作捐款捐物，慷慨解囊。8月23日晚，重庆市举行大型抗旱赈灾义演，主题为“自强不息，人人重庆”，解放碑主会场上人山人海，本地的、外地的、出差在外的、留学他乡的、年长的、年少的……互相传递着对遭遇特大旱情的重庆的赤诚之爱，4小时内就为受灾群众募捐了1.14亿元。其中最令人感动的是，66岁的老人陶长发退休后以拾荒、做清洁为生，月工资仅有250元，平时很少到城里，但他听说解放碑举行赈灾义演，便花了2元钱坐公交车赶到城里的义演现场，将省吃俭用的188元爱心款放进了捐款箱。他说，身为孤儿的他曾经得到很多好心人的帮助，这次特大旱情，自己也有责任献出爱心。

正如中共重庆市委和重庆市人民政府发出的感谢信中所说：“工农兵学商，东西南北中，不分老幼，不论贫富，和衷共济，互助互爱，亲帮亲、邻帮邻，强扶弱、富济贫，全市人民共同奏响了一曲社会主义大家庭大团结、大协作的最强音。”

第十六章　雪战：2008 年年初的冰冷记忆

当春天正向我们走来
暴雪把南方的一片土地覆盖
多少回乡的人们归心似箭
多少抢险的人们热血澎湃
风雪中党的声音传来
千百万人牵着手抗雪灾
冰雨中党的温暖送来
心贴心传递着爱
大雪无情人有情
万众一心连着那中南海
天寒地冻民心暖
风雪过后又是艳阳百花开

当这首《大雪无情人有情》的音乐响起，一下子又把我们拉回了 2008 年伊始袭来的那场南方雨雪冰冻灾害中。2008 年灾害发生以后，中国人民解放军总政治部用两天时间连夜录制了这首抗雪救灾歌曲。这首歌为奋斗在抗击雪灾一线的战士们鼓劲，也为挣扎在雨雪冰冻灾害中的百姓打气。2008 年 2 月，这首歌先是在“同一首歌”大型赈灾义演——“抗冰雪 · 献真情”被唱响，然后又出现在了双拥晚会——“旗帜高扬春光好”上。到了 2 月 6 日除夕这天，多名歌手在春晚上合唱了这首朴素却又感人的歌曲，给予人民共度难关的信念、凝聚人心的力量。3 月 2 日，在中央电视台举办的“情满中国”——2008 年抗击冰雪专题文艺晚会上，再次响起了这首歌的旋律。3 月 4 日，在国家大剧院举行的“大爱无边——纪念周恩来总理诞辰 110 周年大型音乐晚会”上这首歌再次被深情演绎。

2008 年在中国历史上是一个留下了太多悲伤记忆的不幸年份，多种大规模的自然灾害频发，而南方大范围的冰冻雨雪天气在春运期间阻隔了众多中国人回家的脚步，可我们知道，尽管艰难，但我们不怕，因为我们有将百姓安危和民生福祉视作第一要务的国家和中国共产党。面对困难，我们将会越挫越勇。

一、当低温雨雪冰冻遇上春运

当阳历已经是新年的年初，而农历恰好是中国人盼望的腊月年尾之时，此时人们最热衷聊起的就是“回家过年”这个话题。一天天数着日历期盼着放假的那一天，早早地就去车站、售票点排着队购买回乡车票的辛苦，构成了腊月里“春运”的独特氛围。而 2008 年的春运，却没有像往年一样顺利度过。十几年过去了，现在回忆起来，也许很多亲历者的脑海中仍是滞留在火车站、机场、高速公路等各个交通枢纽中的人群拥挤的场面，因停水、停电带来的黑暗寒冷感受，以及一条条灾难报道、一个个灾难损失数字。从 2008 年 1 月至 3 月，中国近 20 个省、自治区、直辖市都被冰冻和大雪掌控，出现了 1949 年以来罕见的持续大范围低温、雨雪和冰冻的极端天气，遭受了严重的冰冻雨雪灾害。

从1月10日开始，我国整体上连续出现4次明显的低温雨雪冰冻极端天气。第一次是1月10—16日，第二次是1月18—22日，第三次是1月25—29日，第四次是1月31日—2月2日。我国除华南、东北及云南等地以外的大部分地区都出现了冰冻、雨雪天气，其中湖南、湖北大部、江西西北部、安徽中南部、贵州中部等地的冰冻长达10—20天。这场从1月中旬持续到3月的突发灾难，给电力、交通运输、农业、林业等都带来极大破坏。截止2月24日，因灾死亡129人，失踪4人，转移安置灾民166万人，农作物受灾面积1187.4万公顷，倒塌房屋48.5万间，房屋损坏168.6万间。因灾直接经济损失1516.5亿元，严重影响了区域经济发展。①

雪压四野归路断

2008年2月6日是中国的除夕，从1月18日起，铁路部门提前启动春运。而在此之前，从1月10日开始，湖南、贵州、湖北、江西、广西、广东、浙江、安徽、河南等地已经暴发了一次为期6天的雪灾，但是并没有引起人们的重视。

偶尔的雨雪冰冻天气或许并不是多大的问题，但问题是这种极端天气却在1月18日再一次袭击我国南方多个地区，而且冰冻雪灾持续了五六天。18日之后，情况开始紧急起来。22日开始，广州火车站出现了旅客滞留现象。

2008年春季南方冰冻雪灾带来的第一个严重后果是交通运输严重受阻。铁路方面，1月25日下午6时30分，京广线湖南境内及沪昆线贵州境内因为冻雨冰凝而发生了地方高压电线断落事故，断落的高压线砸断了铁路接触电网，京广和沪昆两大主干线供电中断。此时恰逢春运，供

① 白媛、张建松、王静爱:《基于灾害系统的中国南北方雪灾对比研究——以2008年南方冰冻雨雪灾害和2009年北方暴雪灾害为例》,《灾害学》，2011年第1期，第14—19页。

电中断后，广州火车站就成为滞留旅客最多的一个地方。广东省广州市公安局越秀分局春运指挥部副指挥长朱永章在“平安春运保卫战——抗雨雪冰冻灾害先进事迹报告会”上回忆起当时的情况时仍心有余悸。他说，1 月底，平均每天滞留在广州火车站的旅客就达到二三十万人，最多一天达到 40 万人。在不足 3 平方公里的火车站广场上，每平方米平均挤着八九个人。真的难以想象那是一种什么样的情形。而 1 月 26 日至 2 月 5 日共 11 天里，广州火车站共滞留了 350 多万人！截至 2 月 2 日国务院煤电油运和抢险抗灾应急指挥中心通报全国抗击雨雪冰冻灾害的最新进展时，广州地区仍然有待发送旅客 139.6 万人，持有前几日车票但没能正常乘车的滞留旅客 26.6 万人。公路方面，京珠高速公路等最重要的交通枢纽——“五纵七横”公路干线将近 2 万公里完全瘫痪，普通公路长达 22 万公里的交通也受阻难行。民航方面，我国长江中下游地区的 14 个机场被迫关闭，大批航班被取消，或者长时间延误。因民航、铁路、公路交通受阻或者中断造成的没有防备的大量旅客滞留在车站、机场以及公路上的紧急情况就此拉开了序幕。

电煤告急农林难

这次雪灾带来的第二个严重后果是电力设施的严重损毁。因为南方大部分地区少有严重低温情况发生，因此在电网线路设施方面并不像北方那样做好了防冻措施。这次持续的低温雨雪天气，压断了电缆、电塔，十余省的输配电系统受到了影响，170 个县（市）被迫停电，3.67 万条线路和 2018 座变电站停运。尤其是湖南和江西，情况更为严重。

在电力大范围中断的情况下，电煤库存严重不足使形势雪上加霜。因为春节期间，一些煤矿放假和抢修等原因，电厂煤炭库存量不足的问题就显得格外突出。1 月 26 日，直供电厂煤炭的库存量只有 1650 多万吨，是平时正常库存水平的一半左右，只够 7 天的用量，甚至有的电厂煤炭库存只够维持 3 天。交通受阻，煤炭库存不足，19 个省、自治区、直辖市不得已采取了拉闸限电的做法。而这时本来就是南方少见的冰冻雨雪天气，限电以后，市民的取暖问题也没法解决。于是，重灾区大部分的城市陷入了又黑又冷的状态中。当然，大范围的电力中断也导致工业企业大面积停产。湖南 83% 的企业、江西 90% 的企业都出现了停产现象。

大范围的冰冻雨雪天气直接影响的就是农业和林业。这一场灾害使农作物受灾面积达到 2.17 亿亩，绝收 3076 万亩，全国 57.8% 的秋冬季油菜受灾，36.8% 的蔬菜受灾，森林受灾面积达到 3.4 亿亩，种苗受灾 243 万亩，损失 67 亿株。加上交通原因不能及时供应，由此也导致蔬菜全面涨价。

二、综合应急启预案，救灾重建重安排

可以说，2008 年的这场雪灾正是对我国 2003 年后提出的应急管理"一案三制"的一次检验。2005 年 1 月 26 日国务院第 79 次常务会议通过了《国家突发公共事件总体应急预案》，2006 年国务院办公厅印发修订后的《国家自然灾害救助应急预案》，2007 年 8 月 30 日第十届全国人大常委会第 29 次会议通过《中华人民共和国突发事件应对法》（2007 年 11 月 1 日起施行），这些法律和预案都在应对这次灾难时起到了纲领性总指导作用。

应急响应，预警先行

除了这些法律和预案，国务院应急管理办公室（以下简称应急办）也高度重视监控灾情动向。2007 年 12 月 11 日应急办就印发通知，要求有关地区和部门按照有关法律和应急预案要求，认真检查落实各项应对措施，对薄弱环节加强整改，并组织对相关情况进行督查。此后，根据灾害发生发展情况及气象部门的趋势分析，先后 9 次发布预警信息，发出有关通知，要求可能受暴风雪灾害威胁的地区和相关部门进一步完善

相关应急预案和应对准备措施。在雪灾第二次集中暴发后，国务院应急办就于 2008 年 1 月 21 日下发了《关于做好防范应对强降温降雪天气的通知》（国办应急明电〔2008〕1 号）。在通知中，应急办重点强调了要努力维护交通运输安全畅通，确保城乡群众正常的生产生活秩序，妥善做好灾害救助和农牧业生产工作，进一步加强监测预警和信息发布，落实 24 小时值班和领导带班制度等当前的紧要工作。

1 月 25 日，国家减灾委员会、民政部与中国气象局启动了灾害应急预案和四级应急响应。

1 月 27 日，国务院召开了电视电话会议，针对大范围雨雪冰冻灾害给煤电油运造成的严重影响，部署各项保障工作。同时，国家减灾委将四级应急响应直接提高到二级应急响应。

1 月 28 日，温家宝和相关负责人赶赴湖南灾区，并于 1 月 29 日在湖南省长沙市成立了应急工作组，集中力量解决湖南灾害应急工作。时任中共中央总书记、中华人民共和国主席的胡锦涛主持召开中共中央政治局会议，专门研究当前雨雪冰冻灾情，为了全面保障群众正常的生产生活，要求干部深入第一线，指挥应急抢险工作。国务院和发展改革委员会等 23 个单位一起成立了“煤电油运和抢险抗灾应急指挥中心”，同时将应急指挥中心办公室设在国家发展和改革委员会，全面统筹协调煤电油运和抢险抗灾中跨部门、跨行业、跨地区的工作。

2 月 1 日下午，温家宝再次赶赴湖南，与此前成立的应急工作组和地方主要领导共同分析当前的灾害形势，明确提出抢险抗灾的三项重要工作：通路、保电、安民。

2 月 3 日，胡锦涛再次强调要千方百计“保交通、保供电、保民生”。

2 月 10 日，胡锦涛再次作出重要指示，要求部队在此前积极投身抢险救灾的基础上，继续支持受灾地区搞好恢复重建工作，为夺取抗灾救灾全面胜利作出更大的贡献。为了响应这一号召，南京军区迅速派出 1

万多名官兵奔赴江西进行电网抢修工作，成都军区组织5000名官兵，带着100辆运输车和3架直升机奔赴贵州进行电网抢修及运输救灾物资和器材的工作。截至2月11日下午6时，全军和武警部队已经累计出动官兵64.3万人次，动用民兵预备役人员186.7万人次参加了抗灾救灾。

广州火车站的“疏、堵、放”

在广州火车站坚守了11天，分流滞留旅客的朱永章在回忆当时的场景时，为自己和战友们的坚守而自豪。他回忆道：

1月26日时，冷冻更厉害了，广州的气温一下子又降了6摄氏度，而这时候被困在广州火车站进退两难的旅客到27日凌晨时已经达到20万了！为了保证被困旅客的安全，他们建了8个临时候车点，这样就相当于把旅客分成8个区域来进行“疏”。同时，他们又果断采取“堵”的方式，将火车站的所有路口迅速封堵起来，以防更多不知情的旅客进入已经严重拥挤的火车站。做好这两项工作以后，下一步就是随着电力和车次恢复，尽可能地安排旅客乘车离开火车站。但是因为当时已经拥挤滞留了很久，再加上又冷又饿，旅客的情绪已经不太稳定了，很多人出现了抱怨、谩骂等情感发泄行为，甚至出现了群体性呐喊、涌动、冲击等强烈不理智行为。因此，要保证“放”得安全也是一件非常不容易的事情。等待了太久，一旦放开，极易出现人群拥挤现象，从而发生踩踏事故。因此战士们用自己的身体组成人墙，将旅客分成方块，一块一块放行。随着放行的进行，分隔旅客人群的难度也越来越大。最终实现全部安全放行，靠的是公安战士们用自己的身体来进行强行阻隔。

部门联动抗冰雪

中国气象局建立了低温雨雪冰冻等专业动态监测预报系统和预警发布机制，各级气象部门提前24—72小时作出预报，并加强实时监测，加密观测频次，对重点省份实行一对一监测预报。

2008年1月30日，卫生部召开了全国卫生系统抗灾救灾和安全生产电视电话会议，对卫生系统的抗灾救灾作出了部署。这一天，卫生部以内部明电形式印发了《关于加强低温雨雪冰冻灾害卫生应急工作及信息报告的紧急通知》，要求将原规定的灾害卫生应急信息周报改为每日报告和零病例报告。

科学技术部门也发挥了科学技术在抗灾救灾与灾后重建中的支撑作用。2月9日，科技部会同国土资源部、交通部、农业部、水利部、教育部、林业局、气象局、中国科学院等有关部门，基于国家科技支撑计划、863计划等科技计划研究成果，紧紧围绕南方受灾地区灾后恢复重建的技术需求，组织编制了《南方地区雨雪冰冻灾后重建实用技术手册》。这一手册阐述了农业、交通通信与电力供应恢复、公共卫生、食品卫生、地质灾害防治、灾情遥感测绘、日常生活等多个方面的几十项技术。

救灾重建有安排

2月13日，国务院及时决定将工作重点由应急抢险转为灾后全面恢复重建。2月15日，国务院批转了煤电油运和抢险抗灾应急指挥中心《关于抢险抗灾工作及灾后重建安排的报告》。2月25日，国务院再次批转了《低温雨雪冰冻灾后恢复重建规划指导方案》，明确了以修复电网、农田水利等设施，修复倒塌民房为重点，尽快恢复灾区群众生活等方面的工作任务。

各受灾地区也分别制定了灾后重建规划。根据3月26日国务院常务会议的决定，在2008年中央财政安排“三农”投入5955.5亿元、基建投资739亿元的基础上，再增加中央财政性资金252.5亿元，用于农业和粮食生产，继续向受灾地区倾斜。

国务院煤电油运和抢险抗灾应急指挥中心围绕“保交通、保供电、保民生”的总体应对方针，从2月2日—22日接连发布了22个公告，对因灾造成的生产线系统、生命线系统以及可能引起次生灾害的防御进行了详细的安排。在该中心的综合协调下，对全国交通有重要影响的京珠高速于2月4日全线打通，此后一周内，灾区主要交通干线相继打通。3月8日，国家电网公司、南方电网公司所辖受灾电网全面恢复正常运行。在不到一个月的时间内，中国政府即基本完成了灾后恢复过程，保证了社会的稳定。南方雪灾过后，中国国家电网和南方电网公司明确表示，2008年3月底前恢复正常运行，农村地区则在4月全面恢复；民政部则表示48.5万间倒塌民房于6月底完成恢复重建。对于因灾倒损房屋仍集中和分散安置的166万群众，政府会妥善保障他们的基本生活直至新房完成。事实上，整个灾后重建的任务也基本按照预期高效完成。

三、民政救助兜底线，多方捐赠共风月

“灾难无情人有情”，在党的领导下，中国人民以大无畏的精神和必胜的信念战胜了一次又一次的灾难，并走上了更加平稳、快速的发展道路。

应急救助保基本

民政部首先做的是救助。民政部会同财政部先后向19个受灾省份紧急下拨中央自然灾害生活补助资金5.35亿元，向7个重灾省份的城乡低保对象发放临时补贴资金7.1亿元。3月，中央财政总共拨款90亿元，帮助受灾地区抗灾救灾、恢复生产。

民政部在充分发挥本身的救助功能之外，本着“政府推动、民间运作、社会参与、各方协作”的原则，积极与中国红十字会、中华慈善总会等慈善组织合作，组织开展募捐活动。根据民政部的统计，针对本次

灾害，国内外通过各级民政部门和慈善组织向灾区捐赠的款物在2月几乎每天都保持在6000万元以上，对灾区应急救灾工作发挥了重要的支持作用。

多方捐赠形式新

3月21日，民政部救灾救济司、民政部慈善事业协调办公室会同中民慈善捐助信息中心发布了《2008年初严重低温雨雪冰冻灾害全国社会捐赠总体情况》。截至2月29日，社会各界针对此次灾害的捐赠款物总额达到22.75亿元，其中15.06亿元款物已经拨付和发放至灾区，剩余7.69亿元款物将在短期内由各地陆续拨付到灾区，主要用于灾后恢复重建和特困灾民的生活安排。数据显示，社会各界针对雪灾捐赠款物22.75亿元总额中，包括捐款19.84亿元，捐赠物资折价2.91亿元。来自境内社会各界的捐赠为15.41亿元，约占总捐赠额的67.74%；来自境外的捐赠总额为7.34亿元，约占总捐赠额的32.26%。

这次捐赠活动中一个突出的特点是媒体发挥了积极的劝募作用。灾害发生后，新闻媒体迅速行动，协助举办了形式多样的赈灾义演活动。据统计，各类赈灾义演活动累计募集善款5.8亿元，其中湖南卫视的赈灾特别节目“爱心大融冰·我们一起过年”就募集到3.17亿元。

总体上来说，2008年年初南方的大范围雨雪冰冻灾害的应急处理是比较成功的，是对应急管理“一案三制”的实践交上了一份较为满意的检验答卷。当我们再回首时，也会发现，当时的应急响应还是有不少值得反思和提高的。

第十七章　应急救援的楷模：大爱在汶川

多少人，多少幸福被抢夺
多少生活在一瞬间被埋没
一切变沉默
泪光在眼眶闪烁
尘埃沾满了失落的轮廓
（情愿是我）
……
谁都会有恐惧面对黑暗的角落
为了你我再苦也不躲
我要你重获原来的生活
认定了这一辈子的承诺
纵然山摇地破，也要安然渡过
有你有我

当音乐响起，香港众多艺人身着朴素的白衣黑裤，一起唱起这首为汶川地震受灾群众鼓劲打气的歌曲《承诺》时，中华儿女都湿了眼眶。这首歌表达了对汶川地震受灾群众最真挚的慰问和鼓励，也表达了中国香港与内地同是一家人的强烈认同感和香港人作为大家庭一分子的责任感。

5 月 15 日，由香港演艺人协会发起成立了关爱行动委员会，知名演艺界人士都积极参加。

大难来临时，方显中华儿女血脉相连，根在一处！

一、龙门山断裂带的千年一怒

2008 年 5 月 12 日下午 2 时 28 分，我国四川省汶川县映秀镇与漩口镇交界处（东经 103.4 度，北纬 31 度）发生 8.0 级地震，波及全国大部分地区及亚洲多个国家和地区。下午 2 时 32 分，中国地震台网中心的实时监测系统发出了大震报警信号。10 分钟后，根据地震波形数据处理结果分析，这次地震的速报工作按流程完成。

汶川地震一时间牵动了全国人民，乃至世界各国人民的心。谁都不会想到，前一秒还是国泰民安的景象，下一秒就山崩地裂，阴阳两隔。

在 2008 年 10 月 8 日召开的全国抗震救灾总结表彰大会上，这场地震是被这样描述的：

四川汶川特大地震是新中国成立以来破坏性最强、涉及范围最广、救灾难度最大的一次地震，震级达里氏 8 级，最大烈度达 11 度，余震 2 万多次，涉及四川、甘肃、陕西、重庆等 10 个省（自治区、直辖市）、417 个县（市、区）、4667 个乡（镇）、48810 个村庄。灾区总面积约 50 万平方公里、受灾群众 4625 万多人，其中极重灾区、重灾区面积 13 万平方公里，造成 69227 名同胞遇难、

17923名同胞失踪，需要紧急转移安置受灾群众1510万人，房屋大量倒塌损毁，基础设施大面积损毁，工农业生产遭受重大损失，生态环境遭到严重破坏，直接经济损失8451亿多元，引发的崩塌、滑坡、泥石流、堰塞湖等次生灾害举世罕见。

国务院决定将2008年5月19—21日定为全国哀悼日。在此期间，全国和各驻外机构下半旗志哀，停止公共娱乐活动。5月19日下午2时28分，全国人民默哀三分钟，汽车、火车、舰船鸣笛，并拉响防空警报。经过国务院批准，从2009年开始，每年的5月12日被定为“全国防灾减灾日”，全国各地的地震及应急部门都会以不同的形式举行内容丰富的防灾减灾教育及宣传活动。

千尺龙门山万仞，一朝倾覆亘野悲

汶川县位于龙门山上，岷江旁边，地形高低起伏，落差极大，最高处四姑娘山达6250米，最低处漩口镇海拔不足1000米。龙门山断层一直是地质学上的重要研究对象，其奇特之处在于断层带东南边和西北边的地质年代完全不同，东南边的四川盆地及其代表的大陆板块相对古老，而西北边，也就是青藏高原，其地质构造却比较年轻。龙门山断层是中国南北地震带中的川滇地震带，属于逆冲断层，因此形成了较高的一侧凌空凸起，悬挂在较低的一侧的奇特景观。

四川地区过去一直地震频发，因此人们普遍认为能量已经通过鲜水河断层释放掉了很多，龙门山断层已经在愈合。然而，大自然还是给了我们一个猝不及防的巨大打击，就在5月12日，龙门山断层再次出现了一次千年来最大的错动。这次断层错动，形成了从成都一直延伸到广元的断裂带。这条断裂带绵延约300公里，宽30公里，与龙门山断层方向一致，都向西北倾斜30度左右，这也正是这次汶川地震的主要灾区。这意味着这次断裂是西北方的力量往东南方向上推动而形成的。像龙门山断层这种逆冲断层有一个最大的特点，那就是一旦发生错位，一般都是上盘动而下盘不动，因此这次汶川大地震，位于上盘的汶川、茂县等地受灾程度要远远超过位于下盘的成都。

其实，龙门山脉中一共有三条断裂带。第一条是龙门山主边界断裂带（又称为彭灌断裂带），第二条是龙门山主中央断裂带（又称为映秀—北川断裂带），第三条是龙门山后山断裂带（又称为岷江断裂带或者茂汶—汶川断裂带）。那么，汶川地震到底是从哪条断裂带发震的呢？根据从震区传回来的图像与数据来看，汶川县城破坏程度最小，而沿着映秀—北川断裂带的北川县城和映秀镇却遭受到了毁灭性的破坏。由此可以判断，映秀—北川断裂带是发震断裂带的可能性最大。

地震发生时，地震横波以每秒 4 公里的速度沿着断裂带向东北方向裂开，如同一串爆竹或者一排地雷，只用了 80 秒就完成了映秀—北川—青川—广元的长达 330 多公里的长距离移动，沿途的都江堰、映秀、彭州、绵竹、北川、青川等地遭到了毁灭性的破坏。

我们都不会忘记震级 7.8 级的唐山大地震瞬间夷平了唐山城，那么只比唐山大地震震级高 0.2 级的汶川大地震是否和唐山大地震的严重程度差不多呢？完全不是！尽管震级只差了 0.2 级，但汶川大地震释放的能量却是唐山大地震的 2 倍，也就是相当于两个唐山大地震！

龙城飞将今犹在，跳伞绘图勘灾情

地震发生之后，尽管震级和震中已经确定，但仍然不清楚这次大地震的影响范围到底有多大。大地震之后，位于成都、理塘、中江、宣汉、美姑等 12 个测震台的数据传输设备都遭到了破坏，无法传送数据，而汶川、茂县、北川这些受灾最严重的地方更是没有一点儿消息。弄清楚这个问题成为摆在抗震救灾所有工作之前的一个艰巨任务。

5 月 12 日下午 4 时 28 分，成都军区向震区派出直升机帮助侦查灾情，但是重灾区到处都是尘土飞扬，直升机完全无法降落。时间在一分一秒地过去，具体影响范围如果还弄不清楚，就无法展开下一步的精准救援工作。每拖延一分钟，就意味着会有更多的被困群众失去生命。形势十万火急！

成都军区首长命令伞兵跳伞侦查。根据伞兵跳伞勘察到的灾情准确信息和已知相关资料，经过数据分析，绘图专家在晚上10时完成了《汶川地震初步估计灾区区域分布图》，第二天一早，又根据四川省领导的意见，绘制出了第二张灾情图并送到了四川省委省政府。5月13日晚上11时，在都江堰临时抗震救灾指挥部里，由温家宝主持召开的现场工作会议上，已经使用了绘图专家们绘制出来的灾区区域分布图。[①] 尤其是在震后刚开始的几天内，这一灾区区域分布图对指挥抗震救灾起到了极为重要的作用。

美国国家地理空间情报局（National Geospatial-Intelligence Agency，NGA），其前身是美国国家影像与制图局（The National Imagery and Mapping Agency，NIMA），其主要任务就是协助情报部门挑选、分析和发布地理空间信息，并且致力于为客户提供地理空间情况分析和解决方案，在第一时间收集和分析美国侦察卫星拍摄到的灾区图像。我国是5月19日才看到NGA提供的灾区卫星图像的。这些图像分辨率达到0.1米，画面清晰，灾区建筑物被毁情况、水库大坝等基础设施受损的情况，以及山体滑坡等景象都清晰可见。

根据美国、日本及中国台湾等提供的数据佐证，当时伞兵得到的信息和绘图专家绘制出来的灾区分布图是准确的，我们的专家绘制出来的灾区分布图与美国卫星拍摄的实景完全吻合。

伞兵的英勇无畏、专家的业务水平令人赞赏，也令我们骄傲和自豪，但是这背后令我们不得不反思的是：我国勘察技术和手段还与国际先进

① 马泰泉:《中国大地震》，地震出版社2018年版，第362—366页。

水平存在一定的差距。如果我们当时已经有了这些技术，那又何须战士冒险跳伞去勘察灾情，绘图专家夜以继日顶着巨大的预测压力去绘图呢？“落后就要挨打”，经过这次地震，我们再一次深深地感知科技水平对于应急救援的重要性。

二、闪电救援，中国脊梁

汶川地震的救援速度之快，救援投入人员之多，充分展现了我国应急救援的优势和实力。

在大地震发生后的最短时间里，中国共产党中央政治局常委会立刻召开紧急会议，国家各部委、各省市立刻启动应急响应预案；胡锦涛在第一时间作出指示；国务院抗震救灾总指挥部总指挥温家宝在第一时间赶赴灾区，在接下来的72小时之内，他马不停蹄地在灾区视察灾情，慰问和鼓励群众救灾自救，坚定信心。

5月12日下午3时30分，四川省委书记刘奇葆带领12支医疗队赶赴灾区一线，指挥抗震救灾工作；省长蒋巨峰，省军区政委叶万通、司令员夏国富等领导乘直升机奔赴震中灾区；第一时间向公众发布权威消息，采取各种措施减轻地震造成的灾害。四川省各地区发布公告向民众通报交通情况。同时，公安部消防局命令四川省消防部队立即进入一级战备状态。

黄河饮马竭，赤羽连天明

5月12日下午4时40分，温家宝一行乘坐专机飞往灾区。晚上8时30分左右，温家宝一行驱车抵达都江堰市，在都江堰就地搭建帐篷开展了抗震救灾的工作。救人，救人，他一次又一次地重申着党和国家在大灾大难面前的第一选择。有了人才会有一切。汶川地震的救援速度也得到了国际社会的高度赞扬。

盖以慈爱心，惟期已成达

赶赴灾区救援的人们从四面八方同时奔跑着。

5月12日晚上8时，武警四川省总队阿坝支队就已经向着汶川灾区出发了。

5月12日晚上8时02分，两架军用运输机从北京南苑机场起飞，运送国家地震救援队的175人前往灾区，并于晚上10时到达成都。

5月13日凌晨，第三军医大学紧急医疗队抵达四川德阳灾区，接着又组织医疗队赶赴灾情最重的汉旺镇；重庆等10个消防总队的1060名消防员带着30条搜救犬赶到灾区。

凌晨3时多，武警部队13000多名官兵赶往灾区。截至早上7时，武警部队已经向灾区派送了13820名救援人员，救出受伤人员1800多人。同时，温家宝再次召开国务院抗震救灾指挥部会议，要求在5月14日之前打通通往震中灾区的道路，全面开展救援工作。

接下来的几天，救援队伍和救援物资源源不断地抵达灾区。地震发生以后，我国香港、澳门、台湾都给予了资金援助。香港和台湾还分别派遣了20人和22人的救援队前往绵竹市进行救援活动。国内各界人士及普通民众都积极捐款捐物，向汶川奉献自己的爱心。截至7月18日，

2008年汶川地震救灾工作现场（新华社记者 陈天湖 摄）

包括外国政府、团体和个人，华侨华人，留学生，国际和地区组织等共为汶川地震捐款合计 7.7 亿元。日本、韩国、俄罗斯、新加坡四国分别派出了境外救援队伍。其中，日本分两批共派出 60 人的专业救援队伍参与救援，韩国由 47 人组成的救援队和新加坡由 55 人组成的救援队在什邡市展开救援工作。俄罗斯由 51 人组成的救援队在绵竹市和彭州市展开救援。欧盟、联合国儿童基金会、国际奥委会等国际组织也都向汶川发出了紧急援助。此外，数十个国家以官方救援形式向汶川伸出了援手。

中国政府的救援速度及应急调动能力、灾后重建能力得到了美国《纽约时报》、新加坡《联合早报》、加拿大广播公司等几十家外媒的高度赞扬。葡萄牙《快报》认为地震检验了中国领导层的能力，而加拿大广播公司报道："中国军队的反应速度和人员、装备、物资投放能力均给人留下深刻印象。"

在 2008 年 10 月 8 日召开的全国抗震救灾总结表彰大会上是如此描述汶川大地震的现场救援工作的：

我们组织开展了我国历史上救援速度最快、动员范围最广、投入力量最大的抗震救灾斗争，最大限度地挽救了受灾群众生命，最大限度地降低了灾害造成的损失。我们坚持把抢救人民的生命摆在第一位，只要有一线希望就尽百倍努力，84017 名群众被从废墟中抢救出来，149 万名被困群众得到解救，430 多万名伤病员得到及时救治，其中 1 万多名重伤员被快速转送全国 20 个省区市 375 家医院。我们千方百计安置受灾群众生活，1510 万名紧急转移安置受灾群众基本生活得到妥善安排，881 万名灾区困难群众得到救助……中国人民以无所畏惧的英雄气概、团结一致的强大力量、可歌可泣的伟大壮举，书写了中华民族发展史上新的壮丽诗篇。

与1976年的唐山大地震相比，我们在应对巨大自然灾害方面的以人为本的理念始终没变，但是在应对装备、技术上已经比之前有了巨大的进步，更为重要的是，在对外信息公布和以开放心态接受国际、国内友善援助捐赠方面已经有了实质性的变化。改革开放以来，我们的对外信息公布更加透明、及时，国际协作更为广泛、多元，心态更为包容，人类命运共同体意识更加坚定，这些变化都见证着我国的巨大进步。

三、手挽手重建新汶川

汶川的灾后重建包括过渡安置和整体规划重建两部分。其中的过渡安置工作，是和救灾工作紧密联系在一起的。灾后数千万人一时间无家可归，过渡安置与救人一样刻不容缓。5月17日下午，国务院抗震救灾总指挥部召开第八次会议，其中一个事项就是如何安置受灾群众的生活问题。

一省一地助建房，明月何曾是两乡

在地震发生两天之后的5月14日，四川省城乡规划设计研究院和成都市规划设计研究院就开始了过渡安置点规划援助行动。而住建部和四川省住房和城乡建设厅在震后一周内就成立了由100多人组成的“规划援助专家团队”，并于5月18日抵达四川，与四川地方规划单位合并成六个工作组，开始了第一批次的灾后应急规划援助行动。

5月20日，国务院抗震救灾总指挥部召开第十一次会议，具体研究受灾群众的生活安排问题。同日，住建部下发了《关于建设四川地震重灾区受灾群众过渡安置房的通知》。5月21日，住建部又下发了《地震灾区过渡安置房建设技术导则》。

四川省委、省政府和住建部也马不停蹄地按照中央的精神开始部署过渡安置工作。除了鼓励自建和政府统一安置之外，外省援助这种举国体制也再一次在救灾中发挥了重要作用。图 3 展示的就是当时过渡安置房的“一省包一地”对口支援安排情况。

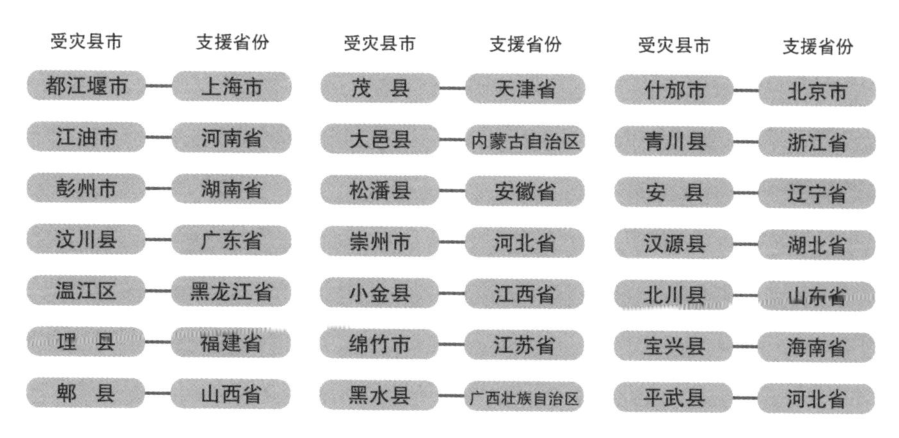

图3 5·12 地震救灾过渡安置房对口支援图

资料来源：杨洪波著、四川省住房和城乡建设厅编:《5·12 汶川特大地震四川灾后重建城乡规划实践》，中国建筑工业出版社 2013 年版。

注：格式略有改动。

截至 6 月 25 日，外省援助的第一期过渡安置房（活动板房）计划圆满甚至超额完成，计划建设 25 万套，而实际建成超过 30 万套。在 6 个工作组的配合下，于 8 月 8 日奥运会之前，成功完成上千万人的安置工作，并确保 9 月 1 日所有学生在板房内开学复课。

举首白云天共远，四方上下与同愁

完成了迫在眉睫的过渡安置工作后，系统的灾后重建工作也立刻启动了。2008 年 6 月 4 日，国务院通过了《汶川地震灾后恢复重建条例》，于 6 月 8 日公布并于当日起施行。

这一次，对口帮扶的举国体制再次发挥了重大作用。6 月 18 日，《汶川地震灾后恢复重建对口支援方案》颁布，该方案中提出了一对一、一帮一的灾后重建计划，要求方案中计划的 19 个省份对口支援一个重灾县（市、地区）的重建工作 3 年，支援财力不能低于其省财力的 1%。

历经两年时间，截至 2010 年 9 月，纳入国家重建规划的 29700 个项目的开工率已经达到 99.3%，完工率达 85.2%，总计划投资的 8613 亿元中已经完成了 7365.9 亿元，完成率达 85.5%。受灾群众基本上住进了新房子，公共服务设施全面升级，基础设施实现了根本性改善，圆满完成了中央“三年重建任务两年基本完成”这一目标。图 4 所示为当时的对口支援安排情况。

援建方	受援方	援建方	受援方
山东省	四川省北川县	山西省	四川省茂县
广东省	四川省汶川县	湖南省	四川省理县
浙江省	四川省青川县	吉林省	四川省黑水县
江苏省	四川省绵竹市	安徽省	四川省松潘县
北京市	四川省什邡市	江西省	四川省小金县
上海市	四川省都江堰市	湖北省	四川省汉源县
河北省	四川省平武县	重庆市	四川省崇州市
辽宁省	四川省安县	黑龙江省	四川省剑阁县
河南省	四川省江油市	广东省深圳市	甘肃省受灾严重地区
福建省	四川省彭州市	天津市	陕西省受灾严重地区

图 4　5·12 地震对口支援一览图

资料来源：杨洪波著、四川省住房和城乡建设厅编：《5·12 汶川特大地震四川灾后重建城乡规划实践》，中国建筑工业出版社 2013 年版。

注：本图格式略有改动。

四、创造性毁灭

2009 年 3 月 25—27 日，中国地震局在北京京丰宾馆召开“全国地震局长会议暨党风廉政建设工作会议”。这次会议的重要议题之一就是对汶川大地震的科学总结与反思。

再次聚焦地震预报

在总结与反思中，老百姓最关心的问题仍然集中在预测上。为什么1975年海城7.3级地震被成功预测出来，但是唐山大地震和汶川地震却没有被预测出来？关于这个问题，主要有三种认识：第一种认为地震预测预报不大可能，完全毫无头绪，甚至连这种艰难的突破点在哪里都找不到；第二种认为地震可以预报；第三种认为地震预报很难，但要迎难而上。

而对于汶川地震没有被预测出来的初步结论是：长期预报偏失，中期预报偏差，短期异常偏少。对于地震，迄今为止，在我国乃至全世界，准确预报仍然是一个不解难题。在这种情况下，一方面要继续强化对于地震预报的科学研究，另一方面也可以从提高城市韧性的角度来强化方法。

创造性毁灭还是韧性提升？

“创造性毁灭”(creative destruction)源于著名经济学家约瑟夫·熊彼特(Joseph Alois Schumpeter)，用于讨论创新的力量，并解释创新同时具有双重性，即对旧方法和旧产品的毁灭，才会带来新方法和新产品的创造。因此，企业要想持续发展下去，就要拥有“创造性毁灭”的能力。后来，这一理论的内涵、外延及使用范围被进一步扩大，甚至被用于解释大地震之后城市的重建、商业的复兴、创新的推进等更加欣欣向荣的现象。地震这种破坏性毁灭增强了城市创新的力量。

纵观历史上曾经发生过大地震的城市，似乎绝大部分城市也恰恰证明了这一点。古代如遭遇过严重地震袭击的庞贝古城和赫库兰尼姆古城，在重建后并没有出现人口减少的现象。再比如伊朗首都德黑兰，历史上曾发生过十几次7级以上地震，但现在的德黑兰仍然拥有800多万人口，是西亚最大的城市之一。城市，似乎总是有着极强的复原能力，在震后重建以后，甚至变得更加充满活力。

反观我国发生过大地震的城市，也似乎验证了这一理论。新唐山已经是一座拥有将近800万人口的现代化大城市。汶川的大地上，一座座小洋楼各展风姿，一座座新城如雨后春笋般拔地而起。看着这些生机勃勃的城市，很难与之前遍地瓦砾、满眼残骸的景象联系起来。恩格斯的那句话“没有哪一次巨大的历史灾难不是以历史的进步为补偿的”[①]，也更好地为“创造性毁灭”填上了一个恰如其分的脚注。

城市规划师劳伦斯·威尔（Lawrence Vale）和托马斯·坎帕内拉（Thomas Campanella）在他们合著的《韧性城市》(*The Resilent City*)一书中这样写道：

> 灾难会刺激再投资和创造性毁灭，只要城市的经济实力来源没有受到根本影响。资本主义在这层意义上就会战胜灾难。[②]

这一说法其实更多的是强调韧性城市的可恢复性。而地震，恰恰是考验一个城市韧性的最合适的考卷。

如何提高城市的韧性，正在成为今天全世界地震学界和城市规划学界关注的热点。

---

① 《马克思恩格斯全集》，人民出版社1986年版，第149页。

② 安德鲁·罗宾逊著、曲云英译:《大地的呼啸：地震、国家与文明》，上海社会科学院出版社2019年版，第179页。

5·12 汶川地震遗址

第十八章　应对暴雨洪灾的变迁：2010年的乘风破浪

轰隆隆一声惊雷炸裂，土黄色的洪水刹那间奔涌而来，镜头一开始就用声音和视觉为观众营造出了洪灾发生时的紧张悲壮气氛，紧接着四个红色大字跃然银幕之上——惊涛骇浪。

这是2003年上映的电影《惊涛骇浪》的片头。这部以1998年长江、松花江、嫩江流域抗洪救灾为背景制作的电影，由发生在抗洪救灾过程中的五个小故事构成。每个小故事主人公的经济条件、身份、背景都不相同，每个人遇到的问题和挑战也各不相同，但是随着剧情中五次洪峰一次次逼近，所有个人的问题都被抛在一边，军民一心抗击洪水成了大家共同的选择。

无论是军长的儿子还是富人的儿子，无论是将领还是士兵，无论是大学生还是老奶奶，每个人都用自己的行动为抗洪救灾作出贡献。危机时分堵决口的部队，不分昼夜保堤坝的战士，用数玉米粒的方式鼓励当司机的孙子多拉快跑的盲奶奶，这一组组抗洪救灾的英雄群像中，每一个人都那么平凡，却又那么伟大。

在2011年1月12日召开的全国气象局长会议上，国家气候中心主任宋连春在回顾2010年时，沉重地指出，“2010年是本世纪以来中国气候最为异常的一年，我国气象灾害造成的损失为本世纪以来之最”[①]。2010年的夏天是一个多灾多难的夏天，全国大雨不断，长江汛情紧急，暴雨洪水再一次威胁着中华儿女。在危机面前，在大范围暴发的暴雨洪涝灾情面前，我们的党和人民，谱写出了一段段动人的故事。

一、风如拔山怒，雨如决河倾

2010年5月20日起，我国江西、湖南、广东、福建、广西、浙江部分地区出现了大到暴雨，局部地区大暴雨。据新华社报道，湖南资水、湘江支流渌江和浏阳河，江西信江，赣江支流袁河、锦河、同江，抚河支流宝塘水，以及福建闽江支流崇溪、南浦溪等一度发生超警戒水位的洪水。

6月13日起，我国华南、江南南部地区再次出现强降雨，造成严重的山洪泥石流滑坡灾害。据国家防汛抗旱总指挥部办公室统计，截至7月26日9时，全国共有28个省、自治区、直辖市遭受洪涝灾害，累计农作物受灾787.4万公顷，受灾人口1.24亿人，因灾死亡823人、失踪437人，倒塌房屋68万间，直接经济损失1541亿元。与2000年以来同期相比，洪涝灾害各主要统计指标均偏大，其中直接经济损失偏多2倍，倒塌房屋偏多3成。据时任国家防总副总指挥、水利部部长的陈雷介绍，2010年南方汛情主要呈现出四个特点：降雨强度大，降雨过程历时长，中小河流洪水量级大、水位高，以及山洪灾害频发多发。

倾盆霹雳虎狼惊，滚滚山洪眨眼生

对于我国南方九省、自治区、直辖市来说，2010年的春天迎来的不是“春雨贵如油”的欣喜，而是对于从春天就开始连续不断降临的暴雨

① 新华网快讯，2011年1月12日。

的担忧。从 3 月初开始，江西东北地区就开始连降暴雨，到 4 月 6 日，江西省永丰县 24 小时内的降雨量达到 111 毫米，以至于发生洪灾，导致 30 多户农户被洪水围困。这一期间，江西省其他一些地区也陆续开始出现洪涝灾情。但人们没有想到的是，这只是 2010 年我国南方大范围暴雨洪灾的开端而已。

4 月 13 日，福建省中部闽江流域出现了 2010 年第一场洪水，23 名农民被困孤岛。

4 月 20 日，广西桂林的漓江突发洪水，造成桂林市 5 个县（区）35 个乡镇的 32.75 万人受灾。

5 月 6 日，江西省 61 个县市遭到特大暴雨袭击，定南、寻乌、龙南等县受灾严重，发生山体滑坡，赣州市共有 16.7 万人受灾，紧急转移群众 4430 人。

截至 6 月初，贵州铜仁地区、黔东南州、黔南州等地部分县遭受洪涝灾害，导致 7 万余人受灾，3 人死亡。

截至 6 月 6 日下午 5 时，暴雨等气象灾害已经致使重庆 89.78 万人受灾，紧急转移安置 7 万余人。

……

入汛以后，江西省已经出现了 23 次明显的降雨，且降雨量比往年高 37.5%。2010 年 1—7 月，江西省已经有 1871 万人遭受到洪灾的危害，死亡 26 人，失踪 2 人，直接经济损失高达 500 亿元。贵州的情况也大致相似，因地形原因，贵州的局部强降雨引发了更为严重的山洪灾害。

甘肃的灾情也令人揪心。24 个乡镇成为洪涝重灾区，受灾人数高达 46 万人，甘肃省甘南藏族自治州舟曲县北边的罗家峪、三眼峪由于泥石流下泄，由北向南冲向县城，造成沿河房屋被冲毁，泥石流阻断白龙江形成堰塞湖，导致县域 1501 人遇难，264 人失踪。

截至 6 月 17 日，三峡水库水位已经达到 148.04 米，超过了限汛水位145米。与此同时，全国重点河道站中的湖南湘潭、江西外洲、江西李家渡、江西梅港、浙江兰溪、福建洋口、福建七里街、广西梧州河道站水位也都超过了警戒线。

危险就在眼前，灾难有可能瞬间就暴发。堤坝和水库的安危牵动着无数中国人的心。

此外，2010年南方暴雨引发的另一个突出问题就是城市内涝，“东方威尼斯”纷纷涌现，城市内部市民被困，无法出行，甚至车辆陷在道路低洼积水处而无法逃生，以至于失去生命。城市排水管道设施开始受到人们的重视。当时，国家防汛抗旱总指挥部总指挥回良玉表示：“必须清醒地看到，当前和今后一段时期防汛抗洪救灾的形势仍十分严峻、任务十分艰巨……我国灾害防御体系还存在着一些薄弱环节，特别是中小河流防洪标准偏低，山洪灾害防御能力较弱，城市防洪排涝标准偏低。”

身先士卒救苍生，抢险抗洪挂心头

党中央、国务院从5月份开始就高度重视防汛抗洪工作。

5月18日，国家防汛抗旱总指挥部召开新闻通气会，向媒体通报当前全国防洪防汛工作的情况，介绍了国家对于防洪防汛工作的部署和措施，重点关注了关于防洪防汛工作相关的信息公开与新闻宣传工作。由此可见党和政府对防汛工作的全盘部署安排和预先准备工作都十分到位。5月，国家防汛抗旱总指挥部会同财政部紧急下拨1.5亿元特大防汛补助费支持湖南、江西、广东、浙江、重庆、西藏等11个省、自治区、直辖市的抗洪抢险工作。

6月16日，国家防总再次召开紧急防汛会商会议，分析研判当前天气形势和汛情变化，进一步部署防汛抗洪工作，特别强调要做好水库、堤坝安全和地质灾害的预防工作。

6月22日，上午8时30分、10时30分以及下午3时30分，长江防总主任、副主任一天三次在防总办公室召开防汛会商会议，研究部署防汛工作。截至22日，中央防汛物资长江委汉口定点仓库已经紧急调遣第四批抢险物资抵达江西南昌、抚州灾区。抢险物资包括抢险舟48艘，船外发动机233台，救生冲锋舟281艘，专用机油260箱，便携式查险灯500只。

6月27日，国家防总将防汛应急响应由Ⅱ级调为Ⅳ级，同时要求江西、湖南等省继续密切监视汛情变化，做好堤坝防守、水利工程调度、圩区排水和水毁工程修复工作。

7月14日，召开长江流域防汛抗洪救灾视频会议，总指挥进一步安排部署了当前的抗洪救灾工作。

二、狼藉彻旬雨如注，轰然倾塌唱凯堤

江西省抚州市临川区东北部有一条堤坝名为唱凯堤，它位于江西省第二大河——抚河中下游的右岸。唱凯堤全长81.8公里，保护着湖南、罗湖、唱凯、罗针、云山5个乡镇14.5万人口的生命及12万亩粮田的安全。2010年6月以来，抚州市暴雨不断，抚河发生了有文献记录以来最大流量的特大洪水，抚河全线超过了警戒水位。

惊雷啸起浪滔滔，溃坝决堤猛水高

2010年6月21日傍晚6时30分左右，抚河唱凯堤在长期浸泡下，最终没有抵挡住来势汹汹的洪水，灵山何家段轰然溃决，最初的溃口只有5米宽，但很快就扩宽到60米。这一势头继续发展，后来达到347米。

据当时的亲历者回忆："最开始洪水从大坝下面冲出了一个30米左右的裂缝，随后上面堤坝开始倾塌，紧接着塌陷面扩大。"洪水来势迅猛，严重威胁着下游群众的生命安全。据当时唱凯镇游学村的村民描述："我听到巨响，就知道堤倒了，丢下饭碗就往外跑，骑上摩托车载着妻子和两个小孩，以最快的速度逃离，洪水就在车轮后追赶着，头都不敢回一

下。”短短时间内，决口已经扩大了100多米，滔滔不绝的洪水冲向离决口处仅半公里的唱凯镇张家村，顷刻间靠近决口的几间民房就被洪水淹没了。此时的张家村已经成为水中孤岛，全村上千人全部被困，相距不远的罗针镇浒溪万家村近千人被困……放眼望去一片泽国，树尖就如同水草一般随水摇摆，电线杆也只露出半米不到的高度。村庄里3层小楼的1楼已全部被水浸没，平房则只剩屋顶露出水面。夜色已深，被困群众有的无奈之下爬上楼顶，放爆竹发求救信号，有的只能在水中蹚来蹚去，焦急地等待着救援。京福高速公路、316国道以及12万亩粮田的安全都受到严重威胁。

6月22日上午8时30分左右，抚河上游大型水库廖坊水库超汛限水位3.58米。唱凯堤决口造成唱凯、罗针、罗湖、云山4个乡镇41个村约10万名群众受灾，被淹区平均水深1—2米，决口发生后不久，3.5万名受灾群众或在乡镇干部组织下或自发迅速转移，但仍有约6.5万名群众被洪水围困，唱凯堤抢险救灾形势十分严峻。22日下午，靠近决口的唱凯镇和罗针镇已是一片汪洋，京福高速罗针段公路路面聚集了大量转移的人群。紧急撤离的村民说，“水太大了，我们的小船根本就进不去，力量有限，还需要专业救灾队伍多多支援。”

6月23日早上6时30分左右，唱凯堤内的洪水在罗针镇长湖村附近再次冲开一个新缺口，这个缺口宽度约150米。洪水一部分泄入抚河，一部分倒灌入东乡河。情况更加紧急了。

溃流无情人有情，抗洪还看解放军

江西抚河唱凯堤决口是2010年入汛以来中国出现的最大洪涝险情。灾情发生后，江西省军区突击抢险队、南京军区突击抢险队、抚州军分区突击抢险队、江西省消防总队突击抢险队先后到达现场。根据江西省人民防空办公室在勘查现场后形成的决议，决定暂且不堵截决口，以转移群众、保证群众安全为主。赣州军分区民兵抢险分队从余江赶赴唱凯后，在冲锋舟尚没有运送到现场的情况下，军分区后勤部长廖盛标身先士卒，只要有伤员被冲锋舟运送到安全地带，他们就冲上去，把伤者背到救护车上。空军出动5架大型运输机支援江西抗洪抢险，为抚州灾区空运冲锋舟、橡皮艇以及其他救生物资共77.4吨。在救援现场，冲锋舟和橡皮艇在行进过程中遇到很多困难，高压电缆成了“拦路虎”，冲锋舟绕着离水面不到半米的高压电线，辗转着向民宅移动，偶尔还会有尖石浅滩，冲锋舟无法继续前进，救援人员只好全部跳下舟，人拉肩扛着把冲锋舟往深水处拖。

负责指挥救援的武警江西省总队政委说：“我们的宗旨就是救人，尽最大的限度、最大的努力救老百姓出来。（出动）冲锋舟22艘，我们要求上船的都要熟悉水性，每人必须穿上救生衣，每条船要准备10件救生衣，救下来的老百姓也要穿上救生衣，保证安全地救出来。”

除抓紧抢险救灾、转移群众到安全地带外，灾区医疗服务和卫生防疫工作也在有序进行。6月22日凌晨2时，南昌大学第一附属医院接到通知，要求迅速组建抗洪救灾医疗队赶赴一线。中央领导多次作出重要指示，要求把保障人民群众生命安全放在第一位，努力把灾害造成的损失减少到最低程度，全力保障灾区群众的生活。大量受灾群众被安置在抚州市体育馆和多所学校，由临川区民政局保障受灾群众的食宿，发放凉席、被子、矿泉水和饼干等物资。

当6月23日早上唱凯堤新决口出现以后，封堵抚河唱凯堤决口就成了抢险救灾工作的重中之重。从6月23日上午8时起，武警水电部队第二总队正式对决口开始直接封堵工作，原定6天完成，经过昼夜连续奋战，加之天公作美，江西抚河唱凯堤决口封堵于27日傍晚6时15分实现合龙，提前完成。时任抚河抢险工程指挥部副总指挥、武警水电指挥部副主任的岳曦激动地说：“经过全体官兵的共同努力，胜利完成了任务，我们感到很欣慰。受灾的老百姓可以回家了。”

三、绿水青山山不语，五星红旗争须臾

在防汛救灾工作中，“人民至上、生命至上”不是共产党员空洞的口号，而是打赢防汛救灾这场硬仗的根本价值导向、原则立场和行动指针。面对严峻的防汛形势，广大党员干部闻“汛”而动，暴雨中迎难而上，黑夜里坚守一线，堤坝上严阵以待。“我是党员，我先上”，党员始终冲锋在抗洪抢险救灾前线，让百姓有了“主心骨”，吃了“定心丸”。

各级党组织密切联系群众抗击洪水的伟大实践，有力彰显了“人民至上”的执政理念，充分展现了中国力量、中国精神、中国效率。

中国共产党的水利民生情怀

洪灾来临时，水利工程会直接关系到人民生存、人民生活和人民幸福。中华人民共和国成立之前，河道长期失治，堤防残破不堪，水利设施寥寥无几，偌大的国土上只有22座大中型水库和一些塘坝、小型水库，江河堤防仅4.2万公里，几乎所有的江河都缺乏控制性工程，这也导致频繁的洪灾荼毒百姓的生活。

中华人民共和国成立后，中国共产党高度重视江河治理和水利工程建设，把水利建设放在恢复和发展国民经济的重要地位，集中有限财力投入攸关国计民生的水利项目中，开展了对淮河、海河、黄河、长江等大江大河大湖的治理，治淮工程、荆江分洪工程、官厅水库、三门峡水利枢纽等一批重要的水利设施相继兴建，从此掀开了中国水利建设事业的新篇章。1952年，本着“蓄泄兼筹、以泄为主”的方针，中央调集30万军民，以75天的惊人速度建成荆江分洪第一期主体工程，这在1954年长江洪灾中起到了关键性的作用。

改革开放后，水利工程建设步伐明显加快，三峡、小浪底、治淮、治太等一大批重点水利工程开工兴建。长江三峡工程和黄河小浪底工程

最值得一说，长江三峡水利枢纽使长江荆江段防洪标准达到百年一遇，这是世界第一的大而复杂的水利工程；黄河小浪底工程大大缓解了花园口以下的防洪压力，有效减少了泥沙淤积，将下游河道防洪标准提高到千年一遇。

1998年长江洪灾后，中央决定进一步加强水利建设。长江干堤加固工程、黄河下游标准化堤防建设全面展开，治淮19项骨干工程建设全部完成，举世瞩目的南水北调工程及尼尔基、百色、紫坪铺、皂市、沙坡头水利枢纽等一大批重点工程相继开工。同时，开始实施大规模的病险水库除险加固、灌区节水改造和水土保持等水利项目，水库安全状况得到较大程度改善，溃坝失事事件明显减少。中小河流具备防御一般洪水的能力，重点海堤设防标准提高到50年一遇。

在中国共产党的领导下，国家先后投入上万亿元资金用于水利设施建设，水利工程规模和数量跃居世界前列，水利工程体系初步形成，江河治理成效卓著。全国各类水库从中华人民共和国成立前的1200多座增加到近10万座。5级以上的江河堤防达30多万公里，总长度是中华人民共和国成立之初的7倍多。从过去“小水大灾”、洪水泛滥，到现在“大水小灾”、有序应对，大江大河干流基本具备了防御较大洪水的能力，洪涝灾害显著降低，中国水利建设取得历史性成就。

中国共产党在防汛减灾中的科学治理

抗洪精神是革命精神与科学精神的高度结合。中国共产党在防汛救灾的决策中，注重自然规律与科学理念，注重专业人才辅助决策。进入21世纪以来，面对严峻的防洪形势，各地政府充分发挥科技防洪的优势，利用信息化科技手段，不断提升汛期防洪安全保障能力，实现云端作业、智慧防洪、科学减灾，减轻洪灾对人民群众生命财产造成的损失。比如在强降雨天气的防范和应对过程中，先进的北斗高精度地质灾害监测预警系统可以提供愈加精细的汛期气象服务，及时更新汛情和预警；无人机可实现精准制导搜救，避免和减少灾民伤亡的发生；砂石打包机等科技利器被运用到防汛救灾一线，让抢险救援更加科学、高效。科技在保障施救者生命安全方面也发挥着重要作用，大部分官兵除了身着救生衣，还在腰间系了一条仅有 5 厘米宽的气胀式救生腰带。如果不慎落水，只需拉开充气阀门，储气瓶中的高压气体便会将气囊充满，变成围在腰间的救生圈，为官兵加装了一道保险……

从气象水文预报到防汛监测预警，从危堤抢险到分蓄洪调度……防汛救灾的每一步、每一个环节，都在科技的作用下，变得更加精准、更加有效。中国共产党始终坚信：高科技手段为救援抢险提供更有力的保障，相信科学、尊崇科学、依靠科学，才能打赢防汛救灾这场硬仗。

中华人民共和国成立以来，中国共产党先后带领人民战胜了 1954 年江淮大水，1958 年黄河大水，1963 年海河大水，1991 年江淮大水，1994 年珠江大水，1998 年长江、松花江、嫩江大水，2003 年和 2007 年淮河大水以及 2010 年长江大水，成功应对了频繁发生的台风和山洪灾害袭击。广大党员舍小家为大家，与风雨较量，与洪水搏击，加固堤坝、背送沙袋、疏散群众、抢运粮食、搭建帐篷……军民上下齐心、众志成城，人民子弟兵、基层干部、新闻记者等冲在抗洪的第一线，以实际行动诠释了共产党人的为民情怀与先锋模范作用。经过百年发展，我国因洪灾伤亡的人数大大减少，防汛工作经验得以丰富，抗洪科技得以持续发展，我国抗洪抢险的现代化水平得以全面提高。

中国共产党建党百年以来，旧中国江河泛滥、洪涝肆虐的落后局面得到根本性扭转，防汛抗洪减灾工作取得了巨大成就。面对洪水，广大共产党员坚守初心和使命，始终与灾区群众同生死、共命运，让党的旗帜在灾区高高飘扬。

第十九章　抗击泥石流：四川出现奇迹

灾难并不可怕，只要我们能携手找到生活的勇气和方向，希望的芬芳一样会洒满人间。

这是2019年4月19日，在第九届北京国际电影节上获得“优秀制作中项目奖”的电影《芬芳》所要传递给每一位观众的理念。《芬芳》取材于2010年8月7日的舟曲泥石流灾害，以“人生无常，赈灾救人，教育救心，家破国在，感恩成长”为主题，深深打动了评委和观众的心。

电影一开始，展现在观众面前的就是从山坡上倾斜而下的一股浑浊的泥水，然后出现的是断壁残垣的救灾现场，救灾人员在到处搜救被压群众。这时有人发现了一位老婆婆，她浑身都被泥水覆盖，已经看不出本来的相貌。一位白大褂上沾满了泥巴的男医生在拼命抢救伤者，却终究回天无力。故事就是从这位名叫多吉的青年于2010年亲历的那场泥石流灾难讲起的。

时间被拉回到了2010年8月7日。那时的多吉还是个喜欢在球场上踢球的少年。傍晚响起了雷声，这一切都预兆着泥石流灾害就要到来了，但是多吉不知道，多吉年幼的妹妹不知道，多吉的其他家人也都不知道。他们还是一如既往地在准备着晚饭。

镜头再闪过时，我们看到的就已经是暴雨冲刷下的泥汤了，里面似乎有一个人在蠕动着。终于他费劲地从泥水中爬了出来，而身边早已经分不清哪里是家了。

天晴了。泥水肆虐而过的大地干涸了，露出了皴裂般的巨大纹路。就在这一片被干燥的泥土“封印”住的大地上，突然有个红色的东西映入眼帘。仔细再看时，让人不由得倒吸一口凉气，那是一个穿着红裙子的小女孩儿，她是多吉的妹妹。只是，她小小的身体有一半在污泥之下，明明昨天她还在和爸爸玩捉迷藏。

多吉走到了妹妹的身旁。他想把妹妹扒出来，但是，周围那干涸了的泥巴却异常坚硬，多吉竟然无从下手……

其实，这部影片讲的主要是包括多吉在内的四个经历了舟曲山洪泥石流灾害的少年，在老师的帮助下终于走出灾难阴霾的故事。泥石流，改变了他们各自的人生。

民间都说，泥石流灾害暴发时是“座座山头走蛟龙，条条沟口吹喇叭”。这一场景在电影中也生动地重现在我们眼前。恐怖，无望，暴雨，断水断电，这些场面在电影中也一次次重复着。

一、舟曲之夜噩梦来

2010 年 8 月 7 日傍晚，舟曲的天空突然变得阴沉沉的，霎时狂风暴雨，一场噩梦即将降临。一位刚与亲人通过电话的母亲睡在儿子的身边，没多久就听到外面传来石头撞击的声音和玻璃碎裂的声响，让她无法入眠，随后便传来撕心裂肺的呼救声。她见情况不对，便一把抱起身边熟睡的儿子准备往外跑，而此时卧室的门已经被冲击得裂开了口子，她回头打算从窗口冲出去，但是倒塌的墙体堵住了去路，墙壁和石块开始往下坍塌。顷刻间，泥石流灌了进来，一直埋到这位母亲的脖颈处，在慌乱中她只记得将孩子用双手牢牢撑在头顶，她的双腿动弹不得，但儿子的哭喊声让她拼命抑制住内心的恐惧。不知过了多久，救援人员来了，并将他们成功救出。看到儿子顺利被抬出，她当即昏倒了。这位母亲在长达 8 个多小时的绝境里，拼命托起自己 4 岁的儿子，爆发出惊人的力量和毅力。这是甘肃舟曲泥石流事件中感人的一幕。

晚上 10 时左右，甘南藏族自治州舟曲县城东北部山区突降特大暴雨，降雨量达 97 毫米，持续 40 多分钟，引发三眼峪、罗家峪等四条沟系特大山洪地质灾害。舟曲泥石流长约 5 千米，平均宽度 300 米，平均厚度 5 米，总体积 750 万立方米，流经区域被夷为平地。截至 2010 年 9 月 7 日，灾害共造成 1557 人遇难，284 人失踪，累计门诊治疗 2315 人。此次特大泥石流堵塞嘉陵江上游支流白龙江，形成堰塞湖，造成重大人员伤亡，电力、交通、通信中断。

舟曲泥石流的成因

“8·7”甘肃舟曲特大泥石流的发生原因可以从以下几个方面去分析：

第一，特殊的地形地质条件。舟曲县大部分地区为高山、中山，且山高坡陡，地形破碎，非常容易造成降雨在短时间内的迅速汇集，为滑坡、泥石流的发生提供了地形条件。这种特殊的地形地质是导致灾害发生的重要原因。

第二，气象因素。舟曲县在 2009 年下半年到 2010 年上半年持续干旱，造成附近山区的山体和岩石裸露在外。2010 年 8 月 7 日晚，舟曲县及附近山区突降特大暴雨，持续时间长达 40 多分钟，在短时间内造成大量雨水的迅速聚集，雨水进入岩石缝隙导致泥石流的发生。

第三，汶川大地震的影响。舟曲县所在地区的地壳运动比较活跃，在历史上曾经发生过多次 7 级以上地震。地震会破坏山区山体及岩石的稳定性，许多滑坡、泥石流都是由地震直接导致的。舟曲县是汶川大地震的重灾区之一，2008 年的汶川大地震加重了舟曲县附近山区山体及岩石的破碎性和不稳定性，为泥石流灾害的发生埋下了隐患。地震造成的山体松动至少需要 3—5 年时间才能消除，而 2010 年距离地震发生只有 2 年的时间，因此，汶川地震留下的后遗症就在舟曲展现得淋漓尽致。

第四，舟曲县脆弱的生态系统。随着舟曲县的经济不断发展，人口迅速增长，然而经济发展却是以生态环境破坏为代价的。森林的过度砍伐、土地的不合理运用导致植被稀少、生态环境恶化，这成为“8·7”甘肃舟曲特大泥石流灾害发生的重要诱因。

全方位救援

8 月 8 日，最早的一支救援力量——武警交通第六支队救援队携带专业设备赶到了现场，直至 9 日凌晨 2 时左右，仍有大量救援人员在现场进行紧急清淤搜救工作。由于灾害发生突然，不少居民的亲属在泥石流灾害中遇难。有的居民甚至全家只有个别亲属幸存，这给幸存者带来了很大的打击。在 9 日凌晨召开的指挥部会议上，卫生部决定调集心理医生赶赴舟曲灾区，对灾民进行心理疏导服务。

党中央非常重视灾后信息的协调和畅通。这对于防止网络谣言传播，避免人为恐慌至关重要，通过对灾区泥石流的发生发展规律、影响因素、再次发生泥石流的可能性等给予科学论证后，及时准确地传达给当地民众，维护灾区群众心态平稳。民政部也积极履行自身职能，向甘肃省灾区组织调运 1 万件棉大衣、2400 张折叠床、2000 顶 12 平方米的帐篷等救灾物质，保证灾区群众的日常生活。

随着退耕还林、退耕还草等政策措施的进行，未来引发泥石流的要素越来越可控，这样的悲剧性灾难有希望被遏制住。事实上，已经有大量的科研工作者开始努力探索泥石流产生的规律，积极寻求抗击泥石流灾害的有效举措。

二、“8·13”特大山洪泥石流抢险中的四川奇迹

2021年4月23日，由四川省防汛抗旱指挥部主办，阿坝州防汛抗旱指挥部和中共汶川县委、县人民政府承办的四川省2021年山洪灾害防范应对演练在汶川县绵虒镇举行。这次演练模拟了汶川县遇到突发强降雨而引发山洪泥石流时的应对场景。这次演练充分体现了在突发山洪泥石流时，省、州、县、乡、村、组、户7个层级人员是如何进行联动应对，水利、应急、交通等10余个政府部门又是如何协同响应、配合处置的。泥石流在四川省是一种多发灾害，近年来，四川省每年都会举行这样的应急演练。在应对方面，除了强化预警、加强基础设施建设等之外，只有这种“贴近实战、突出重点、注重实效”的演练，才能使四川省在抗击山洪泥石流等自然灾害时更为专业和高效。

四川省之所以对泥石流防范应对工作如此重视，最直接的原因就是历史上当地曾多次发生山洪泥石流灾害。四川人民正是在一次次与山洪泥石流抗争的过程中，才对泥石流来临时的凶险有了切肤的感受，也在如何及早防御、避免泥石流给人民生命财产带来更大伤害和损失上积累了一些经验。四川人民在与山洪泥石流斗争的过程中，发生过太多或悲壮或令人扼腕叹息的故事，而发生在2010年8月中旬的那场“8·13”特大山洪泥石流，则成为近年来中国共产党带领四川人民战胜山洪泥石流的一次伟大壮举。这次与山洪泥石流抗争所取得的成绩，被人们惊叹地称为“四川奇迹”。

暴雨狂倾久不休，泥沙裹石肆虐流

2010年8月中旬开始，四川省大部分地区普降大雨甚至暴雨、大暴雨，从而引发了山洪泥石流地质灾害，全省20个市（州）、125个县（市）共有576万人受灾。其中，成都、德阳、广元、绵阳、雅安、阿坝

等“5·12”汶川特大地震重灾区受灾尤为严重。在这些重灾区中，德阳市绵竹市清平乡、阿坝州汶川县映秀镇，以及成都市都江堰市龙池镇灾情尤为严重。[①]

在这次山洪泥石流发生之前，四川省气象局就预测，8月10日晚8时到11日早8时的12个小时内，一场强降雨将会在雅安、成都、眉山，以及绵阳、德阳、广元3市的西部和阿坝州北部降落，其中包括暴雨149站、大暴雨87站、特大暴雨6站。11日下午4时30分，四川省气象局启动了重大气象灾害（暴雨）二级应急响应。同时，预报中的上列重点区域的政府、气象局以及相关部门也都紧张了起来，严密关注着即将到来的强降雨的动向，并随时准备应对强降雨有可能引发的山洪、泥石流、山体滑坡等自然灾害。

雅安市气象局里的气氛极度紧张。经过会商，8月10日下午，雅安市气象局联合雅安市自然资源和规划局、市水利局分别发布了地质灾害风险预警和山洪灾害气象风险预警。到了下午6时，雅安市气象部门启动了重大气象灾害（暴雨）四级应急响应。市防汛抗旱指挥部印发通知，要求相关部门落实强降雨防范应对的各项措施。11日早上7时30分，雅安市气象局将暴雨应急响应等级提升到了三级，并派出3个工作组赶赴汛情最严峻的芦山开展防汛救灾工作，调查灾情。11日下午5时30分，雅安市气象局再次提升了应急响应等级，此时雅安市已经进入了暴雨应急响应二级状态。除了紧密关注气象信息，随时调整暴雨应急响应等级之外，雅安市气象部门还先后发出6期临近预报、7期气象信息快报，并分别向受到强降雨影响较大的乡镇和相关部门开展了电话“叫应”服务59次和19次，对雨情超过100毫米的11个乡镇实施了点对点服务。

绵阳市气象部门同样也处在极度紧张中。8月11日，绵阳市防汛抗

---

① 孙京东、万金红、张葆蔚等:《四川绵竹“8·13”山洪泥石流灾害调查》,《人民珠江》,2015年第1期,第20—24页。

旱指挥部根据气象部门的预测，于中午12时启动四级防汛应急响应，并于下午4时升为三级。同时，绵阳市地质灾害指挥部发布了灾害二级（橙色）预警，气象部门也将暴雨三级应急响应提升至二级。绵阳市气象部门一边关注着雨情的变动情况，一边频繁地向县委、县政府进行汇报。与此同时，在县政府及相关应急部门的组织下，各地的群众转移工作也在有序进行，安州区提前转移群众2093人，无人员伤亡；北川县全县无人员伤亡；平武县转移8000余人，无人员伤亡。

德阳市气象部门在这场持续暴雨的应对方面也是早早做足了准备。8月9日下午4时，德阳市气象局就发布了强降雨天气预报。8月10日上午11时，德阳市气象局再次确认天气预报结论，经过会商后，发布了暴雨黄色预警，并联合市防汛抗旱指挥部、市自然资源和规划局、市水文局发布了地质灾害气象风险预警、山洪灾害气象风险预警、中小河流洪水期风险预警，并及时启动了重大气象灾害（暴雨）四级应急响应。到了下午3时，德阳市下辖的广汉和什邡将暴雨预警信号升级为红色预警。12日上午8时，德阳市多地出现山洪泥石流险情，但是由于准备充分，应对及时，没有发生人员伤亡事故。紧接着，德阳市的暴雨应急响应也升级到了二级响应，并持续发布了暴雨橙色预警。

阿坝州气象局在8月15日下午3时发布了暴雨蓝色预警。下午6时，县局和州局部分相关单位进入了暴雨四级应急响应状态。16日下午3时，暴雨蓝色预警升级为黄色预警；5时，全州气象部门进入暴雨二级应急响应状态。16日和17日，在险情最危急的汶川和茂县还发布了暴雨红色预警。在密切关注雨情的过程中，阿坝州全州共发布暴雨预警23期、暴雨预警信号29期，发布雨情信息快报37期；阿坝州气象台发布山洪地灾气象风险预警产品6期。阿坝州委、州政府正是在州气象部门提供的预警预报的基础上，才得以准确判断情况，及时做出值班值守、防范应对、避险转移等各种应急应对措施，最大限度地避免了人员伤亡，降低了灾害损失。

泥水巨石惶恐夜，警钟卫士难再归

在抗击洪水泥石流灾害的过程中，感天动地的故事似乎都很相似，但是当我们仔细倾听他们的故事时，故事中的每一个人却又如此不同。受灾最重的德阳市绵竹市清平乡村民在抗击“8·13”特大山洪泥石流的过程中，失去了一位他们爱戴多年的老生产队队长兼清平湔沟村6组地质灾害隐患点检测员王永生。王永生当时已经70多岁了，干了20年地灾防治工作。他的离去，让村民们哭红了眼睛。

8月12日，王永生在绵竹市开完防汛抗洪的会议后回到家，下午就接到了乡政府的暴雨预报通知。通知里说未来48小时之内将会有暴雨，要求做好地质监测工作。王永生赶紧通知了村民，然后出发去检查地质隐患点。晚上8时就下起了雨，并且越下越大，到了13日凌晨，雨下得更大了。情急之中王永生连续两次拉响警报，通知村民迅速撤离。凌晨1时刚过，雨就已经积到了公路边，情况十分危急。于是，王永生第三次拉响警报，催促村民们转移。到了凌晨2时，电闪雷鸣，甚至从河道里还传来了巨石相撞的声音。王永生知道情况不好，第四次拉响了手中的警报器，劝告那些不肯离去的村民迅速转移。在催促大家快跑的同时，他自己却又转身冲进了狂风暴雨中，说要再去看一下险情。凌晨2时30分左右，大家还能看到王永生穿着白色雨衣站在山坡上。可就在随后的那一瞬间，伴随着轰隆隆的巨响，大水卷着泥石流呼啸而来，王永生瞬间就消失在了水流和泥石流中。

湔沟村117名村民全部转移到了安全地带，而凌晨4时，守卫村民安全的王永生的遗体才在他家附近的公路边被发现。一个20多年为防山洪泥石流等地质灾害工作的老人，带着对工作的负责和对乡亲们的热爱，就这样离去了，留下的是全村人对他无尽的怀念和感激。

山洪预警助力决策，科技赋能应急管理

国家防汛抗旱总指挥部办公室和中国水利水电科学研究院研究人员在他们发表的论文中指出，“8·13”特大山洪泥石流主要形成了三个灾区：第一个是右岸（棋盘村段）的冲刷区，第二个是左岸（清平小学段）的淤积区，第三个是左岸（幸福家园段）的内涝区。[①] 整个山洪泥石流灾害就表现出了“淤”“冲”“卡”“涝”四个特点。具体来看，“淤”指的是泥石流在走马岭沟、罗家沟、娃娃沟和文家沟沟口以下形成了700万立方米左右的大体量堆积；“冲”指的是山洪泥石流堆积物使文家沟沟口以下河道主流向右转移，淘刷并冲破右岸堤防，在居民区中穿行，民房被泥沙掩埋或填充，右岸机耕道路路基局部被急流淘刷悬空；“卡”指的是山洪泥石流冲毁了幸福大桥，桥面在老清平大桥处形成淤堵，过水不畅；“涝”则是指因受汶川地震影响，幸福家园内无法及时排水，同时绵远河的洪水又冲毁了护岸堤，使得幸福家园地段内涝严重。

从历史上看，四川省一直是山洪泥石流高发地区。其原因就在于恶劣的地质环境。地质专家在回答“8·13”特大山洪泥石流灾害境内外记者提问时提到，汶川地震为山洪泥石流的形成提供了丰富的物源。[②] 在这种情况下，一旦发生高强度连续降雨，就容易引发大面积的山洪泥石流灾害。而改善地质环境是一个长期的工程。在这种情况下，“8·13”特大山洪泥石流灾害能够反应迅速，及时转移疏散，最大限度地减少人民生命财产损失的“金钥匙”是什么呢？答案就是科技的力量——主要是山洪预警系统发挥了积极作用。

四川省响应国家防汛抗旱总指挥部的指示，从2004年就开始了山洪灾害防治试点工作，先后在西昌、宣汉、德昌、安岳、丹巴等地进行了

---

① 孙京东、万金红、张葆蔚等:《四川绵竹“8·13”山洪泥石流灾害调查》,《人民珠江》，2015年第1期，第20—24页。

② 胡彦殊、胡敏:《“政府主导、全民参与”防灾新模式创造成功避险奇迹》,《四川日报》，2010年8月21日。

试点。“5·12”汶川特大地震发生之后，四川省39个地震重灾区的山洪灾害防治及防汛预警项目建设都被列入了灾后恢复重建计划。其中，绵竹市在地质灾害多发地段建设了14处自动雨量站、19处自动水位站、2处人工水位站，并相继投入了使用。在这次“8·13”特大山洪泥石流灾害中，正是预警系统及时有效地发挥作用，才使各级政府和应急管理部门能够在及时的预警信息的基础上，对未来灾情做出准确研判，并做出相应的应急决策。

从8月12日下午4时30分开始，山洪预警系统就检测到清平乡等地开始降雨。到晚上10时，雨势加大，预警系统及时发出了预警信息，绵竹市防汛抗旱指挥办公室就在第一时间通过各种方式将预警信息传递到清平乡政府。接到预警信息的清平乡政府立即启动防汛应急预案。按照预案,115处地质灾害隐患点的安全监控员全部到位，并开始巡视汛情，挨家挨户通知并组织村民转移。随着雨下得越来越大，山洪泥石流暴发的可能性也越来越大，而像清平乡一样的各个隐患点周围村民的转移工作也加快了节奏。就是靠着“提前预报、科学预警、有序组织”，各地人民群众大多在山洪泥石流暴发之前就转移到了安全地带，在特大山洪泥石流暴发前一个小时，仅清平乡就成功转移了5400多名群众。

当然，全体党员和人民群众在党中央的领导下积极主动地参与山洪泥石流灾害的抢险救灾，是创造“四川奇迹”的重要基础。例如，在灾害发生后，武警四川省总队党委就立即启动应急预案，兵分多路，快速出击，全力救援。总队在第一时间就调派驻成都附近的2000名官兵，以最快速度奔赴灾区开展大面积、多点位救援。这次救援，累计出动兵力13293人、车辆404台、冲锋舟87艘，分别在映秀、绵竹、都江堰、阿坝、雅安、广元等10多个市（州）、20多个乡（镇）、40多个村同步展开救援，将灾害损失降到了最低。

1921—1949

1949—1978

1978—2012

2012—

第四阶段　中国特色社会主义新时代

党的十八大召开，标志着中国特色社会主义新时代的开启，在中国共产党党史上具有划时代的意义。进入新时代，我国防灾减灾救灾领域以及应急管理、风险治理、国家安全治理等方面也步入了新的阶段。

人类对自然规律的认知没有止境，抗灾是人类的永恒课题。2012 年以来，我国经历了三次巨大台风的袭击：2014 年“威马逊”台风重创海南省；2016 年“莫兰蒂”台风在中秋佳节之际登陆厦门，影响了整个闽南地区；2019 年的“利奇马”台风登陆温岭，先后严重影响多个省（市）。在每一次对台风的抗击中，共产党员都走在最前线，保护着百姓和城市的安全。而始于 2019 年年底的新冠肺炎疫情则是新时代中国人民和党、国家面临的又一次突发公共卫生事件领域的重大挑战。

自然灾害的防治关系着国计民生。回首过去救灾的经历，总结过往防灾减灾的经验和教训，在新时代面对各种自然灾害及突发事件的过程中，党中央进一步意识到了建立高效的自然灾害防治体系，提高全社会自然灾害防治能力的重要性。2016 年年底，《中共中央　国务院关于推进防灾减灾救灾体制机制改革的意见》明确提出要坚持以人民为中心的发展思想，坚持以防为主，防减救相结合，努力实现从注重灾后救助向注重灾前预防转变，从应对单一灾种向综合减灾转变，从减少灾害损失向减轻灾害风险转变，全面提升全社会抵御自然灾害的综合防范能力。

在这样的指导思想引导下，我国的灾害管理机制日渐科学有效，防灾减灾救灾能力逐步提升，灾情信息管理更加精细，防灾减灾救灾的国际交流与合作更加广泛深入，防灾减灾救灾的多元参与格局也初步形成。在此基础上，基于总体国家安全观的框架，为了维护公共安全这一最基本的民生，党和政府作出了重要指示。在未来的应急管理中，要在党的领导下，增强忧患意识，防范风险挑战，树立红线意识，坚持底线思维，强化应急准备，完善应急体制机制建设，加强应急能力建设和队伍培养，加强科技在应急救援中的支撑作用，强化应急救援体系建设。

生命至上，安全第一。在未来的发展道路上，防灾减灾救灾工作事关人民群众生命财产安全，事关社会和谐稳定，是衡量执政党领导力、检验政府执行力、评判国家动员力、体现民族凝聚力的一个重要方面。我们相信，已经走过了百年辉煌历程的中国共产党，必将在下一个百年征程中，带领全国各族人民共同创造新的辉煌。

2019 年超强台风“利奇马”登陆温岭
（新华社记者 韩传号 摄）

2012—

2020 年新冠肺炎疫情期间医生在抢救患者（新华社记者 江榕 摄）

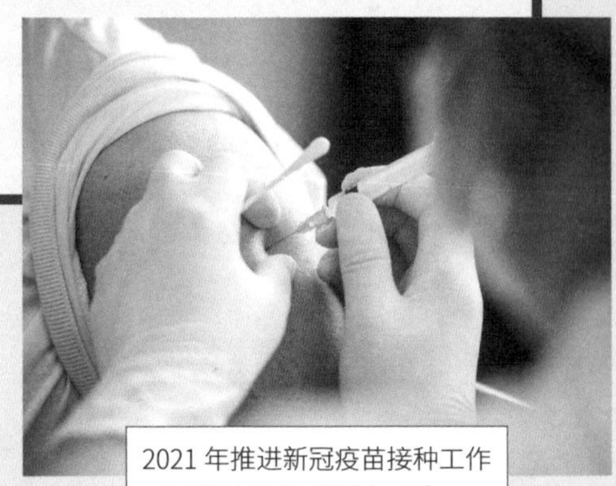

2021 年推进新冠疫苗接种工作
（新华社记者 肖艺九 摄）

第二十章　雨骤风狂三尺涛：党旗在台风中飘扬

说到台风，除了台风作为一种自然灾害给我们带来的威胁和损害以外，估计很多人会对台风各种各样有趣的名字感到好奇，什么“山竹”啊，“玉兔”啊，“龙王”啊，听起来也是很有意思的，甚至一下子将台风的凶险特征都掩盖了。和其他自然灾害相比，拥有或可爱或温柔或有趣的名字也是台风的一个特点。

那么，台风为什么会拥有如此可爱的名字呢？这些名字又是怎么出现的呢？人类开始给台风命名的历史并不长，首次给台风命名发生在1887年，命名者是澳大利亚的一位气象预报员，名叫克里门·兰格(Clement Wragge)。他在播报天气预报的时候，用自己不喜欢的政治人物来指代台风，由此开了为台风命名的先河。之后世界各国都分别采用了不同的台风编号方式。比如美国使用人名来命名，我国则从1959年起采用四位数字编号来命名台风，如2006年的台风“桑美”在我国还有另外一个编号，即0608，意思是2006年的第8号台风。

台风是一种影响范围非常大的自然灾害，一旦发生，有时候影响的就不仅仅是一个国家，而是会影响到多个国家，命名标准不同则会对共同应对台风造成阻碍。于是，作为联合国亚洲及太平洋经济社会委员会和世界气象组织联合主持的一个政府间组织，台风委员会决定从 2000 年 1 月 1 日起对发生在西北太平洋和南海的热带气旋采用统一的名称。这就是我们现在使用的台风命名法则，其全称为“西北太平洋和南海热带气旋命名系统”(Northwest Pacific and South China Sea tropical cyclone naming system)，由世界气象组织中亚太地区的 11 个成员国和 3 个地区提供台风名字形成一张拥有 140 个名字的台风命名表，并按顺序使用。

台风委员会还有一个规定，如果当某一个台风给一个地方或多个地方造成巨大损失时，就会将这个台风的名字从表中“开除”，由推荐国家或地区重新提供一个名字替换到台风命名表中。如在前面章节中讨论过的 2006 年在浙江省登陆的台风“桑美”，就因为破坏程度强、损失大而被除名；2005 年在福建省登陆的台风“龙王”也一样因为带来的损失过大而被除名。图 5 展示了西北太平洋和南海台风名。

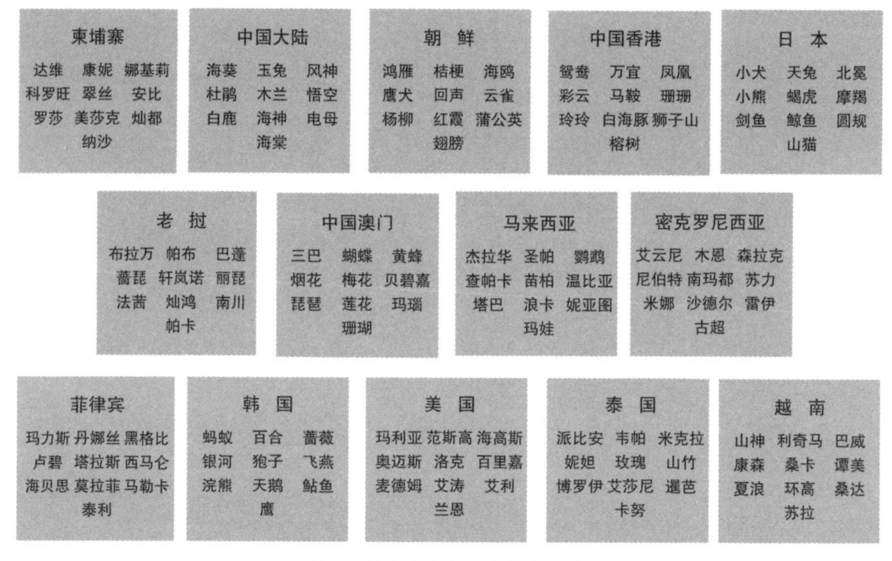

图 5 西北太平洋和南海台风名

注：根据 2019 年 2 月在广东省广州市举行的 ESCAP/WMO 台风委员会第 51 次会议决议，接受将温比亚和山竹除名的提议，待第 52 次会议确定替代名字。

一、“威马逊”强袭海南省，重灾区实现零死亡

2014 年 7 月 18 日，超强台风“威马逊”登陆中国海南省文昌市后，打破了 2006 年第 8 号台风“桑美”的纪录，成为中华人民共和国成立以来登陆中国风力最强的台风，登陆时风力达到 17 级以上。由于“威马逊”对中国华南地区造成了重大经济损失，台风委员会决定让“威马逊”这个名字“退役”。

超强台风“威马逊”正面袭击海南，拥有 100 多公里海岸线的海口市美兰区地处风口，遭受重创。全区供电、供水、交通、通信被大面积破坏，大批村镇、民房、农田、水利被毁，损失高达 51.6 亿多元。大灾当前，美兰区、镇、村三级党组织基层党员干部，毅然决然地走到抗风前线，走到受灾群众身边，党群同心，上下协力，创造了超强台风袭击下重灾区“零死亡”的奇迹。

台风来临前，党员干部是群众的“防风林”

在台风“威马逊”来临前，海口市美兰区委将防风抗灾工作归结成一句话：将防风抗灾作为践行群众路线的主战场，党员干部要站到一线与群众在一起，成为群众的“防风林”！全区防风防汛工作围绕这一精神迅速展开，区委、区人大、区政府领导和机关单位干部全部下到基层，与群众面对面、点对点地部署防风防汛工作。每一个海岛、渔港村落、街区的防风责任都落实到每一个党员干部身上。对重点设施，由党员组成的应急队提前介入，驻点坚守。对易受灾地区，由党员巡查小组突查险情，加强防范。各镇选派得力党员，包干负责逢雨必淹的村落，进驻海上孤岛。全区所有党员重任在肩，严防死守、力保群众，无人懈怠。

正是凭借“党员要成为群众的‘防风林’”的精神，在台风来临前夕，全区做到了渔船 100% 回港，海上作业人员全部上岸，低洼地带人员全部

撤离，危房群众全部转移。

抗击台风，党员干部是群众的“顶梁柱”

台风“威马逊”登陆后，强度和破坏力完全超出预计，每秒74米的最大风力迫使美兰区将防灾应急措施提到最高等级。全区房屋倒塌，村落被毁，街道受淹情况非常严重，群众求救电话铃声此起彼伏，坚守一线的各级干部冒死冲进狂风暴雨中，出现在急需帮助的群众面前。

在应急抢险的过程中，美兰区的党员干部以实际行动践行了自己的诺言：“党员，就要起先锋模范作用。”“只要还有一口气，就要把村民转移出来。”台风凛冽，人有温情，台风中的党员故事，格外暖心。北港岛防洪楼的大门被强风暴雨吹坏，11名党员用身体把门死死顶住，护住了几十名群众。在风最强、雨最大的时候，党员熊延胜发现少了3个村民，他站到众人面前大喊：“是共产党员的全部站出来！”所有党员都应声而出，跟着他闯入风雨中，义无反顾。当大家终于找到那3位回家查看灾情而被困的村民时，被救者与救援者抱在一起，群众和干部们都激动地流下了眼泪。

在这次抢险救援中，美兰区全区党员干部身先士卒，干群齐心协力，紧急转移安置数万人，把台风造成的损失降到最低，创造了超强台风正面登陆但没有一人因灾死亡的奇迹。

恢复重建，基层党员干部要成为群众的“领头羊”

台风“威马逊”造成美兰区45.6万人受灾，财产损失惨重。房屋倒塌、道路被毁、水电通信中断，大量城市树木被吹倒在道路上，许多生活垃圾要清理，被淹的农田种植物要抢种。美兰区的党员立即投身到资金调拨、物资发放、抢修抢建的重建工作中。美兰区喊出了“做群众的‘领头羊’”的口号，全区的党员干部再次走在群众前面，带领群众重建家园。

“威马逊”台风登陆当日，美兰区财政局的财政应急保障预案和财政紧急拨款程序即时启动。台风过后，全区党员干部立即组织个人捐款，开通了一条专为救灾资金拨付的“党员绿色通道”，将第一、第二、第三批救灾款迅速筹集、依次下拨到位。一个个以党员为核心的救灾组织和志愿者队伍，自发走进乡镇村落、街道小区，为受灾群众提供帮助，奉献爱心。台风过后第十天，全区生产生活恢复正常。这次强台风、强暴雨，是许多人一生都未曾遇到过的。大家始终坚持一个信念：“党员就是榜样，哪怕付出再大的代价，也值！”

有媒体报道说：“这是一次党员干部带领下的大救援，到处都能看到党员的身影。”一位因台风滞留美兰区的游客在微博里写道：

在遭受重创的海南岛，我惊奇地看到，台风中竟然飘扬起那么多抢险突击队、某部队救险队、“爱心救援车”、志愿者小分队的旗帜，上前一问，都是共产党员冲在第一线。

在抗击台风“威马逊”的过程中，海口市美兰区基层党员干部依靠群众路线，以“防风林”“顶梁柱”“领头羊”的角色定位，发挥着联系群众、服务群众的作用，显示出执政党强烈的时代责任感和政治担当。

二、“莫兰蒂”中秋袭厦门，海沧区高效“早”“跑”“躲”

莫兰蒂是生活在马来西亚的一种高大的树木，常常被用作建筑材料。但是以这种建设家园的材料命名的台风，却在2016年登陆厦门，成为中华人民共和国成立以来登陆福建省的最大的一次台风，给厦门、漳州、泉州、宁德造成了极大损失，因此在日本横滨举行的台风委员会第49次会议上，“莫兰蒂”被台风委员会除名。

2016年9月15日，正值中秋佳节，闽南大地上，本应该是家家户户团聚在一起用博饼这种闽南特有的民俗活动来庆祝节日，然而，这一年的中秋却同以往极为不同，让厦门人民难以忘怀。因为就在这一天的凌晨3时05分，第14号台风“莫兰蒂”来势汹汹，在厦门市翔安区沿海登陆，登陆时近中心最大风力达到15级。受“莫兰蒂”的影响，福建大部分地区都暴雨倾盆，狂风大作，一时间，尤其是以厦门市为中心的闽南地区陷入了危机之中。

其实，早在“莫兰蒂”登陆之前，从福建省到厦门市，以及市辖各区就已经启动了一级应急响应。在台风登陆前的9月14日，福建省领导就来到省防汛抗旱指挥中心，了解台风的路径、强度以及风雨影响，召开视频会议，部署全省的防台风工作。厦门市市长裴金佳上午参加完省里的视频会议之后，就彻夜坐镇市防汛抗旱指挥部，现场视频连线厦门市各区防汛办，作出有针对性的指示。同时，厦门市其他几位市领导则在14日晚分别坐镇各区防汛办指挥抗击台风。

厦门岛内的思明区和湖里区充分发挥党员干部及群众的主动性，共同抗台抢险，海沧、同安、翔安、集美这四个岛外的区在积极抗灾的同时，更是在灾后重建、快速恢复生产生活秩序方面交出了朴素又扎实的答卷。

海沧区作为受灾非常严重的一个区，成为抗击“莫兰蒂”台风过程中“厦门精神”的缩影，实现了“一三七”的预期目标，创造出了令人赞叹不已的“海沧速度”，实现了全区人员零伤亡。

海沧的防台风手册：早、跑、躲

尽管离上一次厦门被台风袭击已经过去十几年，很多人对台风的危害已经淡忘了很多，但是海沧区对于台风的防控处置却从来没有放松过。当2016年夏天，福建省防汛抗旱指挥部向全省传达了编制《防汛要素分布图》的要求时，海沧区防汛抗旱指挥部的干部们还高兴地说："看，我们的工作都做到省的前面去了！"

如果说"莫兰蒂"突袭厦门是很难提前预测的，但是时刻做好迎击台风的准备工作，一个"早"字，却是海沧区防汛抗旱工作始终坚持的理念和持续性工作。

海沧区防汛抗旱指挥部多年来一直有一个传统，那就是编制防汛抗旱隐患点的清单。而且每当经历一次台风、汛情，都会事前预先排查，事后滚动更新清单。而这次"莫兰蒂"来袭，海沧区提前绘制《防汛要素分布图》就起到了早预防、早知道、早准备的作用。在这张图中，全区25支抢险队伍，6个区级和街道抢险物资仓库，38个物资存放点，67个避难场所，以及存在隐患的地方都标注得非常清楚。在"莫兰蒂"登陆之前，这张图发到了所有有关部门干部的手中，做到人手一份，人人清楚。

海沧区对"莫兰蒂"台风抗击工作临战准备的第二步，就是"跑"。所谓"跑"，就是干部一定要跑起来，在台风来临之前转移隐患点的居民。这也是这次海沧区抗击台风的首要工作。

9月14日晚上，海沧街道温厝社区两委干部开着自己的车，在辖区山间寻找种植户。经过耐心劝导，将63名居住在临时搭建的棚子里的群众转移到安全地点。第二天台风登陆以后，这些棚子都被风吹散架了。当这些群众第二天看到如此情景，才意识到昨天的危险，也对劝说自己转移的干部表达了最真诚的感谢。

同样是在14日晚上，东孚街道在组织村民排查过程中，发现芸美村被劝走的村民又下到鱼塘里去了。于是，东孚街道立刻联系应急力量赶到现场，将这些担心鱼虾受损的村民全部转移到了安全地带。就这样，在一天的时间内，海沧区对在海面作业、危房、低洼地带、在建民房的群众全部进行了转移，共转移人员10022人，保证146艘船全部入港，船上292人全部上岸。

除了“跑”之外，海沧区委还提出要“躲”，也就是要再次对外来人口、工棚户等进行拉网式排查，带领他们一起到安全地带躲台风。海沧区当时在建的工地有200多个，这次台风过后，工地围挡倒塌7万多米，活动板房垮塌1200多间，但却没有发生一起人员伤亡事故。这就要归功于海沧区委提前组织大家躲到了安全地带。

谈到“躲”，厦门海沧货运通道A标项目部的13名工作人员感慨万千，甚至还心有余悸。9月14日晚上12时，也就是在台风来临前3个小时的时候，他们13人仍然居住在活动板房内。正是海沧街道在排查时发现了他们，并且反复劝说，终于将他们13人连夜安排到了古楼农场。台风过后，当他们返回现场，看到被连根拔起的大树和坍塌的活动板房时，才意识到自己捡回了一条命。

正是海沧区的“早”“跑”“躲”三字措施，才确保了海沧区人民群众的生命安全。

海沧速度：“一三七”目标的实现

9月21日，在海沧区文化中心展厅举行了一场“风雨同舟路，共筑海沧梦——海沧区‘抗击台风，重建家园’摄影作品展”。这一天，是台风“莫兰蒂”登陆后的第6天。短短几天工夫，主办方就收到了上千幅作品，最后入选的122幅摄影作品出现在了展厅现场。一幅幅展示海沧重建过程的照片，凝聚了47万海沧人民的真情实感，也再现了这一周来海沧人民重建家园的真实场景。

“莫兰蒂”肆虐过后，海沧区在灾后重建中实现了预定的“一三七”目标，向全市、全省乃至全国彰显了与台风战斗的“海沧速度”。所谓“一三七”目标，是指一天内主次干道基本抢通，三天内生产生活秩序基本恢复，七天内生产生活秩序全面恢复。

9月15日凌晨“莫兰蒂”登陆后，3时30分，海沧区第一支抢险救援队伍——海沧城建集团海沧市政“110”联动应急抢修队就冲进了夜色中，接着其他二十几支救援队伍也都陆续投入了抢险救援的战斗中。

在台风中，海沧区55条主干道、127条次干道树木倒伏，道路积水，垃圾阻塞，无法通行。其中受灾最严重、清障任务最艰难的是海达南路。海沧区委常委、人武部部长王树强带领300余名战士，携带着专业设备赶到现场，以最快速度清理着海达南路上的各种路障。

厦门警备工化连、海军水警区嵩屿油库部队、海警三支队、海沧区人武部的官兵们都走上了各条主次干道，连夜清障。而江西省武警水电二总队四支队的800多名官兵，更是在第一时间从南昌出发，用摩托化开进的方式，连夜用了10个小时赶到海沧，并立刻投入抢险作业中。

9月15日下午5时，在台风登陆14个小时之后，海沧区全区主次干道在厦门市各区中率先全面恢复通行。

三天基本恢复生产生活秩序的目标也在有序推进中。海沧区城管执法局和城建集团也走上街头，集中清理主次干道的垃圾。在灾后垃圾清运量倍增的情况下，做到了城区生活垃圾日产日清。

9月16日上午，上杭、连城、武平等地的供电公司派出抢修队火速赶来支援灾后的电力抢修工作。连城供电公司的领头人傅明伟是一位经验丰富的老兵，他带领23人组成的先锋队最先到达厦门。他们每天只睡四五个小时，争分夺秒地帮助海沧恢复通电。

而在这场快速恢复重建的战斗中，人民群众也都积极投身于重建家园的行动中，志愿服务在海沧蔚然成风。台风过境后的第二天，也就是9月16日，海沧区文明办通过微信、微博向社会各界发出《点滴之力 爱在海沧》的倡议书，倡导大家积极参与身边的志愿者活动，引起了广泛关注。不少小区中的业主都积极行动起来，一起抬起小区内倒伏的树木，帮助保安搬运沙袋，保护小区的地下停车场，以免灌水。

据不完全统计，台风过后，两岸义工联盟一共开展各类志愿者服务320余场，组织35600余人参与了本次灾后重建工作，深入38个社区、村居及周边服务，转移倒伏树木、清理杂物、清洁道路、整理广告牌等。在厦门的台胞和外籍人士也加入了志愿者的行列，谱写出了一曲海沧温馨建家园的乐章。

用了不到一周的时间，海沧的生产生活秩序就完全恢复了。

台风过后第一课：感恩

这次“莫兰蒂”来袭，海沧区除了在第一时间做到了清理道路障碍、抢修电力、保障供水、恢复通信等最紧急的事项，最为重视的就是学校的复学。9 月 15 日，在海沧区灾后重建领导小组第一次会议上，就对学校的重建做出了安排。

据不完全统计，“莫兰蒂”正面袭击厦门后，海沧区全区 120 所校园均受到了重大损失，校内 235 栋建筑都不同程度地出现了屋面瓦脱落、顶棚塌陷、吊顶脱落、漏水、门窗脱落、外墙砖剥落等情况，校园周边道路倒伏树木和电线杆等障碍物有 5 万多处，学校全部停水停电。

受灾最严重的北京师范大学厦门海沧附属学院的三个校区中，262 棵大树倒地，砸碎玻璃 30 多平方米。当学校发出共同恢复校园秩序的倡议时，700 多位家长立刻响应，他们带着工具冒雨来到学校。其中一位家长主动联系学校，派来了 4 台大型渣土清运车和 1 台铲车，在校园里奋战了 8 个小时。还有一位家长开着自家的卡车来到学校帮助运送垃圾。这样的故事在海沧区每一个校园里都在发生着。

9 月 18 日，海沧区的所有学校全部恢复正常教学秩序。上午 8 时，全区所有学校举行了共同升旗仪式。升旗仪式之后，学校邀请了参与学校灾后重建的解放军官兵代表、城建工人代表、志愿者代表以及家长代表给同学们讲话，表达了他们在台风后重建家园、重建校园过程中的所想所感。这一刻，泪水在同学们的眼眶中打转。“感恩”成为台风过后给同学们上的第一课。

三、“利奇马”狂怒登温岭，网格式防救保台州

2019年8月10日，台风“利奇马”在浙江省台州市温岭市城南镇登陆，登陆时中心附近最大风力16级，这使其成为进入2019年以来登陆中国的最强台风和1949年以来登陆浙江的第三强台风。“利奇马”共造成中国1402.4万人受灾，57人死亡（其中浙江45人，安徽5人，山东5人，江苏1人，台湾1人），14人失踪（浙江3人，安徽4人，山东7人），209.7万人紧急转移安置，直接经济损失达537.2亿元。由于台风“利奇马”给中国带来了较大的人员伤亡和经济损失，在台风委员会第52次会议上，中国提出将“利奇马”除名并获得通过。

作为台风的登陆地，浙江省台州市正面迎击了台风“利奇马”，满城狂风暴雨。台州市委、市政府在台风登陆之前就紧急部署，号召各级党团组织和党团员勇当急先锋，打好主动仗、奋力攻难关，用党团员的责任担当，守护好台州的一片安宁。在抗击“利奇马”的过程中，台州市党员干部走在前面，用实际行动践行为人民服务的根本宗旨。在这场人与自然灾害艰苦抗争的斗争中，台州市党员干部一直战斗在救灾最前线，为防风抗台、应急救援、恢复重建积极作贡献，实现了作为共产党员的铮铮承诺，谱写了一曲荡气回肠的奉献之歌！

在自然灾害面前，台州人民没有退缩。台州市各级党委、政府牢记习近平总书记在浙江工作时对防汛防台工作的谆谆教导，在省委、省政府的坚强领导下，坚持以人民为中心，依靠人民群众，果断落实各项防御措施；全市干部群众不惧危险、不怕辛苦，夜以继日、连续奋战，努力将超强台风“利奇马”带来的灾害损失降到最低。全市干部群众众志成城，打响了一场艰苦卓绝的防台救灾大战役！

未雨绸缪，把防灾放在首位

暴雨倾盆，狂风肆虐！超强台风“利奇马”于8月10日凌晨在浙江温岭登陆，随后横扫台州全市。专家给“利奇马”画了个像：强度强、风力大，影响范围广、暴雨范围广、降雨强度大，是一匹“暴脾气的烈马”。

人与自然灾害狭路相逢，防御是最好的武器。“利奇马”刚刚生成，气象专家判断该台风极有可能正面袭击台州市，台州市就立即召开了防御第9号台风“利奇马”的视频部署会。防御台风，就要早动员、早部署、早准备。台州市迅速启动了防台风Ⅳ级应急响应，启动应急预案，台州市委书记、市长通过远程会商系统连线各县（市、区），研究部署防台防汛工作，要求各地各部门立刻将工作重心转移到防台防汛上来，严格执行24小时领导带班制，各地各部门守土有责、守土尽责，做好一切应急抢险准备，把以人民为中心的发展思想贯穿防台抗灾始终，以“人的安全”为核心，全力以赴做好各项防御工作，努力把损失降到最低。台风登陆前两日上调风险等级，启动防台风Ⅱ级应急响应。台州市四套班子领导分赴各地督导防台工作，要求全市上下把防台作为当前压倒一切的头等大事，把人民群众生命安全放在首位，以最坏的打算做最充分的准备，严阵以待，严加防范。

为迎战“利奇马”，台州市各级有关部门根据市委、市政府的防台防汛部署，各司其职，紧急行动起来。台州市交通运输行业扎实做好防台抗台工作，公路部门出动多支抢险小分队，港航部门继续加大对内河通航水域的巡航、监控。台州市电力公司全面做好应急抢修的各项工作，组建了应急抢险小分队，及时抢修台风导致的供电问题。台州市海事局全体执法人员全线出动抗台。台州市海洋与渔业局加强台风、风暴潮、海浪等预报工作。台州市国土资源局派出地质灾害防御工作督导组赴抗台第一线，协助地方做好地质灾害防御工作。台州市农业局要求全市各级农业部门组织农民群众抓紧抢收成熟的蔬菜瓜果，减少灾害损失；动员农民群众开沟排水，除障清淤，保证水道畅通；组织群众对农场水库、大棚设施、畜禽场舍和农业机电设备等进行安全检查，并采取全面加固措施。为力争做到大灾之后无大疫，台州市卫生局要求各地加强应急物资和车辆储备，在当地储备漂白粉、漂精片、消毒液等消毒防疫药品。

与此同时，在应急预案启动之后，浙江省军区所属各部队也立即启动抗台应急抢险预案，迅速组织官兵和民兵预备役人员奔赴抗台一线，协助台州市地方政府紧急疏散转移群众。驻沿海部队严密组织，开展了紧急出动、舟艇驾驶、自救互救、紧急避险等课目演练，随时准备抢险行动。台州市边防支队还成立了应急小队，与驻地党委政府工作人员一起对辖区内的危房进行逐间排查，转移人员，排除隐患，尤其是对各处海塘进行了加固，帮助沿海养殖户加固渔排、蚝排。

在台风“利奇马”登陆前，台州市各级党组织靠前指挥，压实抗台救灾主体责任，以“不死人、少伤人、少损失”为目标，凝聚起防汛防台的强大合力。

抢险救援，党员干部筑起坚强战斗堡垒

台风“利奇马”在温岭登陆后，狂风裹挟着暴雨，在台州大地上肆虐着。温岭、玉环等地均打破历史最大台风过程雨量纪录，各地防汛形势异常严峻。台州市各级党员干部连夜下乡，提前劝说、护送甚至“绑架式”带离危险山区的村民，以免山洪、滑坡等次生灾害导致人员伤亡。在黄岩，宁溪镇上桧村的村干部冒着大雨劝说村民转移，就在最后 5 名村民撤离后不到半小时，溪流因山体滑坡而改道，直冲村庄。

路桥峰江街道李蓍埭村的一名党员网格员忙于转移群众，顾不上安置自家工厂里的成品纸箱，经济损失高达 10 多万元。在仙居湫山乡杨岸村，党员干部顶着风雨垒起沙袋，及时挡住了洪水，为村民筑起一道“保护墙”。船舶停航，通信中断……台风登陆后，大陈岛成了一座“孤岛”，大陈镇全体党员干部顾不上休息，奋力抢险救灾，以最快的速度恢复岛

内供电、供水和通信。

临海市是受灾尤为严重的地区之一。当地的党员干部挺身而出，听从党的指挥，奋战在防台防汛第一线，冲锋在抢险救灾第一线，全力以赴投入抢险救灾中去，昼夜不停地转移被洪水围困的群众。党员干部主动承担了最艰苦的工作，深入村庄、农户，排查隐患、转移群众、安置群众，为人民群众送去党和政府的关怀和温暖。

党员带头，全面领导恢复重建

在超强台风“利奇马”登陆地温岭，强风暴雨大潮造成大面积停水停电、道路积水、房屋受淹、农作物受灾等重大灾情。温岭市委、市政府立即组织温岭各级党组织和广大党员干部投入灾后自救、恢复重建工作中。温岭市3000多名微网格成员、近3万名联户党员迅速到位。

台风引起的断电对市民的影响最大，为了万家灯火，台州市电力部门开足马力，迎着狂风洪水，彻夜奋战，分秒必争，保证了辖区供电线路的通畅与安全，为抗台抢险，修复电网赢得了胜利。

这次台风对当地农业生产造成了严重影响。在村委会党员干部的带动下，全市广大农户纷纷行动起来，开展灾后生产自救。黄岩北城街道，台风导致马鞍山村2300亩葡萄园受到不同程度的影响。由于葡萄园里还有积水，种植户只能用大圆盆将摘下来的葡萄运出去，快速销售或者酿成葡萄酒，以减少损失。该区党员农技人员也及时下到田间地头，指导农户开展生产自救。

灾后防疫尤为关键，未等洪水完全退去，全市疾控人员迅速投入灾后防疫工作中。同时，市卫健委向各县（市、区）下派了9支由45人组成的技术指导组开展灾后防疫指导，做好肠道门诊设置、传染病疫情报告和监测，水淹地区集中式供水、二次供水和分散式供水的检查指导，外环境消杀灭、卫生防病知识宣教等工作。

台州市的应对是迅速、有力的。超强台风“利奇马”带来的危害性后果在一系列的应急预案、救援、重建后基本上得到妥善处置。抗击台风的过程中，台州市各级党员干部用实际行动守初心、担使命，诠释着共产党员的先进性，彰显了社会主义制度带来的强大组织力和动员力！

鲜红的党旗在飘扬

在台风面前，总有一面旗帜在高高飘扬，总有一种力量在悄然生长。灾难无情，但人间有爱。

在历次防台救灾中，无论是台风前的预警、台风中的应急救援，还是台风后的恢复重建，到处都是中国共产党员忙碌的身影，党员干部的先锋模范作用得到了充分发挥。各级党组织和广大党员干部奋勇当先、主动作为，一次又一次向着危险逆行，诠释了“哪里有危险和困难，哪里就有共产党员的身影，哪里就有党旗飘飘”的深刻道理，用实际行动诠释了“全心全意为人民服务”的根本宗旨。中国共产党人的初心和使命，就是为中国人民谋幸福，为中华民族谋复兴。对于每个共产党员来说，在每一次风险来临的时候挺身而出，做人民群众的“防风林”“顶梁柱”“领头羊”，把抗灾一线作为初心“考场”，就是心之所向、行之所往。中国共产党激荡岁月 100 年，这百年的历史诉说了中国共产党一路的光辉历程，也见证了我国台风应急救援的快速成长。在中国共产党的领导下，我国台风应急管理的明天必将更加辉煌！

第二十一章　治大国如烹小鲜：精准抗疫看中国

2020 年是极其困难的一年，也是让人难忘的一年。这一年，一个全人类的敌人——新冠肺炎疫情将我们笼罩在阴霾之下，始终不肯离去。每个人都深受其害又无可奈何，心怀恐惧，同时又为抗疫过程中的那些人、那些事而感动不已。

2020 年 9 月 29 日，东方卫视、浙江卫视、江苏卫视以及广东卫视开始同步播出一部名为《在一起》的连续剧。这不是一部普通的连续剧，而是由剧组人员深入武汉抗疫第一线收集素材而来的，是一个个普通人在疫情期间所经历的故事的再现。这部时代报告剧由 10 个发生在疫情期间的小故事串联而成，刻画出了在抗击新冠肺炎疫情期间武汉的医护工作者、各地的援鄂医疗队、外卖小哥、志愿者、社区工作人员、公安干警、解放军医疗队，以及普通的武汉居民等人物群像。

《生命的拐点》《同行》《救护者》《方舱》《火神山》演绎的是抗击疫情时奋战在第一线的医护人员的故事，《摆渡人》《搜索：24 小时》《口罩》《我叫大连》《武汉人》则分别表现了来自各行各业的人们同心抗击疫情的精神。

2020 年 2 月，正是全国新冠肺炎疫情形势异常严峻的时候，在国家广电总局的组织指导下，在国家卫健委和上海市委宣传部的大力支持下，《在一起》剧组组建起来了，并对抗疫一线的工作人员进行了大量的访谈。

2020 年 4 月，第一个故事开拍。

2020 年 5—6 月，整部剧集中拍摄。

2020 年 8 月，全剧杀青。

这部采用纪实风格拍摄的时代报告剧，生动地讲述了防疫抗疫一线的感人事迹，展现了在抗击疫情这一场没有硝烟却又异常艰难的战争中，中国人民团结一心、同舟共济的全景画卷和精神风貌。

一、抗击新冠道阻且长

新型冠状病毒肺炎是近百年来人类遭遇的影响范围最广的全球性大流行病之一，已经蔓延至 200 多个国家和地区，不仅严重危害了全世界各国人民的生命安全和健康，而且对全球经济造成重创，甚至于有专家预测新冠肺炎疫情会直接导致全球政治格局的变化。2020 年 9 月 8 日，全国抗击新冠肺炎疫情表彰大会在北京人民大会堂隆重举行，宣告中国新冠肺炎疫情防控与社会经济发展进入新阶段。然而在全球范围内，新冠肺炎疫情仍在无情肆虐，根据世界卫生组织网站的数据，截至欧洲中部时间 2021 年 6 月 30 日下午 6 时 09 分，全球累计确诊病例超过 1.8 亿，累计死亡病例超过 393 万。

新冠肺炎疫情也是中华人民共和国成立以来发生的传播速度最快、感染范围最广、防控难度最大的一次重大突发公共卫生事件，对中国来说无疑是危机，更是大考。习近平总书记提出“坚定信心、同舟共济、科学防治、精准施策”的总要求。2020 年 6 月 7 日，国务院新闻办公室发布了《抗击新冠肺炎疫情的中国行动》白皮书，将中国抗疫历程大体分为五个阶段：迅即应对突发疫情（2019年12月27日—2020年1月19日），初步遏制疫情蔓延势头(2020年1月20日—2020年2月20日)，本土新增病例数逐步下降至个位数（2020年2月21日—2020年3月17日），取得武汉保卫战、湖北保卫战决定性成果（2020年3月18日—2020年4月28日），全国疫情防控进入常态化（2020年4月29日至今）。可以说，中国在抗击新冠肺炎疫情过程中是付出了艰苦卓绝的努力、巨大代价和牺牲的，仅用了1个多月的时间就初步遏制了疫情蔓延势头，用2个月左右的时间将国内每日新增病例数控制在个位数以内，用3个月左右的时间取得两个“保卫战”的胜利。2020年3月24日，习近平主席同波兰总统杜达通电话中提道：

战胜这次疫情，给我们力量和信心的是中国人民。中国14亿人民同舟共济，众志成城，坚定信心，同疫情进行顽强斗争。中国广大医务人员奋不顾身、舍生忘死，这种高尚精神让我深受感动。人民才是真正的英雄。只要紧紧依靠人民，我们就一定能够战胜一切艰难险阻，实现中华民族伟大复兴。

病毒，原来离我们那么近

2019年12月以来，湖北省武汉市部分医院陆续发现了多例有华南海鲜市场暴露史的不明原因肺炎病例。从湖北省中西医结合医院呼吸与重症医学科主任张继先第一个上报了新型冠状病毒肺炎病例之后，武汉随后开始出现大规模感染。庚子年的正月初一，中共中央政治局就召开了紧急会议，启动了全国性的应急工作，这在中国共产党和中国政府的历史上是绝无仅有的。大多数行业按下了暂停键，那时候正是中国一年中最为热闹的春节，商场为了避免人员聚集而停业，人潮拥挤的各路交通也渐次停运，正准备休假的公务员和应急岗位的工作人员却开始重新收拾心情迎接有史以来最大的挑战……

北京一位教授居住的小区内连续出现了两例新冠肺炎确诊病例后，他深刻体会到了疫情前线的紧张气氛。于是，他开始记录当时的切身体会，一共完成了56篇日记。下面所呈现的是他第一天所记录的疫情日记中的部分内容，从中我们也可以看到一个普通公民发现疫情近在咫尺的真实感受：

今天，小区里突然出现了一例英国输入的确诊病例。刚开始我还是从孩子所在学校班级的家长微信群里得到消息的，小区里没有任何通告。真是“纸上得到终觉浅，群里自有小灵通”啊。对于很多人而言，官方消息永远比民间的传言来得慢，因为要严肃地经过复杂程序反复验证才行，风格是力求准确，所以我们经常会看到这样的现象：根据自己的了解应该是有了数据，但是尚没有体现到表格上去。要说，我还算应急管理的专业人士不是？！这次得到消息的效率被证明还真的不如街头大妈。群里还有具体是哪栋楼的说法（果然就是我家住的这座16层楼），不过根据相关法规，不能具体到楼号房间号，也算是保护个人隐私吧。

有就有吧，北京也不是第一例，当我看到报纸和电视上刚刚正式发布的通报里写着自家小区有一例的时候，心里稍微一动，但也就限于此，没有继续关注下去。剩下的事情也就是该自己留心的留心，该物业管的人家在忙碌，社区的责任也清楚，一个病例对付起来还是能够按部就班的。

我78岁高龄的妈妈却紧张起来，她的性格属于“举轻若重”型的，开始注意用消毒液对房间的敏感部位进行加强处理，比如门把手、门框什么的。而且看着我不太当回事的态度，还有点生气，说了我几句。其实我出门都是按照专家建议戴口罩的，也不去主动触摸公共设施。但是，回到屋里，怎么可能还是正襟危坐、小心翼翼呢？！娃可以不“遛”了，但是快递到了小区，总不能不出门去拿吧。

经过半年多的努力，疫情逐渐被控制，形势稳定了下来。尽管个别地区如北京、辽宁大连、新疆又出现了当地的“小高潮”，但是随着政府强有力的“应检尽检”“愿检尽检”的实施，几乎在区域范围内进行了一个不落的核酸检测，国家为此支出上亿元的资金也在所不惜，并根据出现病例的规律性情况制定了新的策略和措施。武汉刚开始出现病例时的慌乱局面变得有条不紊。

疫情期间，习近平、李克强、孙春兰分别前往武汉和其他地区进行视察，为大家加油打气，取得了良好的效果。应该说，党和政府“人民至上、生命至上”的理念起到了举足轻重的作用，对于国民负责任的做法是非常值得我们自豪的。2020 年 3 月 10 日，在抗击新冠肺炎疫情的关键时刻，中共中央总书记、国家主席、中央军委主席习近平专门赴湖北省武汉市考察疫情防控工作，一下飞机，就乘汽车前往集中收治重症患者的火神山医院。在火神山医院指挥中心，习近平总书记听取了医院建设运行、患者收治、医务人员防护保障、科研攻关等情况介绍，并同正在病区工作的医务人员代表视频连线，询问工作和保障情况，还视频连线感染科病房，同正在接受治疗的患者亲切交流。离开火神山医院后，习近平总书记到东湖新城社区实地察看社区卫生防疫、社区服务、群众生活保障等情况。见到总书记来了，在家隔离居住的居民纷纷从阳台和窗户向总书记挥手高声问好，习近平总书记频频向大家挥手致意，表示慰问。在社区生活物资集中配送点，习近平总书记详细询问米面粮油和新鲜蔬菜水果等生活物资的采购和供应情况，强调要千方百计保障好群众基本生活。

最美逆行

面对突如其来的新冠肺炎疫情防控重任，各地基层干部纷纷选择逆行，奔赴在抗击疫情的第一线，真正在抗疫中展现了使命担当。时值新春佳节，很多地方的基层公务员要求提前结束春节假期，重返工作岗位，投入防疫工作，随时待命。他们在如此严峻的疫情下默默付出，走街串巷地给老百姓宣传防疫知识，排查风险，对返乡人员进行登记和跟踪，根据上级指示，配合相关（防疫）部门做好工作……

成都市郫都区炮通村党总支部书记吕红美在疫情防控最关键的时候，连续20多天带领村“两委”坚守在防疫一线，还编录了防疫广播“炮通村民莫乱窜，新冠病毒在作乱。消毒通风多保障，别让病毒太猖狂……”新华社在2020年7月1日报道了一则题为《不惧险阻 风雨兼程——北京基层党员干部的“抗疫”故事》的新闻，记载了北京市新发地市场发生聚集性疫情以来，万寿路街道将党的组织优势转化为抗疫工作的动力，成立了4个战旗党支部，将党员整合到抗疫一线团队，共同织严、织密疫情防控网。作为北京市残联下沉至大兴区黄村镇的20名党员干部之一的王婧协助采样人员进行采样工作，身处疫情高风险地区，她说道：

看到救护车把患者带走时，我正在村子卡口帮助村民测体温，这个时候不仅要控制好自己的情绪，更要稳住村民们的心……作为党龄超过15年的党员，这个时候就要冲在最前面……只有到基层一线，才能真正体会到社区工作者的辛苦，也让我对他们肃然起敬。

其实在整个疫情期间，坚守在社区防疫一线的党员干部还有很多很多。他们风雨兼程，不惧险阻，用实际行动践行着一名共产党员的初心和使命。

还有那么一支忠诚践行使命的“科研铁军”逆行武汉抗疫。大年初二，由中国工程院院士陈薇担任组长的军事科学院军事医学专家组闻令出征，在高强度工作中实现了疫苗研制的“中国速度”。新华社的报道中写道：

核酸检测组姜涛团队每天工作到凌晨，随时保持战斗状态；负责流行病学调查、气溶胶采样的曹务春、曹诚团队，每天穿梭在各大医院以及重点区域，从不畏惧退缩；祁建城团队主动请缨，奋战5天就改造出负压病理方舱……“为武汉人民，我心甘情愿”是专家组全体成员的郑重承诺。

生命的摆渡人

被《人民日报》评价为“生命摆渡人”的武汉快递小哥汪勇，是疫情期间涌现出的抗疫平民英雄的缩影，快递小哥这个群体在疫情期间给予我们太多的感动和温情。2020年1月23日武汉关闭离汉通道后，奋战在抗疫一线的医护人员的出行就成了最大的问题。那时武汉市最早集中收治新冠肺炎患者的定点医院——金银潭医院的医护人员急需车辆接送上下班，但由于恐惧，很多司机选择敬而远之。快递小哥汪勇仅有一个N95口罩，就是在这种近乎“裸奔”的状态下，他在大年初一开着私家车来到金银潭医院接送了一个年轻小护士。据他回忆，那个小护士上车后就不停流泪，是那种没有任何表情的流泪。这时候，他深深地理解了所有人在面对疫情时都会害怕，情绪都会崩溃，哪怕是医护人员，而他的内心也充满了紧张与纠结。“从接第一个女护士，到后面接送其他人，我一直抖，抖了一天。”后来他不再恐惧，而是召集了更多志同道合的志愿者，组织了一支义务接送医护人员的通勤车队，并整合共享单车、网约车等资源，解决大家近、中、远的通勤需求，带领其他志愿者共同保障金银潭医院职工的就餐、出行问题。给援鄂医护人员送蛋糕过生日、为老年病人送鸡汤……这样的故事在疫情期间温暖人心，这份仗义支援的英勇气魄和无私奉献精神在北京邮政快递小哥康智、德邦快递小哥沙什卡等人身上体现得淋漓尽致，他们都属于抗疫逆行中的平民英雄。

2020 年 9 月 23 日，中宣部向全社会发布了国家援鄂抗疫医疗队等 10 个抗疫一线医务人员英雄群体的先进事迹，授予他们“时代楷模”称号。钟南山、张伯礼、张定宇、陈薇等抗疫英雄的英勇事迹被全国人民所熟知，一批“85 后”“90 后”青年医务工作者与疾控工作人员坚守在抗击新冠肺炎疫情的最前线。进驻武汉市金银潭医院的“五朵金花”来自吉林大学第一医院。“五朵金花”之一的刘欣敏曾在日记中记下进入金银潭医院后的第一个夜班：“下班时衣服已经全部湿透，嗓子也干得说不出话来。”但坚守就是她们的语言，从 1 月 30 日到 4 月 6 日，在武汉坚守近 70 天。华中科技大学附属同济医院由专业小分队组成的“尖刀连”，是一支在重症、危重症高地冲锋陷阵的“生命特战队”，他们用生命守护生命，展现无畏担当。

二、国内外疫情防控的对比与思考

2019 年 10 月，美国约翰·霍普金斯大学发布了“全球卫生安全指数排名”，旨在评估各国对大流行病的防范能力。其中美国以 83.5 分的高分排名第一，英国以 77.9 分的成绩排名第二，而中国以 48.2 分排在第 51 位。与如今的全球新冠肺炎疫情相比来看，截至 2021 年 4 月，美国累计确诊人数超 3000 万，死亡人数超 50 万；英国累计确诊人数超 400 万，死亡人数超 10 万；而中国确诊人数仅有 9 万多，死亡人数为 4000 多。可以说，新冠肺炎疫情暴发之后，美国的感染病例和死亡人数均为世界第一，而英国的死亡率也在不断攀升。

横向看中外抗疫史差异

疫情发生后，中国共产党和中国政府一直坚持把人民的利益放在第一位。党中央能够迅速决策，全国各地能够迅速响应，全国上下齐心协力共抗疫情。一声令下，拥有上千万人口的武汉市封城，有效控制住了新冠肺炎疫情向全国各地扩散的重大风险。春节期间，14 亿中国百姓居家隔离，闭门不出，阻断病毒传播途径。火神山、雷神山医院上演“十日奇迹”，顺利交付使用。数万名医护人员奔赴湖北支援。空军紧急运输设备与生活物资，保证湖北人民生活所需……反观国外疫情防控形势，不妨借用网友的段子:“国外疫情经历以下四个阶段。第一阶段，我们宣布没有任何事发生；第二阶段，可能有事发生，但我们不需要采取行动；第三阶段，我们应该采取行动，但实际什么也做不了；第四阶段，如果当初采取行动该多好，但现在一切都迟了。”相比之下，在面临巨大灾难之时，我们国家有强大的执行力，集中国家力量办大事，推动整个疫情防控向好的方向发展，这让我们看到了国家制度巨大的优越性。

在这场突如其来的灾害中，我们也可以看到各国应对疫情的制度差异。在是否隔离或者戴口罩的问题上，各国就呈现出巨大的不同。从疫情政策执行的情况看，有些国家选择了不去刻意控制社交距离，但是感染率居高不下；中国应对疫情时则用了一声令下集体行动的做法。尽管隔离时不可能一丝不漏，但基本上做到了有序隔离。人们也能立即开始习惯隔离时的生活模式，并在党和政府的全力操持运转下，展现出特别好的秩序，充分体现了以中国共产党为领导力量的中国特色社会主义社会治理体系在应灾问题上的效率。

在 2021 年，世界各国几乎已经习惯了新冠肺炎疫情，再回顾从 2019 年就开始的全球抗疫工作，我们会发现，中国的政治体制和中国共产党的统一领导，使我国在疫情应对上取得了全世界范围内的最好成绩。

纵向看中国抗疫史发展

对于中国而言，纵向对比也能看得到明显的进步。比如，2003 年对 SARS 的反应从 11 月到次年 3 月，4 个多月的时间没有被充分重视。而对新冠肺炎的反应从 12 月到次年 1 月，只有不到 1 个月的等待犹豫期，一旦启动应急预案，可谓令行禁止，马上就有遏制的措施并见成效。这是应急管理上的明显进步，说明中国共产党能够吸取历史教训，亡羊补牢。

另外一个进步就是技术上的进步。引发 SARS 疫情的冠状病毒是由海外的科学家发现的，中国当时在这里“打了败仗”，随后痛定思痛，立刻开始支持病毒方面的科研，在引进技术的同时自行开展相关课题的攻关，疫苗的开发等也都得到重视，逐渐与发达国家接近。新冠病毒就是中国科学家自行分离出来的，相应的疫苗开发速度，中国和其他技术先进国家相比也不遑多让。从 2021 年年初开始，全国各地各行业的重点人群已经在陆续接种，并很快实现大规模普遍性接种。

中国共产党领导的中国人民会遇到困难，也会走弯路，一旦发现道路需要纠偏，就能够立刻认识到问题所在，并马上走上正确的道路。政治上如此，经济发展上如此，外交上如此，文化上如此，灾害应急管理方面也是如此。

在 2019 年年底开始并延续至 2021 年的新冠肺炎疫情中，我们看到了一个令人沮丧的局面，那就是哪怕是美、英、意、法这样的发达国家，医疗资源也会因病人瞬间蜂拥而至而不敷使用。人口众多、医疗手段不够现代化的印度等国的状况更不容乐观，巴西有包括总统在内的数百万人被感染，而美国因疫情死亡的人数已达数十万，这样的数字还在增加。

反而是中国有着比较乐观的发展趋势，一旦某地出现确诊病例，就立刻开展核酸检测，医疗物资和医务人员也会根据情况相应地配置，以最好的防控经验应对该地的疫情。

实际上，医疗资源的配置从来不可能按照最多的病人数量来考虑，只能大体根据一地的总人口数建设一定数量的医院，配备一定数量的医生，传染病暴发的情况不在考虑范围之内，否则就会造成巨大的浪费。延安时期，毛泽东提出边区每个乡要有一个小医务所。针对当时疫病流行，他指出，我们共产党在这里管事，就应当看得见，想办法加以解决。到了今天，近乎每个村都有了医务所，城市的社区医疗更是办得如火如荼，与72年前相比已经有了本质性的变化。

三、国际社会给中国疫苗投下“信任票”

就在人们的生活逐渐步入正轨时，新冠病毒似乎又开始“蠢蠢欲动”了。2020年冬季以来，在全球疫情未能得到有效遏制且呈现加速蔓延的形势下，全国确诊病例境外输入压力增大，多地出现了散发或集聚性疫情。2020年，全国各地经过近一年疫情防控的实战，已经总结了一套行之有效的常态化防控策略，并且我国公众的防疫意识持续提升，全社会疫情应对能力逐步提高，足以抵挡新冠肺炎疫情的“小风小浪”。但面临新冠病毒随时可能到来的“反扑”，最直接有效的办法还是注射疫苗。2020年3月2日，习近平总书记考察疫情防控科研攻关工作时指出，疫苗作为用于健康人的特殊产品，对疫情防控至关重要，对安全性的要求也是第一位的。要加快推进已有的多种技术路线疫苗研发，同时密切跟踪国外研发进展，加强合作，争取早日推动疫苗的临床试验和上市使用。在中央应对疫情工作领导小组的领导下，国务院应对疫情联防联控工作机制成立了由科技部、国家卫健委等12个部门参与的科研攻关组。公众接种、政府买单，大大推进了疫苗接种的速度和效率。这是应对特殊事件的特殊之举，也有利于最大限度维护广大人民群众的根本利益，实践党中央对人民的庄严承诺“人民至上、生命至上”。

中国疫苗：发展中国家的生命线

美国《纽约时报》2020年12月评论道："中国疫苗有望成为'发展中国家的生命线'。"新华社2021年1月26日报道："生死竞速中，短短数月中国疫苗研发交出了'1款国内附条件上市+12个国家批准注册上市或紧急使用+6款进入Ⅲ期临床试验+5条技术路线'的亮眼'成绩单'，为全球抗疫做出扎实贡献。一段时间来，全球多国纷纷采购，国内接种有序推进，安全疫苗积极出海，中国企业全速扩产……这是世界给中国疫苗投下的'信任票'，也是中国对人类命运共同体的大国然诺。"

2021年1月16日，塞尔维亚总统武契奇亲自在塞尔维亚首都贝尔格莱德的尼古拉·特斯拉国际机场迎接首批100万剂来自中国国药集团中国生物的新冠灭活疫苗，这被认为是塞中两国"伟大友谊的证明"。此外，中国疫苗从亚马孙雨林到安纳托利亚高原，从东南亚到外高加索……正在送往世界上最需要的地方。巴基斯坦、伊拉克、埃及、巴西、土耳其、菲律宾、泰国、秘鲁、马来西亚等国家积极向中国采购疫苗。中国最早承诺将新冠疫苗作为全球公共产品，后来又宣布加入世界卫生组织主导的全球新冠疫苗计划（COVAX），再到用实际行动为发展中国家提供帮助，一直践行着负责任大国的使命和担当，为守护全球生命构筑坚强护盾。世界卫生组织总干事谭德塞曾说：

> 由于贫穷国家无法像富裕国家那样迅速获得疫苗，世界正处于"灾难性道德失败"的边缘。

在此背景下，中国疫苗可及可负担的全球公共产品属性日益凸显。

步步常由逆境行，极知造物欲其成

中国秉持着人类命运共同体理念，同各国政府携手应对全球性突发公共卫生事件，先后派出医疗专家组和救援物资驰援海外，比如江苏医疗队驰援巴基斯坦、四川医疗队驰援意大利、广东医疗队驰援伊拉克、上海医疗队驰援伊朗等，还同国际社会积极开展科技合作，开展药物和疫苗等联合研发攻关，尽显中国精神和中国担当的大国风范。

在全国抗击新冠肺炎疫情表彰大会上，习近平总书记高度概括了伟大抗疫精神。他讲道：

抗击新冠肺炎疫情斗争取得重大战略成果，充分展现了中国共产党领导和我国社会主义制度的显著优势，充分展现了中国人民和中华民族的伟大力量，充分展现了中华文明的深厚底蕴，充分展现了中国负责任大国的自觉担当，极大增强了全党全国各族人民的自信心和自豪感、凝聚力和向心力，必将激励我们在新时代新征程上披荆斩棘、奋勇前进。

2020年，全球被突如其来的新冠肺炎疫情弄得狼狈不堪，各国政府虽然推出了各种疫情防控措施，但各国抗击疫情的效果大有不同。病毒、细菌无国界，疫情是人类共同的敌人，在疫情面前几乎没有国家能独善其身，如果没有全世界的互相配合，恐怕是很难战胜新冠肺炎疫情的。3月26日，国家主席习近平在北京出席二十国集团领导人应对新冠肺炎特别峰会并发表题为《携手抗疫　共克时艰》的重要讲话。

2021年1月29日，中国疾控中心流行病学首席科学家曾光教授在《健康时报》上发表的文章中提道：

全球新冠疫情其实并没有得到控制，而且还是处于一个疫情的上升期……2021年全球新冠疫情情况，可能要比2020年更加严峻……2021年新增新冠确诊人数、新增新冠死亡病例数可能都会超过2020年的水平。

“医学界”公众号也发文表示：

曾光教授的判断，将成为事实——世界卫生组织和各国政府现在几乎找不到办法，来避免这种情况出现——各国政府各自为政将延续、自私自利哄抢疫苗也将出现。

2021 年，遏制住新冠疫情的曙光已经出现，但 2021 年却注定成为“黎明前最黑暗的阶段”。而新冠病毒在席卷全球、造成惨重损失之后，已经无法消灭，成了人类的“共生病毒”。

抗击新冠道阻且长，全球各国还有更多艰苦的工作要做。中国历来就是负责任的大国，愿同世界人民同舟共济、守望相助。

四、打开中国疫情治理高效之谜的金钥匙

2021 年 4 月，世界各国依旧没有摆脱新冠肺炎疫情的威胁。世界卫生组织在 2021 年 4 月 12 日举行的新冠肺炎例行发布会上称，继 2021 年 1 月和 2 月全球出现新冠肺炎疫情确诊人数连续六周下降以来，已经出现了连续七周的上升趋势，而且新增死亡病例人数也出现了连续四周的上升趋势，累计确诊人数排在前列的国家分别是美国、印度、巴西、法国、俄罗斯、土耳其、英国、意大利、西班牙、德国。截至 2021 年 4 月 27 日 14 时，印度当日新增确诊人数高达 352991 人，更是震惊了全世界。

而在全球这么多国家疫情发展如此迅猛的同时，拥有最大人口基数的中国，却基本上恢复了正常的生产生活秩序，同时期累计确诊人数为 10 万左右，新增确诊人数维持在每日几十人，可以说是全球抗击新冠肺炎疫情中的一个奇迹。

那么，究竟该如何解读这一奇迹，学界、政界以及普通百姓有着各

种看法，其中最具有代表性的，就是从制度优势的角度去进行分析。正是社会主义制度这一制度保障，才能够保证在疫情期间全国一盘棋，令行禁止使得中国在如此艰难的环境中取得了抗击新冠肺炎疫情的显著成效。具体来看，我国抗击新冠肺炎疫情的独特优势可以从政治优势、经济优势、文化优势几个方面来考量。

政治优势

抗疫斗争伟大实践再次证明，中国共产党所具有的无比坚强的领导力，是风雨来袭时中国人民最可靠的主心骨。中国共产党来自人民、植根人民，始终坚持一切为了人民、一切依靠人民，得到了最广大人民衷心拥护和坚定支持，这是中国共产党领导力和执政力的广大而深厚的基础。这次抗疫斗争伊始，党中央就号召全党，让党旗在防控疫情斗争第一线高高飘扬，充分体现了中国共产党人的担当和风骨！在抗疫斗争中，广大共产党员不忘初心、牢记使命，充分发挥先锋模范作用，25000多名优秀分子在火线上宣誓入党。正是因为有中国共产党领导、有全国各族人民对中国共产党的拥护和支持，中国才能创造出世所罕见的经济快速发展奇迹和社会长期稳定奇迹，我们才能成功战洪水、防非典、抗地震、化危机、应变局，才能打赢这次抗疫斗争。

抗疫斗争伟大实践再次证明，中国特色社会主义制度所具有的显著优势，是抵御风险挑战、提高国家治理效能的根本保证。衡量一个国家的制度是否成功、是否优越，一个重要方面就是看其在重大风险挑战面前，能不能号令四面、组织八方共同应对。我国社会主义制度具有非凡的组织动员能力、统筹协调能力、贯彻执行能力，能够充分发挥集中力量办大事、办难事、办急事的独特优势，这次抗疫斗争有力彰显了我国国家制度和国家治理体系的优越性。

重大突发事件风险具有急难险重、任务量大、点多面广的特点，经常要进行跨部门、跨层级、跨地域、跨领域协调。从全国整体和大局出发，我们形成了具有强大政治优势的中国特色举国体制。这种体制，主要表现在统一指挥、集中调度、落实有力、上下同心等四个方面。在以习近平同志为核心的党中央坚强领导下，我们坚持运用总体性、全层次、多形式和举国体制抗击疫情，举全国之力全力应对，形成抗击疫情的强大合力。

在2020年，我们能够实现集中全国的力量支援武汉，支援湖北，统筹调配全国甚至全军的资源来为武汉及湖北战胜疫情提供保障，都源于我国“集中力量办大事”的制度优势。党的十九届四中全会审议通过的《中共中央关于坚持和完善中国特色社会主义制度、推进国家治理体系和治理能力现代化若干重大问题的决定》，将“坚持全国一盘棋，调动各方积极性，集中力量办大事”作为我国国家制度和国家治理体系的显著优势之一。

为什么统一指挥在中国能够有效实施，其实从《中国革命战争的战略问题》一文中就能够给出解答。毛泽东提出，思考战争问题时，必须要有战略及全局意识，要处理好全局与局部的关系，全局决定局部，局部必须服从全局。同时，全局与局部具有相对性和可转化性。

疫情的防控，无异于一场特殊的战争。因此，在我们面对病毒这一更为可怕的敌人时，多年前战争中的战略思考以及全局与局部的思维方式自然而然地被中国人所想起并认可。回顾2020年，党中央及时成立中央疫情防控工作领导小组，奠定了统一指挥坚定有力的良好基础。

集中调度的力度除了最大限度地组织企业进行生产、从国外进口等方式之外，起了更大作用的是国务院联防联控机制。在这一机制下，我国得以调动军队、地方各级政府所拥有的医疗资源，从而保证了当时最危急的武汉市及湖北省的需求，为我国整体上战胜疫情奠定了基础。

落实有力是统一指挥和集中调度，以及全民防疫得以成功的保证。54万名湖北省和武汉市医务人员同病毒短兵相接，率先打响了疫情防控遭遇战。346 支国家医疗队、4 万多名医务人员毅然奔赴前线，很多人在万家团圆的除夕之夜踏上征程。人民军队医务人员牢记我军宗旨，视疫情为命令，召之即来，来之能战，战之能胜。我们用 10 多天时间先后建成火神山医院和雷神山医院，大规模改建 16 座方舱医院，迅速开辟 600 多个集中隔离点。

无论是武汉市的封城隔离，还是全国其他省、自治区、直辖市的隔离措施，下到每一个村、每一个小区，都得到了强有力的落实。大量的社区工作人员在那段时间里实行 24 小时值班值守制度，大量的志愿者也都加入了基层值守服务队伍中，为隔离在家的居民提供最基本的生活必需品供应服务。在长达三个月的全国性社区隔离措施实施期间，从上到下，无论是政府机关，还是每一个居民，都能严格遵守隔离措施，自觉做到"非必要不出门"，严格遵守"戴口罩，不聚集，勤洗手，保持社交距离"的要求。

经济优势

抗疫斗争伟大实践再次证明，新中国成立以来所积累的坚实国力，是从容应对惊涛骇浪的深厚底气。我们长期积累的雄厚物质基础、建立的完整产业体系、形成的强大科技实力、储备的丰富医疗资源为疫情防控提供了坚强支撑。我们在疫情发生后迅速开展全方位的人力组织战、物资保障战、科技突击战、资源运动战。在抗疫形势最严峻的时候，经济社会发展不少方面一度按下"暂停键"，但群众生活没有受到太大影响，社会秩序总体正常，这从根本上得益于新中国成立以来特别是改革开放以来长期积累的综合国力，得益于危急时刻能够最大限度运用我们的综合国力。

中国政府一直秉承"生命至上"的理念，从刚出生几个月的婴儿到百岁老人，无论是什么人感染了新冠肺炎，国家都一视同仁地尽所有力量救治，甚至可以说是不惜一切代价去救治生命。当新冠肺炎疫情来势汹汹，老百姓恐慌害怕的时候，党和政府在第一时间就宣布了新冠肺炎患者的治疗全部免费的决定，解除了很多因担心治疗费用而不敢前往医院就医者的担心。

2020年我国基本上战胜新冠肺炎疫情后，在部分地区还是发生了一些地区性疫情暴发现象。在这种情况下，不但对确诊者进行免费治疗，还在最短的时间内，对零星暴发疫情地区的居民实行了全员核酸检测。而从2021年年初开始，我国从重点人群开始，到现在铺开了全员免费的新冠肺炎疫苗接种工作。疫苗接种工作的有序推进，再一次向国人及全世界彰显了大国的经济优势和底气。

根据国家医疗保险局公布的数据，在2020年，为了全力做好疫情防控工作，各地医保部门向新冠肺炎患者定点收治机构预拨专项资金达到194亿元，全年累计结算新冠肺炎患者的医疗费用达28.4亿元，其中医保基金支付16.3亿元。

这次新冠肺炎疫情的突然发生，是对我国突发公共卫生事件处置能力的一次大考，也是对我国长期积累的雄厚物质基础、完整产业体系、强大科技实力、丰富医疗资源在应对疫情时的一次大考。这次成功应对新冠肺炎疫情的事实，再一次验证了我国经济具有潜力足、韧性强的特点，显示了我国社会主义制度下经济的强大抗冲击能力及自我修复能力。

因此，可以说，社会主义经济制度是我国战胜疫情的重要保证。未来，我国也必须持续不断地增强经济实力、科技实力、综合国力，这样才能为我国应对未来各种突发事件的冲击提供坚强的经济保障。

文化优势

抗疫斗争伟大实践再次证明，社会主义核心价值观、中华优秀传统文化所具有的强大精神动力，是凝聚人心、汇聚民力的强大力量。文化自信是一个国家、一个民族发展中最基本、最深沉、最持久的力量。向上向善的文化是一个国家、一个民族休戚与共、血脉相连的重要纽带。

中国人历来抱有家国情怀，崇尚天下为公、克己奉公，信奉天下兴亡、匹夫有责，强调和衷共济、风雨同舟，倡导守望相助、尊老爱幼，讲求自由和自律统一、权利和责任统一。在这次抗疫斗争中，14 亿中国人民显示出高度的责任意识、自律观念、奉献精神、友爱情怀，铸就起团结一心、众志成城的强大精神防线。历史和现实都告诉我们，只要不断培育和践行社会主义核心价值观，始终继承和弘扬中华优秀传统文化，我们就一定能够建设好全国各族人民的精神家园，筑牢中华儿女团结奋进、一往无前的思想基础。

我国在此次新冠肺炎疫情的抗争中给全世界留下的深刻印象就是全国一条心，政府和百姓同节奏地整齐划一。这一点在强调个人自由的西方世界中是不可想象的，因此，西方各国在保持社交距离、有效隔离方面，面临着极大的困难。

其实，能做到令行禁止、上下同心，更多的原因在于中华民族历来的文化渊源。正是我国流传已久的家国情怀和对共同命运的认知使得我国在抗击疫情的过程中变得更为有效。

自古以来，中国人就信奉“天下兴亡，匹夫有责”。而作为对个人的要求，“修身齐家治国平天下”也烙印在每一个中国人的心中。面对突如其来的新冠肺炎疫情，在时间紧、情况危急的紧要关头，那么多医护人员能够抛开个人安危奔赴抗疫第一线，那么多普普通通的百姓也自发参与到抗击疫情的战斗中，为抗疫贡献自己的一份力量，是“舍小家保大家”的精神推动着中国人义无反顾地作出了牺牲。而鼓励他们克服内心深处的恐惧感的，就是文化的力量。这，就是文化优势中所蕴含的伟大精神和强大能量。

还记得在 2020 年，日本运往我国的一批批救援物资上写着的诗句成为网上热议的话题。“山川异域，风月同天”这句话打动人心。同样，拥有“天下是一家”思想的中国人，也正是怀着这样一种信念，在疫情发生后，第一时间向世界卫生组织通报了疫情信息，公布了新冠病毒的基因序列，在后期向30多个国家派出了医疗队，对200多个国家和地区提供了疫情防控物资支援。人类共同体的理念真正地体现在了抗击疫情的行动中。

一个负责任的大国形象背后，支撑着她屹立不倒的正是中华民族的文化优势和中国精神。这种精神，就是生命至上、举国同心、舍生忘死、尊重科学、命运与共的抗疫精神。习近平总书记高度赞扬了中国人民的抗疫精神："伟大抗疫精神，同中华民族长期形成的特质禀赋和文化基因一脉相承，是爱国主义、集体主义、社会主义精神的传承和发展，是中国精神的生动诠释，丰富了民族精神和时代精神的内涵。"波澜壮阔的抗疫斗争，给中国带来深刻的启示和澎湃的力量。

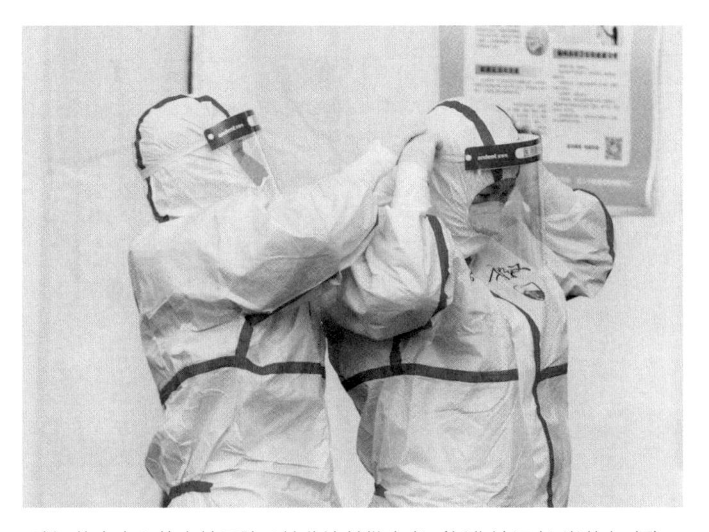

武汉体育中心的方舱医院开始收治首批患者（新华社记者 肖艺九 摄）

下篇

规矩与创新 多难而兴邦

中国共产党，这个在抗灾上有着天然优势的政党，正是在无数的现场救灾经验和持续的科学进步追求中，找到了拨开迷雾的金钥匙——与灾害灾难抗争的预防、救援、重建等一系列制度。回首百年崎岖抗灾路，感慨万千；遥看波澜壮阔兴盛国，岁岁年年！

第二十二章　行治修制：百年救灾之制度

黄河不断泛滥，像从天而降，海啸山崩滚向下游，洗劫了田园，冲倒了房舍，卷走了牛羊，把千千万万老幼男女飞快地送到大海中去。在没有水患的地方，又连年干旱，农民们成片地倒下去，多少婴儿饿死在胎中。是呀，我的悲啼似乎正和黄河的狂吼，灾民的哀号，互相呼应。

这是老舍先生的自传体小说《正红旗下》中的一段描述。尽管这部小说更多的是描写19世纪末期老百姓水深火热的生活状况，但其中写到的发生自然灾害时民不聊生、苦不堪言的情景也令人印象深刻。在这样的对照框架内，自然灾害之深重更加反衬出了社会灾难之深重。从历史上来看，社会灾难也几乎从来没与自然灾害相分离过。因此，救灾救荒所要解决的，不仅仅是由自然灾害造成的人民生活困苦，自然也包括因历史因素、社会因素，甚至政治因素造成的社会困顿。

同样的观点在陈果夫于1940年给许静仁写的一封信中也出现过：

陕北粮食缺乏，岁又歉收，民已有抛子入河、全家饿毙者。复以所邻边区，十区大都丰稔，谋生较易，人民之逃迁边区者日见其多，此亦隐患，殊堪忧虑。[①]

从陈果夫的忧虑中也不难看出，自然灾害与社会政治因素之间有着密切关系。当自然灾害与社会动荡相遇时，救灾救荒制度也就势必要与当时的政治制度和理念建立起不可分割的关系，救灾管理体制与措施也自然会体现出当时的政治局势要求。而在中华人民共和国成立之前，中国共产党也正是在积极参与抗灾救灾的过程中，扩大了革命影响，从而打下了基础。

一、救灾管理体制的变迁历程

古代的救灾是以君主为主导的一种官方行为，如秦汉时期的"问策"就是君主公开征集救灾对策的主要形式。我国流传下来的一些典籍中也记载了关于救灾的事项，如明朝徐光启的《农政全书》中就记载了农政措施和农业技术，其中关于"荒政"的数量达十八卷之多。元朝的《王祯农书》中在谈到垦荒时提出了备荒论。清朝俞森对古人的救荒方法进行了编撰，形成《荒政丛书》。同样在清朝，在杨景仁编著的《筹济篇》中，李鸿章还为其作了序。归纳起来，我国古代的救灾制度主要包括赈济（赈谷、赈银、工赈）、调粟（移粟就民、移民就粟、平粜）、养恤、除害、安辑、蠲缓、放贷、节约等。古代"天命主义"禳弭思想起重要作用，因此巫术救灾就成为当时的一种政府职能。

随着封建王朝时代结束，1912 年中华民国建立，1921 年中国共产党

① 夏明方：《民国时期自然灾害与乡村社会》，中华书局 2000 年版，第 298 页。

成立，这些巨大的社会变革彻底改变了我国救灾的思想和实践。但是在中华人民共和国成立之前，由于政局动荡，连年战乱不断，救灾的管理也受到了较大冲击，直到改革开放以后，我国的应灾思想出现了从救灾到减灾的里程碑式变化。从管理体制的角度来纵向回顾这段历程，可以看出政府在减灾救灾工作中的重视程度及管理理念变化，对于深刻理解我国现在的应灾管理方式及管理制度的优越性有着重要意义。

中华民国时期：近代救灾制度的初步建立

中华民国时期，中国的近代救灾制度得以初步建立，设立了专门的救灾机关，颁布了一些与救灾相关的法律法规。1912 年国民政府设立了内务部，各省设立民政厅，负责掌管赈恤、救济、慈善及卫生等工作。1928 年，国民政府在行政院设立赈济委员会，负责管理全国的赈济工作。

抗日战争及解放战争时期：陆续设置救荒机构

抗日战争时期，中国共产党陆续设置了救荒机构。虽然当时并没有统一的组织法规，但一般来说，各抗日根据地政府都设立了民政厅，行政督察区和县所属机关设立了民政科，而区、乡、村政权则设立了优待救济委员会，这是救灾的最基层组织。除了这些常设救灾机构之外，各根据地还临时成立了由党政军民组成的各级救灾委员会来负责生产救灾工作。灾区的村党支部是领导救灾自救的核心机构，统一广泛发动群众，吸收工、农、青、妇等群众一起开展救灾工作。[①] 此外，各地政府也鼓励民间成立救荒救灾组织和互助互济组织。

整个解放战争时期的救灾组织基本上维持了抗日战争时期的体系，仍然是由各级民政部门负责。在灾荒非常严重的地区，解放区政府在建设厅下设立生产救灾委员会，有的则设立直属政府的救灾委员会，领导救灾工作。解放战争初期，在中国共产党的领导下，成立了中国解放区

---

① 赵朝峰：《当代中国自然灾害救助管理机构的演变》，《中国行政管理》，2015 年第 7 期，第 137—141 页。

救济总会。这是解放战争时期的一个群众救荒团体。在总会的领导下，各个解放区都成立了分会，拟定了各自的组织及工作条例。此外，各专署、市、县也都成立了相应的救灾组织。[①]

中华人民共和国成立到改革开放以前：高度重视

中华人民共和国成立初期，中国共产党及政府就高度重视救灾工作。1949年12月19日，中央人民政府政务院发布了《关于生产救灾的指示》，提出“生产救灾是关系到几百万人的生死问题，是新民主主义政权在灾区巩固存在的问题，是开展明年大生产运动、建设新中国的关键问题之一”。12月22日，中共中央发出关于切实执行政务院生产救灾指示的通知，要求各地党委，特别是灾区党委必须仔细研究并督促各级人民政府切实执行政务院关于生产救灾的指示。1950年1月6日，政务院明确提出，“不许饿死一个人”的救灾要求。1950年6月6日，毛泽东同志在党的七届三中全会上作了《为争取国家财政经济状况的基本好转而斗争》的报告，报告中提到的必须完成的八项任务之一就是“必须继续认真地进行对于灾民的救济工作”。

从这些中央文件和领导讲话中不难看出，灾情牵动着党中央领导的心，灾民的生命及生活状况也一直是他们非常惦记的内容，正所谓“以家为家，以乡为乡，以国为国，以天下为天下”！

改革开放以后至今：救灾体系的完善

改革开放以后，特别是经历了1991年淮河大水和1998年长江、松花江流域大水之后，我国对救灾体系的构建作出了重大调整。在1992年机构改革之前，我国已经基本形成了“政府统一领导，部门分工负责，上下分级管理和相互配合及社会协同”的救灾体系。1992年机构改革以

---

① 赵朝峰：《解放战争时期中共的灾荒救治工作述评》，《山西师大（社会科学报）》，2007年第1期，第97—102页。

后，救灾体系得到进一步完善，形成了“政府领导、部门分工、对口管理、相互配合、社会协同”的科学救灾工作管理新体制。[①]

1993 年 11 月民政部召开全国救灾救济工作座谈会，会上提出了建立“救灾工作分级管理，救灾资金分级负担”的体制。这一体制的提出直接将救灾工作资金保证问题进行了清晰厘定，是新时期救灾工作里程碑式的变化。截至 2000 年，全国所有省级以及绝大多数地市级和县级财政都单列了自然灾害救济事业费，部分乡镇也列支了救灾款。

但是截至目前，地方财政救灾投入仍然低于中央这一现实情况依然存在，而且每当发生巨灾时，起主要作用的还是举国体制和中央统一调度管理方式。尽管这一方式在遏制灾情、在最短时间内保护人民生命财产安全方面效果甚佳，但是也可能会造成地方政府依赖中央政府的局面，这与科学应灾救灾的发展趋势是不相符的，应进一步设定科学合理的制度，并将制度执行规范化，以期实现减灾救灾的更佳效果。

二、新竹高于旧竹枝：救灾措施的多元化

救灾思想的体现在于制度，而救灾行动的表现则在于救灾措施。我国从朝廷救灾开始，历朝历代都使用过各种各样的救灾措施。《国语·周语》中就有这样的记载：“古者，天灾降戾，于是乎量资币，权轻重，以振救民。”由此可见，直接给予金钱援助在很早以前就是一种最直接的救济措施。随着时代的进步和社会的变迁，多种救灾措施被开发了出来，比如我们熟悉的粮食赈济、钱币赈济、医疗赈济、以工代赈等方式，都在历次灾害来临时发挥了重要的作用。回顾百年来中华大地上救灾措施的发展历程，可以更为清晰地体会到救灾措施从单一到多元的变迁和发

---

① 孔庆茵、侯玲：《突发性灾害治理：政府与非营利组织良性互动的路径选择》，《共产党员》，2014 年第 1 期上，第 36—37 页。

展脉络。

中华民国时期：基本停滞

在各个朝代，每到发生灾荒的年头，朝廷都会主动减免赋税，但是民国以后，因政局动荡，战乱频仍，减免赋税的做法也就基本停止了。不仅如此，更让人无法想象的是，灾年不但不减免赋税，而且还要在此基础上预收钱粮。根据李文海的《历史并不遥远》一书中记载，有的省份在1925年即已预征钱粮到1938、1939年了，而且“这个军队来，预征一二年，改调乙队，不予承认，另外征收”。等到发生灾荒的时候，那一年的钱粮早在好多年前就已被收走了，哪里还谈得上“减免”二字？就赈济而言，各地有各地的筹赈会，中央有中央的筹赈会，似乎颇为热闹，但实际效果甚微。

1921年9月4日的《晨报》中是这样抨击当局对于灾荒的态度的：

> 陕西去年的旱灾，闹得死了数十万人民，起初官家漠视民命，还多方摧残，勒捐派饷，专和苦百姓作对。省城赈抚局大员，只知抽大烟，叉麻雀，吃花酒。[1]

由此可见，这一时期政府的减灾救灾工作基本是处于停滞状态的。

抗日战争时期：力所能及多元救灾

这一时期的中国共产党苏维埃政权根据自己的实际情况采取了一些力所能及的救灾措施。在临灾救济方面，根据灾情类型不同，苏维埃政府采取拨付一定的救灾款、开办救济粥厂、成立济难会等方式，积极帮助灾民渡过危难时刻，尽快恢复正常生活。但由于当时的苏维埃政权自身也始终处于“反围剿”的状态中，并无多少财力可以用在灾民救济上，

---

① 李文海:《历史并不遥远》，中国人民大学出版社2004年版，第217页。

因此，在这一时期，中国共产党主要是采取带领灾民进行生产自救的方式渡过难关。生产自救最主要的方式就是开垦荒地。1933年中华苏维埃共和国临时中央政府颁布了《开垦荒地荒田办法》《开垦规则》等法令和制度，对开垦荒地的所有权、使用权，以及其他优惠条件作了详细规定。

除了开垦荒田之外，积极发展经济作物或者杂粮也是这一特殊时期苏维埃政府所倡导的一条救灾救荒的辅助之路。1932年春夏粮荒时期，鄂豫皖苏区就要求每个党员团员都要至少种植5棵瓜藤或者等量的其他杂粮，并负责管理到收获为止。同时，每个党员团员还要负责宣传劝告工农群众，每人至少种植1棵瓜藤，细心培养。[①]这种开源方式在一定程度上有助于灾民渡过灾荒。

困难时期号召节约一直是中国共产党坚持的一个措施。1932年，中央苏区政府要求“各级政府和各群众团体，一切费用都要十二分的节俭，不急用的不要用，要用的就要节俭，不浪费一文钱，不滥用一张纸，多点一滴油，积少成多。”[②]而且当时党和苏维埃机关，每天吃两顿粥和一顿干饭；后方军事机关，每天吃一顿粥，两顿干饭；只有红军和前方战士每天必须保证吃到三顿干饭。在资源有限的情况下，节流是迫不得已但非常有效的方式。

粮食调剂局是革命根据地普遍存在的一种粮食管理机构。粮食调剂局最早是1930年在闽西革命根据地出现的，后来扩展到了其他革命根据地。粮食调剂局的建立目的是稳定粮价，其主要做法是：新谷米上市后，粮食调剂局以高出市场价格三分之一的价格购买，待青黄不接或出现灾荒缺粮时，再以市场价95%的价格卖给农民。这一做法对于激发农民种粮积极性，调剂内部粮食流通，保障军需和民用粮食起到了重要作用。

---

① 《鄂豫皖区苏维埃与党关于粮食问题的文件》，原载《红旗周报》第45期，1932年7月10日。转引自赵朝峰：《中国共产党救治灾荒史研究》，北京师范大学出版社2012年版，第27页。

② 《发展生产，节约经济来帮助红军发展革命战争》，原载《红色中华》第10期，1932年2月17日。转引自赵朝峰：《中国共产党救治灾荒史研究》，北京师范大学出版社2012年版，第29页。

解放战争时期：在艰难中持续努力

解放战争时期，中国共产党的救灾举措基本上没有大的变化，仍然集中在临灾救济和生产自救两个方面。其实经过十四年抗战以后，各解放区的财政情况已经是非常拮据了，能够用于救灾的经费非常有限。因此，与赈济相比，这一时期中国共产党更多地将重点放在防疫治病上，因为连年战争必定会带来疫病和灾荒。如 1945 年陕甘宁边区就发生了疫病，死亡 1500 多人，1948 年夏季，疫病再次蔓延开来。针对这种情况，时任陕甘宁边区政府主席的林伯渠在 7 月 14 日发出紧急指示，立即动员组织当地民间中医下乡参与防疫治病工作。除了由联合国卫生组织、陕甘宁边区卫生处协同派出救治组之外，各级政府卫生机关与驻军机关的医务人员也组织临时防疫小组到驻地附近区、乡参与防疫治病工作。此外，解放区政府还充分利用各种宣传手段，开展群众卫生运动，向群众宣传防疫知识，说服群众破除迷信，相信医学。

厉行节约的方针在解放战争时期也一以贯之地被坚持了下来。如 1947 年 9 月 7 日，陕甘宁边区政府就作出指示："不仅缺粮灾民要少吃以渡过灾荒，即粮多者亦应省吃节约粮食救济灾民。" 1948 年 6 月 7 日，陕甘宁边区又发出了《关于节约救灾、发展生产、加强支前工作》的通知，号召各机关、后方留守部队、学校立即广泛动员和组织节约救灾运动，停止一切不急需的修建和购置，有计划地节约粮食，救济灾民。①

在生产自救方面，这一时期也主要是强调补种抢种农作物和发展副业生产双管齐下，持续发挥自力更生、生产自救的优良传统，以带领广大群众渡过最艰难的时期。

中华人民共和国成立到改革开放以前：以工代赈建功勋

中华人民共和国成立之初，恰逢自然灾害频发时期，而且经过长年

---

① 赵朝峰：《解放战争时期陕甘宁边区救灾工作述评》，《党的文献》，2003 年第 4 期，第 70—74 页。

战争，国家财力极度不足，灾荒就成为困扰中国的一个重要因素。1949年是自然灾害非常严重的一年，旱灾、水灾、虫灾连续在各地发生。在之后的几年中，灾害依然多发，如1953年就又出现了大霜灾。从1949年到1956年间，灾害对中国影响极大，成灾面积广，灾民人数多，造成了社会的不安定，影响了国家的建设。

这一阶段的临灾救济主要包括紧急赈济、以工代赈、社会互济以及医疗防疫。据统计，1949年全国4000余万灾民中有20%不需要救济，60%—70%经过组织生产和略加扶持即可度过灾荒，受灾重而无劳动力或劳动力不足急需救济的有10%—20%，约700万人。[①]1950年1月，中央人民政府政务院拨发了首批急赈粮650万斤，紧急救济河北省灾民。

以工代赈曾经在抗日革命根据地和解放区都发挥过重要作用，中华人民共和国成立以后，这一措施也继续执行。据全国不完全统计，1950年华东区参与春修工程的灾民就高达140万人，参与1949年江淮复堤的有40万人，参加苏北导沂工程的有23.5万人，参加山东导潍工程的有3万人，合计206.5万人。中南区参加以工代赈的灾民有6万人，华北区河北8万余人，东北区辽西6.7万人，珠江流域4万人……总计全国参加以工代赈的灾民将近260万人。从数量上来看，参加以工代赈的人数很多，但是由于主管救灾的民政部门不太懂水利、修路等工程的专业知识，所以大量的非专业人士参加工程建造实际造成了一定程度的浪费。后来基于这些教训，我国对以工代赈的具体措施进行了改革，按照第二次全国民政会议的要求，在安排以工代赈时，要更多地考虑灾区的生产条件和灾民的具体情况，如副业生产较好的地区就少出工，副业生产不好的地区多出工等。

社会互济方面具体包括节约捐输和互助借贷。据统计，中央各机关

---

① 赵朝峰:《中国共产党救治灾害史研究》，北京师范大学出版社2012年版，第114页。

工作人员从1949年10月到1950年4月，捐款12亿元，粮食39万斤，华北军区6个月节约了粮食362万斤，苏北2个月节约捐献粮食1012万斤等用于救济灾区。

而对于防疫工作的重视是由于1949年10月察北专区暴发的鼠疫。1950年上半年卫生部决定把灾区防疫作为中心工作之一，在春季开办了灾区防疫训练班，各个灾区也都组织当地大批医生参加防疫工作，为灾民治病。

这一时期的生产自救仍然主要是及时抢种、补种农作物，缩短灾期，减轻灾害。当年民间到处流传着“多种早熟粮，准备渡灾荒”“家有三担菜，不怕年景坏”“有菜三份粮，无菜饿断肠”等俗语，形象地展示了当时人们普遍性认可以抢种、补种蔬菜来充饥渡过荒年的景象，也让我们感受到政府在宣传上所作出的努力。在抢种粮食的基础上，政务院在1949年12月还发出了《关于生产救灾的指示》，号召各地恢复和发展副业、手工业、运输业，在沿海沿河沿湖的地方发展水产业，积极进行生产自救。

这一时期因灾害频繁，灾民逃荒避难的情况比较多，因此，各地出现了很多灾民盲目外流的现象。中央人民政府高度重视这一现象，内务部在1950年3月发出了《关于帮助外逃灾民回籍春耕的指示》，反对盲目逃荒，对于已经逃往各地的灾民，鼓励当地政府要尽量安置其生产、遣送等。

与中华人民共和国成立前不同的是，中国共产党和中央人民政府在中华人民共和国成立后开始大规模修建水利工程，以减少水旱灾害的发生。1952年2月8日，政务院发布了《关于大力开展群众性的防旱、抗旱运动的决定》，要求各地加强防旱、抗旱工作。因此，除了对大江大河的治理之外，这一时期各地还广泛开展打井、开渠、修塘、筑坝等农田水利修建工作。

与此同时，我国政府为了减轻灾民负担，还采取了减免灾民农副业税收的政策。1952 年 8 月 14 日，政务院通过了《受灾农户农业税减免办法》，明确规定农作物因水、旱、风、雹、病、虫及其他灾害而致歉收的受灾农户，根据受灾状况分别减免农业税。

1959—1961 年的“三年困难时期”是 20 世纪以来空前的大灾荒，也是这段历史的主要代名词。而“三年困难时期”这一说法也经历了从“三年自然灾害时期”到“三年困难时期”的变化。据统计，从 1960 年到 1976 年年底，《人民日报》中就有 170 篇文章使用了“三年自然灾害时期”的说法。1965 年 12 月 31 日，宋庆龄发表在《人民日报》上的《解放十六年》是最早开始使用“三年困难时期”这一说法的。而到了 1979 年 11 月，邓小平才明确将这段时期称为“三年困难时期”[①]。这一说法的变化折射出我国这一段时间以来对灾荒成因的深刻反思。

改革开放以后至今：系统科学的制度体系的逐步建立

改革开放以后，尤其是 1989 年参与“国际减轻自然灾害十年”之后，我国的防灾减灾救灾制度再次发生了质的变化，基本建立起了系统科学的制度体系。

首先是灾情上报制度。在 2018 年 3 月国家应急管理部组建之前，自然灾害灾情上报工作主要由民政部负责，其他类型灾害则分别由相应领域的单位负责。民政部负责的自然灾害灾情上报形式采取的是逐级上报，即按照行政区划，由下级行政单位及同级负责部门向上级行政单位及主管部门报告。具体可分为纵向两条线逐级上报：一条线是民政部门的逐级上报，最终报到民政部；另一条线是由各级人民政府逐级上报，最终报到国务院，同时申请拨款救灾。

应急管理部成立后，建立灾情报告系统成为其职责之一，而灾害信息员队伍建设则成为信息报送工作的重要一环，得到了高度重视。2020

① 《邓小平文选》（第二卷），人民出版社 1994 年版，第 233 页。

年 2 月，《应急部　民政部　财政部关于加强全国灾害信息员队伍建设的指导意见》（以下简称《意见》）正式发出。该《意见》中提出了加强全国灾害信息员队伍建设工作的指导思想和基本原则，即全面贯彻落实党的十九大和十九届二中、三中、四中全会精神，深入学习贯彻习近平总书记关于防灾减灾救灾重要论述精神，按照党中央、国务院关于建立灾情报告系统决策部署，以实现灾情信息及时准确传递为目标，着力打造覆盖全面、专兼结合、精干高效、相对稳定的全国灾害信息员队伍，切实提高各级灾情管理能力和水平。因此，在推进这一工作中，要坚持分级负责、属地管理为主；坚持专兼结合、社会力量参与；坚持立足实际、统筹相关资源的基本原则来进行。

这一《意见》还明确提出了今后加强全国灾害信息员队伍建设工作的主要任务。首先是要建立覆盖全国所有城乡社区，能够熟练掌握灾情统计报送和开展灾情核查评估的“省—市—县—乡—村”五级灾害信息员队伍，确保 2020 年年底全国每个城乡社区有 1 名灾害信息员。其次要明确各级灾害信息员职责和任务主要是承担灾情统计报送、台账管理以及评估核查等工作，同时还要兼顾灾害隐患排查、灾害监测预警、险情信息报送等任务，此外还要协助做好受灾群众紧急转移安置和紧急生活救助等工作。另外，还要建立灾害信息员分级培训机制，强化灾害信息员日常管理，探索将社会力量纳入灾害信息员队伍建设。

具体来看，主要的救灾措施包括：救人救农作物及牲畜，减少生命财产损失；控制次生灾害和灾后疫病，制止灾情蔓延和发展；安置灾民，解决灾民吃饭、穿衣、住宿、医疗以及解决学生临时就学等困难；紧急抢修被破坏的生命线工程设施，恢复交通、通信、供水供电，以及必要的物资供应；根据需要对灾区的治安、交通、物价、人员流动等实施应急管理，维护灾区社会秩序；动员、组织人民群众展开生产自救、互助互济，恢复正常生产生活活动；发动国内捐赠，争取国际捐赠；对灾区实行减免赋税政策；帮助灾区恢复重建等。

最后是救灾款物管理方面的措施和制度。我国于1998年建立了中央级救灾物资储备制度，并在全国建立了若干储备点，分别承担不同地区的救灾任务。救灾物资分配中最重要的是要坚持救灾物资的逐级分配，并保证落实到灾民手中。救灾工作完成后，再逐级收回、清洗、维修、整理，最后返回中央储备点。

三、救援并没有结束：灾后恢复与重建制度

尽管自然灾害发生时，短期内的救灾行为因灾情发生时的紧迫情势会更容易引起公众的关注和共鸣，但实际上，在一个完整的自然灾害应急管理闭环中，灾后恢复与重建的重要性也不亚于灾情救援阶段。高建国在其著作《应对巨灾的举国体制》中对2008年5月12日至2009年9月30日期间中央部委和省级单位下发的救灾减灾文件（共2290件）进行了高频词统计，发现出现频率最高的是“灾后重建”和“对口援建”这两个词，具体出现频率如下：灾后重建171次，对口援建149次，救灾捐赠108次，支援抗震104次，平和物价91次，校舍安全89次，防震教育78次，厉行节约27次，启动预案26次，保险理赔24次，心理干预15次，志愿服务12次，生态修复12次，救助三孤10次，扩大内需10次，文物保护6次。

高频词数据充分展示了灾后重建在发生巨灾后的重要性。如何帮助灾民从灾中暂时性避灾状态恢复到正常的生活、学习、工作状态，各国做法不一。在我国的政治制度和现行体制下，快速有效的灾后恢复重建需要系统的制度引领，更需要强有力的技术支撑，而规划引领和对口支援正是我国社会主义制度和在中国共产党领导下独有的制度优势所在。

科学规划，引领重建

与遭遇小规模灾害的地区相比，遭遇巨灾的地方大部分情况下几乎需要完全重新构建生产生活空间，如新唐山的建设和新汶川的建设等都是如此。尽管两次大地震发生时中国的国情差异极大，但是在灾后恢复重建中，党中央和国家都首先重视重建规划这一点却是一样的。

对于唐山来说，新唐山城的建设被称为“十年建设期”。从 1976 年到 1978 年的两年间解决的是暂时用简易房安置群众的问题，与此同时，国家开始规划部署唐山的规划方案征集活动。华国锋作出明确指示，布局要科学合理，要反映七十年代建筑先进水平。因此，在 1977 年 4 月 6 日至 11 日期间，国家建委设计局、建筑学会、河北省建委、唐山市委联合召开了“唐山市民用建筑设计方案讨论会”，共有 192 人与会。

从与时任国家建委城市建设局局长的曹洪涛同志的访谈中我们可以知道，正是唐山的恢复重建工作改变了我国长期以来对城市规划比较忽略的现状。曹洪涛同志在访谈中这样说道：

> 城市规划过去是不受重视的，所谓“规划规划，纸上画画，墙上挂挂”。经过唐山地震后的恢复重建规划，于 1977 年 5 月得到国务院的批准，这就引起了人们对城市规划的重视。过去不是说城市规划，墙上挂挂吗？可是唐山的重建规划起了很大作用，人们发现没有规划不行，后来唐山的建设，基本上是按规划进行的。①

根据对曹洪涛及时任沈阳市城市规划院规划室副主任的汪德华的采访，我们可以了解到，当时国家建委分别组织了来自上海、辽宁以及河北的三个规划部门参与唐山重建的城市规划工作。当时辽宁小分队负责

① 《领导重视，全国支援是唐山重建的重要经验——曹洪涛访谈录》，《城市发展研究》，2008 年第 3 期，第 11 页。

东矿区，上海小分队负责唐山市中心区，河北小分队负责润新区，三个组各自分头工作，之后向时任国务院副总理兼建委主任的谷牧汇报。这次重建，不但让人们意识到了灾后重建规划必须先行的道理，更让人们开始认识到规划的科学性之重要。

据汪德华回忆，当时他率领的辽宁小分队，还特意从抚顺市城市规划室和抚顺矿务局各派了一名同志参与。这是因为党中央考虑到唐山是一座煤矿城市，在重新规划时，必须考虑煤炭的开采、运输、利用以及矿井塌陷等情况，尤其是要处理好煤层、矿井与城市布局的关系。而抚顺也是煤炭城市，在这一点上具有较为丰富的经验。由此可见，当时在设计唐山重建规划时，党中央已经非常重视规划的科学引领作用了。

除了以上主要参与规划的三个小分队之外，当时在城建总局规划处工作的几位同志，清华大学的吴良镛教授、赵炳时教授也带领了清华大学的一个工作组参与了规划工作；中国科学院地理科学与资源研究所的胡序威同志、陆大道同志也都参与了恢复重建的规划工作。

1977 年 5 月 14 日，由来自全国各地的 3000 多名专业技术人员参与制定的《唐山市城市总体规划》通过了国务院的批准，于 1979 年下半年就开始了大规模的唐山市重建工作。该方案在 1982 年和 1984 年又经过了两次修改，并进行了小规模试点，对唐山灾后恢复重建起到了总纲领的巨大作用。

揭秘对口援建制度：何以双赢

如前文所述，对口援建一直都是党和国家坚持至今的优良传统，在历次大灾大难，包括这次迄今还没有完全结束的新冠肺炎疫情中发挥了极为重要的作用。之前我们大多是从社会主义制度下，举国体制的有效启动保证了对口援建模式得以实现这一层面去理解，认为对口援建是社会主义制度优越性的极大体现，而没有去特别关注这一制度的理论合理性。其实，一项制度能够长期在灾后恢复重建过程中发挥重大作用，除了精神指引的作用之外，制度本身的合理性也一定是最基本的支撑。我们可以从地方政府之间的利益关系模型角度来分析对口援建制度是何以实现援建方和被援建方的双赢结果的。

如果用博弈论的支付矩阵来进行分析的话，对口援建制度的双赢秘密就会显示得更为清楚。在对口援建过程中，参与者包括援建方和被援建方。而在参与对口援建过程中，因为对口援建是由中央政府牵头的一项工作，所以对于地方政府来说，不管愿意不愿意，都必须执行，但是他们可以有积极执行和消极执行两种态度。

对于援建方来说，在援建过程中，需要付出一定的援建资金，不管是采取积极态度还是消极态度，这部分资金都必须支出。而且在援建过程中还会产生其他各种成本。如果积极执行援建的话，这个成本就会较高，如果消极执行的话，这一成本就会较低甚至为零。但是从结果上来看，如果积极进行援建，援建方政府就有可能获得中央政府的表彰或其他奖励；如果持消极完成任务的态度，则不会得到任何表彰或奖励。

而对于被援建方来说，在援建过程中，无论采取积极态度还是消极态度，都会得到一定的援建资金。但是如果被援建方采取积极态度的话，除了能收到援建方的资金之外，还有可能得到国家额外的其他奖励；如果采取消极态度的话，则得不到国家的额外奖励。

假设我们用 G 来表示援建方支出的援建资金，用 C 来表示援建方在援建过程中产生的其他成本，细分的话，可以分为援建方采取积极态度时的 C_1 和消极态度时的 C_2，且 $C_1>C_2$；如果援建方积极援建的话，则有可能得到的国家奖励为 P，且 P 也可以分为被援建方积极支持时的 P_1 和被援建方消极对待时的 P_2，且 $P_1>P_2$。假设被援建方在积极配合时，也会得到政府额外的奖励 E，而被援建方的 E 值也会随着援建方态度的从积极到消极变化而表现出 E_1 或者 E_2，且 $E_1>E_2$。如果我们将这一关系用矩阵来表示的话，就会出现图 6 所示的情况。

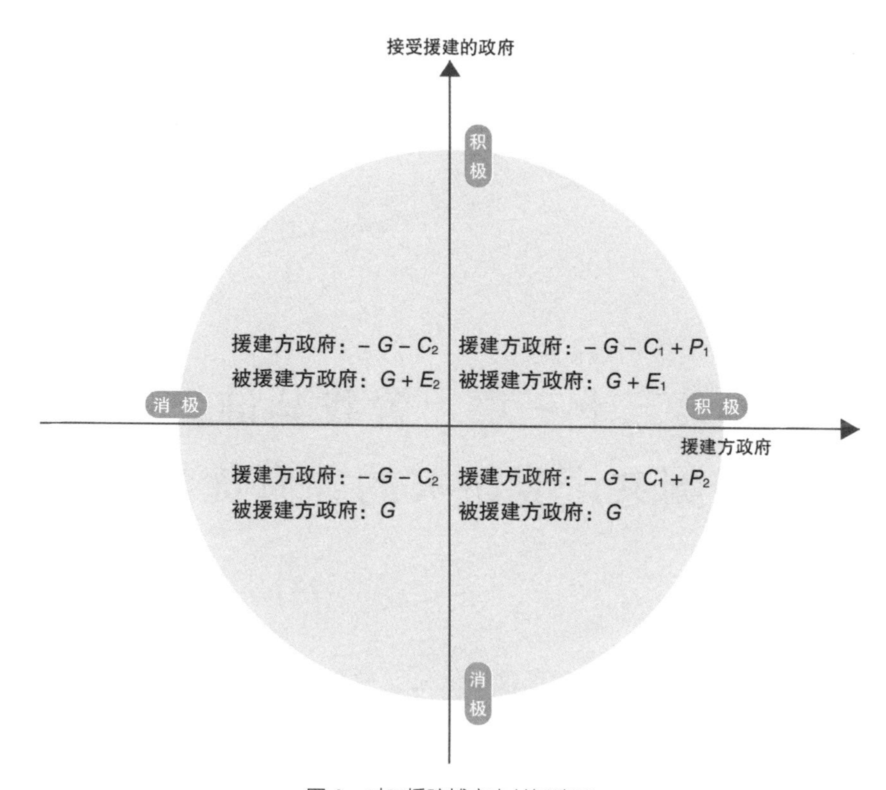

图 6 对口援建博弈支付矩阵图

从图 6 中我们可以看出，无论是对于援建方政府，还是被援建方政府来说，双方都采取积极态度时，对于双方来说都是最优选择，即可以实现双方各自的利益最大化。因此，在由中央政府主导的对口援建制度下，积极参与是双方的理性选择。这就从理论模型的角度，以量化方式来深入解释对口援建制度能够长期成功持续下来的可行性和原因。

第二十三章　舍我其谁：中国共产党抗灾的独有优势

1920年夏，北方5省（直隶、山东、山西、陕西、河南）发生大面积旱灾，旱灾面积覆盖了5省317个县，受灾人口达3000万人，死亡50万人。当时直隶流传着这样的民谣：

一日历田一日惊
果然冻饿在躬耕
非涝即旱年年是
盼雨盼晴过一生

1925年，四川发生大旱灾。四川筹赈会的专员在调查后写下了当时的灾情：

综计全川饿死者达三十万人，死于疫疠者约二十万人，至于转徙流离、委填沟壑者，在六七十万以上。[1]

当时执政的北洋政府也在救灾救荒方面作了一些努力，救灾方式上出现了一些现代化的痕迹，但由于当时战局混乱、吏治腐败、经济落后，救灾救荒的实际效果与政府想要实现的目标之间出现了较大差距，受灾人民的生活相当悲惨。1920 年正逢直奉皖军阀混战，京畿一带旱蝗灾害相继出现，农田颗粒无收，各路军阀又以所谓战略需要，肆意破坏自然环境，人为制造灾荒。而在 1922 年的湘鄂军阀混战中，也出现了吴佩孚军队人为决开多处长江堤闸的行为，使湖北尤其是鄂东地区数千万人的生命和财产遭受了巨大损失。

中华人民共和国成立以后，由于社会制度发生了根本性的变化，生产力水平不断提高，防灾救灾能力也在逐步提高，之前令人触目惊心的情景已经不再出现。但是在中华人民共和国成立初期的较长时间里，我国的生产力水平仍然较低，自然条件也没有得到彻底改善，自然灾害依然在严重地威胁着我国人民的生命财产安全。

中国共产党在抗灾工作中，从来都没有忘记历史上曾经有过的成功经验，更从未忽略过那些反面的教训。周恩来在工作中始终强调重视历史，从历史中吸取教训。他曾经解释道："历史对一个国家、一个民族，就像记忆对于个人一样，一个人丧失了记忆就会成为白痴，一个民族如果忘记了历史，就会成为一个愚昧的民族。而一个愚昧的民族是不可能建设社会主义的。"[2]

只有一个敢于直面历史的政党，一个以保护民生为使命的国家，一种具有独特优越性的社会制度，一个安定的政治局面，才对抗灾具有最重大意义。而中国共产党的执政，恰恰具备了以上所有的独特优越性。

---

① 李文海:《历史并不遥远》，中国人民大学出版社 2004 年版，第 188—189 页。

② 王香平:《周恩来：忘记了历史，就会成为一个愚昧的民族》，《北京日报》，2012 年 10 月 24 日。

一、百年救灾特点

从古至今，尤其是中国共产党建党100周年的这一段时间里，客观地看，各种救灾体制和制度都对经济恢复与发展、对灾民生产生活恢复起到了积极的作用。重视农业，重视水利建设，更重视灾害发生时的救援工作已成共识。但是，具体来看，不同的执政主体在不同的时代背景下所表现出来的救灾特点却有同有异。

1921—1948年的减灾救灾特点

孙中山一直很重视铁路在救灾中的作用。他曾这样表达："国家之贫富，可以铁道之多寡定之，地方之苦乐，可以铁道之远近计之。"[①] 他认为铁路不畅会严重影响救灾赈灾的效率，贻误时机。因此，他一直主张修建铁路。铁路的开通也确实在1942年发生中原大旱灾时帮助很多灾民外出逃荒，在运送救灾物资方面也发挥了很大作用。

除了重视修建铁路等基础设施以外，这一时期民国政府即开始尝试以工代赈的方法。如1931年发生特大水灾后，国民政府就成立了救济水灾委员会，拟定了《灾区工作方针》，其中明确提出了用以工代赈的方法来帮助灾区恢复经济。以工代赈、修筑堤防、疏浚河川、修缮粮库等手段都予以明确提出。

因为这一时期局势不稳，国内寻求义赈救灾的难度也比较大，因此这一时期的民国政府都积极寻求国际援助。比如在1931年江淮水灾时，就接收到了日本所捐的10万日元和美国红十字会捐赠的10万美元。

1949—1978年的减灾救灾特点

中华人民共和国成立以后到改革开放之前的这一段时间里，我国的

---

① 中国社科院近代史所:《孙中山全集》(第二卷)，中华书局1981年版，第383页。

救灾理念较之前发生了较大变化。执政以后的中国共产党更为重视“中央为主、地方为辅”的大一统救灾体系，因此在1949年12月19日政务院发出的《关于生产救灾的指示》中就指出救灾是严肃的政治任务，当时的地方政府只是中央政府政治性指令的执行者。

这一时期救灾理念中最典型的就是“人定胜天、自力更生”的观念。这一观念具有积极意义，激发了全国人民的士气和团结精神，但是也夸大了主观能动性，拒绝接受国际援助。

在中华人民共和国成立初期发生的自然灾害中，旱涝灾害是主要的灾种，因此这一时期国家开始重视基础设施的修建及农田水利设施的建设。表1展示了中华人民共和国成立以后到“五五”时期全国水利基本建设投资及新增固定资产的情况。从表1中可以看出，中华人民共和国成立以后，我国在水利基本建设方面的投资逐年上升。

表1 全国各时期水利基本建设投资、新增固定资产

时期	水利基本建设投资/亿元	新增固定资产/亿元
1952年	3.28	2.92
“一五”时期	24.30	19.81
“二五”时期	96.64	59.98
“三五”时期	70.14	52.81
“四五”时期	117.11	117.11
“五五”时期	157.24	102.61

资料来源：①《中国水利年鉴（1990）》，水利电力出版社1991年版。②《中国水利年鉴（1991）》，水利电力出版社1992年版。

转引自谢永刚：《中国模式：防灾救灾与灾后重建》，经济科学出版社2015年版，第30—31页。

当然在建设这些水利设施的过程中，我国也仍在大力推行以工代赈的办法。如1949年苏北的兴修水利三年计划，山东水利建设与治黄工程，东北、四川、安徽、河南等地的塘坝、堤防工程都是采用了以工代赈的办法。以工代赈既解决了广大农民的生产生活困难，又解决了劳动力不足的问题，可谓是一举两得。

1979—2003 年的减灾救灾特点

改革开放以后，随着解放思想、实事求是的观念在整个社会普及，减灾救灾的观念与之前发生了非常大的变化。我国政府“以民为本，注重民生”的这一理念在我国经济快速发展和减灾救灾工作中得到深刻体现。因此，这一阶段的救灾工作在操作方式上提倡全民救灾，在防灾救灾科学化方面，开始强调防灾减灾。1989 年中国“国际减灾十年”委员会成立，我国防灾减灾能力得到巨大的提升，实现了救灾与减灾的结合，并在减灾救灾工作上开始加入国际合作的阵营。在这一阶段，救灾款项的筹集与发放使用越来越规范，坚持专款专用。在救灾款项发放方面，开始采取有偿使用和无偿使用相结合的办法，这样既可以保证扩大救助面，又可以鼓励灾民自救。

扶贫工作一直是我国政府重点关注的部分。因此，这一时期，我国政府开始将救灾与扶贫工作结合起来。同时，激励民众互救和民间慈善团体发展。

以工代赈的优良传统在这一时期继续发挥作用。1984—1995 年，第一批至第七批以工代赈计划中主要采取实物，在 1996—2000 年期间，则全部改为支付资金。2001—2003 年，我国进一步提高了以工代赈的投资规模，每年从财政预算和国债中安排 60 亿元用于以工代赈的基础设施建设。

这一时期中最大的变化是始于 1981 年的接受国际救灾援助。同时，救灾保险制度也于 1984 年 4 月最早在山东省开始试点。

2004 年至今的减灾救灾特点

2008 年的汶川地震是对中国共产党和政府救灾工作的一场大考；始于 2019 年年底，现在仍然肆虐全球的新冠肺炎疫情同样也给党和政府提出了新的挑战。在这些重大灾情发生以后，我国一直以来坚持的举国体制仍然发挥着核心作用。举国体制不但适用于救灾时期的人力、物力、财力上的统一调配，也适用于灾后重建的对口援建上，能够在短时期内集中全国的力量来重点帮助灾区人民。

政府救灾信息公开程度也越来越高，信息透明化程度的提高尤其表现在这次抗击新冠肺炎疫情上。2003 年“非典”发生时的媒介环境与现在截然不同，那时候的主要信息公开渠道是电视和报纸，互联网虽然已经有了长足发展，但是社会中互联网普及程度并不太高。而如今的自媒体时代，使得大多数的民众都能用手机这种极为便捷的工具即时了解疫情及相关防疫信息，因此，对政府信息公开的要求也更高了。

二、从救灾到减灾防灾

党的十九届四中全会审议通过了《中共中央关于坚持和完善中国特色社会主义制度 推进国家治理体系和治理能力现代化若干重大问题的决定》，从发展和国家安全的战略高度，对国家治理体系和治理能力现代化建设实现了理论发展、研究范式的转变和国家治理实践指导层面的具体化飞跃。而且,《中国共产党第十九届中央委员会第四次全体会议公报》也回顾了党的十八大以来，中国共产党带领人民“推动中国特色社会主义制度更加完善、国家治理体系和治理能力现代化水平明显提高，为政治稳定、经济发展、文化繁荣、民族团结、人民幸福、社会安宁、国家统一提供了有力保障”的过程。这是继 2013 年 11 月 9 日党的十八届三中全会上作为全面深化改革的总目标而提出的“完善和发展中国特色社会主义制度，推进国家治理体系和治理能力现代化”的一次重大理论升华。党的十九届四中全会公报的发布，开启了“大国之治”道路上又一页新的雄壮篇章。

党的十九届五中全会提出应自觉把应急管理放在经济社会发展全局中思考谋划，创造性抓好贯彻落实。要深刻认识统筹发展和安全的丰富内涵，坚持总体国家安全观，始终把应急管理置于中国特色社会主义事业全局中来把握，按照安全发展新要求深入谋划推进应急管理事业改革发展，坚决扛起防范化解重大安全风险的政治责任。

百年来中国共产党的抗灾救灾的突出成果恰好也佐证了这一理论框架的正确方向。只有中国共产党领导的中国政府才能担负起防灾减灾救灾，以及应急管理的如此重任。这是因为其具有以下独特的优势：

人民至上理念优势

"以人为本"是中华民族始终认可并坚持的一条治国根本准则。在救灾中，这一条更是始终被党和国家摆在第一位。无论付出多大代价，抢救人民生命永远是最重要的，也是救灾中的第一选择。即便是在中华人民共和国成立之前，在极端困难的情况下，我党领导下的边区政府也一直强调人民生命的重要性。比如在1942年中原地区遭受大旱灾时，晋冀鲁豫边区政府就颁布了《关于救灾工作的指示》，旱灾救济委员会提出"保证不饿死一个人"。而且，我党并没有将不饿死一个人仅仅当作一个口号，在《太行区旱灾救济委员会第四次会议决议事项》中还对做不到这一规定的情况提出了详细的处罚办法。"凡本村尚有力量有办法可能进行救济，因工作不力，致使于饿死人者，村政权负责人应受以纪律制裁；凡有上述情况，饿死一人者批评，饿死二人者警告，饿死三人以上者应撤职处分，上级负责人应受连带处分。"①

中华人民共和国成立后，"人民至上、生命至上"的理念得到了更为彻底的贯彻和执行。我们不会忘记，邢台地震时周恩来亲赴地震现场，站在村民临时找来的两个木箱上就地召开群众大会鼓励群众的感人场面。我们也不会忘记，唐山大地震时以"救人为第一要务"的中央指示，救援部队是如何想尽一切办法全力救援，并用飞机将危重病人空运到附近

① 姚红艳、肖光文:《中国共产党救灾减灾思想的历史回顾与经验总结》,《学术交流》，2011年第10期，第16—19页。

城市医院紧急抢救的。一以贯之的行为同样出现在每一次大灾发生时。

在以习近平同志为核心的党中央领导抗击新冠肺炎疫情的斗争实践中，也充分彰显了“人民至上、生命至上”的价值理念，充分体现了把人民生命安全和身体健康放在第一位的要求。2020 年 9 月，习近平总书记在全国抗击新冠肺炎疫情表彰大会上讲道：“在保护人民生命安全面前，我们必须不惜一切代价，我们也能够做到不惜一切代价，因为中国共产党的根本宗旨是全心全意为人民服务，我们的国家是人民当家作主的社会主义国家。”正是在这样的理念指引下，中国抗疫书写了人类与重大传染性疾病斗争的伟大篇章。被授予“共和国勋章”的钟南山院士对“生命至上”四个字感触颇深。他说：“对人民生命的态度，最能体现一个国家到底是不是把人民放在第一位。我们党和国家非常明确，把人民群众生命安全和身体健康放在第一位，在疫情期间可以按下经济暂停键。这要有很大的付出，要下很大的决心。”

坚持“人民至上、生命至上”，把保护人民生命安全摆在首位，是坚持以人民为中心的发展思想的必然要求。中国共产党根基在人民，血脉在人民，人民立场是中国共产党的根本政治立场。一部中国共产党的历史，就是牢固树立人民至上观念，全心全意为人民服务的历史。“人民至上、生命至上”是中国共产党性质宗旨、理想信念、初心使命的集中体现，贯穿于党领导人民进行革命、建设、改革的全过程，贯穿于我们党治国理政的各领域、各环节、各方面。

2021 年 5 月 13 日，习近平总书记在河南考察时指出，“人民就是江山，共产党打江山、守江山，守的是人民的心，为的是让人民过上好日子。”中国共产党人奉献着热血生命、青春才智、辛劳汗水，最终赢得了人民的衷心支持和热情拥护。坚持立党为公，执政为民，始终保持党同人民群众的血肉联系，是马克思主义政党与生俱来的政治品质和最高从政道德，是衡量党的先进性的根本标尺。奋斗新时代，奋进新征程，只要我们始终把人民放在心中最高位置，就一定能激发出无往而不胜的力量，实现既定奋斗目标。

举国体制模式

如果说小型灾难出现时一地尚可应对的话，那么当大灾出现的时候，一地的应急资源一般是不够应对灾难的——过度准备应急资源也是一种浪费。任何一个国家，不管采用什么样的国家制度，都不会为最大规模的灾害做充分准备。如今的美国是全世界最为发达的国家，但是面对新冠肺炎疫情，它的公共卫生设施和人员也依然是不够用的。意大利、西班牙、德国、英国这样的发达国家也是如此，在疫情大规模出现时，医疗资源紧缺到只能在确诊患者中选择那些更具备被救治希望的对象使用，生命在这样的状况下变得微不足道。

2020 年对于中国而言是大灾之年，为了防控疫情，对社会经济发展按下了暂停键，夏季的水灾又造成了多个省、自治区、直辖市被淹，救灾工作面临极大的困难。到了 2020 年下半年，我国疫情形势整体稳定，经济运行逐步恢复常态，在全球主要经济体中唯一实现了经济正增长，其他很多国家依然处于水深火热之中。我国之所以能这么快恢复到正常生产生活状态，是因为在疫情应对中我们施行的是全国一盘棋的做法，一地有灾八方来助。这就是我们一直强调的国家治理中的举国体制。

举国体制并非仅仅用在救灾方面。实际上这个体制之前一直在体育领域内被提及，是指以国家利益作为最高目标，国家体育管理机构在全国范围内调动相关资源和力量，国家负担经费来配置优秀的教练员和软硬件设施，集中选拔、培养、训练有天赋的优秀体育运动员参加奥运会等国际体育赛事，在比赛中与他国运动员竞争，争取优异比赛成绩、打破纪录、夺取金牌的管理体制。

体育之“举国体制”是为了在更大区域内选拔适合某一类运动的人员，科技领域中也有类似的意思，可以集合全国范围内的科研和工程力量进行攻关。

习近平总书记在会见探月工程嫦娥四号任务参研参试人员代表时提及了新型举国体制："这次嫦娥四号任务，坚持自主创新、协同创新、开放创新，实现人类航天器首次在月球背面巡视探测，率先在月背刻上了中国足迹，是探索建立新型举国体制的又一生动实践。"

如果要解读"举国体制"，应该是举全国之力，以国家利益为目标，去完成一个能影响该国及其公民的宏大事业，包括取得某些领域的领先地位，消减风险和灾害损失，以造福全体国民。

这里，在"举国体制"的对象里添加了救灾。事实上，就救灾本身来说，也格外适合这一体制，甚至比前面说到的体育和科研领域都更适合。我国始终把人民群众生命安全和身体健康放在第一位。一旦灾难出现，其他未曾受灾并拥有一定救灾资源和力量的地区在党中央的统一领导下实施援助就成为制度的必然选项。在救灾中，因为一地资源的有限性，就有必要集合全国范围内的救灾资源，包括人力、物力、技术、资金等，对受灾人员进行高效救助，对受灾地区进行生产生活快速恢复，这便是救灾的"举国体制"。

中国共产党本身就是在多灾多难中成立的。在 1920 年，中国共产党成立前夕，西北发生了宁夏海原大地震，死亡人数比 1976 年的唐山大地震还要多，而就在那一年，东北再度出现了鼠疫。华北和中原大地则发生着直皖战争（发生于 1920 年 7 月 14 日），以段祺瑞为首的皖系军阀和以吴佩孚、曹锟为首的直系军阀，为争夺北京政府的统治权而开战，这是人祸。自然灾害加上军阀混战，把原本就风雨飘摇的中国拖进万丈深渊。而救灾，对于那时候的国家是心有余而力不足的。

随着十月革命的外在因素刺激，一个建立在马克思主义思想基础上的政党开始走上中国的舞台。中国共产党所希望的正是"社会阶级区分消除"（党的一大通过的《中国共产党纲领》第二条第一款），而此时在所有阶级成员中，大部分正是处在水深火热、面对灾难无力自救与互助的贫民。目标清楚了，怎么做就是行动细节问题。所以，在中国共产党成立后到取得全国政权的28年间，中国共产党和不同类型的灾害灾难顽强斗争，政权管辖范围内的自然灾害要应对，和敌对政权间的斗争中有诸多困难要克服，长征中的爬雪山过草地，抗日战争中面对日军的细菌战，以及包括著名的359旅等军队在边区开荒、屯垦、戍边等都是典型性的事例。

1949年中华人民共和国成立之后，全国性的突发事件和灾难的应对就必须由政府全面承担起来。此时，举国体制开始在抗灾救灾中得以充分体现。比如在最初黄河水患治理的过程中就由水利部部长傅作义领衔在河南省武陟县附近进行调研勘测，制定了相应的策略，在水灾出现后很快就能集全国之力将其遏制在一定范围内；而等水利技术发展到一定程度后，国家又建成了小浪底水库，基本解决了下游黄河水患问题。

在民间，流传着许多关于治理黄河的故事。其中一个是这样讲的：某日，某生产特种钢铁材料的工厂接待了来自山东的客户，可是由于这种特质钢材生产量不大，最近刚好缺货，所以客户刚一提出来购买需求，就被工厂的销售人员拒绝了，说没货。客户在百般恳请之下还是不行，只好说，我们有采购的介绍信，请销售人员看看再说。销售人员还是说不行，但是在一再要求之下看了一眼这封介绍信后，马上就说，那我们立刻安排生产，保证尽快完成交付。这封介绍信就是来自黄河水利委员会的，毛泽东特别关注黄河水患问题，所以，在物料供应上国务院给予了黄河水利委员会优先采购的权力，生产部门不得以任何理由推诿拒绝。

从这个小故事中我们可以看到，为了抗灾救灾，国家是不惜一切代价的，跨省采购没有问题，跨省调拨也不会有任何阻碍。而在1998年的长江大洪水发生后，朱镕基就下令从黑龙江的国家储备粮库调拨粮食供应受长江洪水影响的灾民。不管是粮食还是特种材料，像这种跨省的大调动对于我们的举国体制而言是十分普遍的现象。

举国体制在灾难应对领域的价值就在于能及时弥补一地应急资源的不足，集中精力共克时艰，这一点已经在多次抗灾实践中得到证实。比如，中国南方的血吸虫病一度肆虐不已。在毛泽东的提议下，党中央专门成立了血吸虫病防治领导小组，提出七年消灭该病的目标，随后建立了1400多个防疫所、站、组，训练了13000多名防治干部、84000多名农业生产合作社保健员和25000多名区乡干部。为了防治一种区域性的流行病，党和政府从中央层面建立领导小组，层层建立相应的组织，这在中国是史无前例的。这么大规模地调动资源，在其他国家是极为罕见的。1957年初夏毛泽东在接见学术界专家的时候，特别问血吸虫病防治专家苏德隆“三年能否消灭血吸虫病”，苏德隆答道:“不能。”毛泽东再问“五年呢？”，苏德隆说“也不能”。再延长为七八年，苏德隆缓了缓语气说:“限定年限消灭是可能的！”后来的《1956年到1967年全国农业发展纲要》中消灭血吸虫的年限由“五年”修改为“十二年”。应该说，党和政府充分吸收了专家的意见，并写在了政府的工作规划中。

苏德隆是我国流行病学奠基人，南京人，一级教授，同时也是中国共产党员，从事预防医学教育和公共卫生工作50年，在协助政府攻克血吸虫病方面立下了汗马功劳。当然，除了科学的认知这类传染病之外，那个时代消灭血吸虫病靠的主要还是“全党动员、全民动手”，万众一心的人海战术，成效显著。事实上，直到1985年12月10日，上海市委、市政府才宣布全市消灭血吸虫病，此时距离1957年已经过去28年了。尽管血吸虫病基本消灭，但相应的血吸虫研究机构依然存在，继续研究其机理和应对机制，预防大规模公共卫生灾难再度发生。

2003年抗击SARS时又是举国体制起到了非常关键的作用。北京的小汤山医院隔离收治了大量确诊病人，且从不同的地区尤其是部队调派了医护人员前去支援。

再来到2020年，武汉的雷神山、火神山两座医院在很短的时间内建成并投入使用。当时正值春节期间，来自全国各地的建设者大多是主动前来的志愿者或临时征召的。在治疗阶段，许多医护人员甚至是成建制地从全国各大医院调过来，弥补了武汉应对疫情专业人员不足的情况，使得抗疫取得重大胜利。

面对新冠肺炎疫情这种大灾，即便之前已经有了尽可能多的储备，也难以做到够用。习近平总书记在主持召开专家学者座谈会时这样说：

这次新冠肺炎患者救治工作，我们坚持人民至上、生命至上，前所未有调集全国资源开展大规模救治，不遗漏一个感染者，不放弃每一位病患，从出生不久的婴儿到100多岁的老人都不放弃，确保患者不因费用问题影响就医。要统筹应急状态下医疗卫生机构动员响应、区域联动、人员调集，建立健全分级、分层、分流的重大疫情救治机制。要全面加强公立医院传染病救治能力建设，完善综合医院传染病防治设施建设标准，提升应急医疗救治储备能力。

对口支援模式

一个地区遭受了灾难之后，救助是一个问题，灾后重建则又是一个问题。大量的重建资金一时难以筹措，而且由于救灾过程中必然会有大量的资金资源消耗，重建的难度更大。此时，救助资金会从银行、保险、捐赠、财政等多个渠道协助受灾地区进行灾后的恢复生产或重建。中国银行保险监督管理委员会此时也会督促银行和保险公司不要在救灾和重建期间惜贷、惜保，推动相应的公司加速审批程序，尽快将灾区所需资金及时拨付出去。

财政除了担当救灾和重建的“永恒兜底者”，保障每个受灾个体基本的公平保障外，如汶川地震后国家规定每位受灾者每天都能有十块钱、一斤粮食的供应，重建资金中的大部分还得依靠党中央和国务院安排中央或其他地方的财政支付。当然，中央的财政收入也来自全国范围或地方的企业，所以是“转移支付”，而中央责令其他地区的援助除一事一议之外，还建有稳定的对口支援制度。举国体制下有更为高效的匹配模式——对口援建。这种援建可以是灾后，也可以是非灾状态下。

2020年我国如火如荼进行着的脱贫攻坚工作也有对口支援的制度安排。东西部不同省份之间的“结对帮扶”也已成常态。如“一省包一市(县)”这样的对口支援模式就会在受援方和施援方之间建立起匹配，这种匹配在建立之初可能是为一个短期目标而建立的，进而可能建立起更为长期的稳定支援关系。

汶川大地震后，中央就将不同省份和四川省内不同受灾地之间建立了对口关系，直到现在，这些关系依然存在，非但为当时的灾后重建，也为后来的长期合作奠定了很好的基础。比如山东省和北川县之间的关系就是这样建立起来的，直到今天，两地依旧来往密切。北川县在地震后放弃了老县城，山东援建的新县城三五年内飞速发展。

河南省和哈密市之间的支援关系始于2010年，虽然并非从救灾开始，但是经历十年也结下累累硕果，哈密市平均每年能够得到3亿元的援建资金和项目。除此之外，人才援疆带来了理念、技术、知识、设备等更多的资源。

党中央在不同区域间的对口安排也充分体现了理性、客观和科学，在两地匹配上的设计相当用心。因为北川县和汶川县在2008年大地震中受损最大，山东省和广东省的经济实力比较雄厚，所以安排了这两个省作为排头兵专啃硬骨头。而深圳市作为经济大市，被特别安排为甘肃省受灾相对严重地区的对口城市，接下了“一市包一省”的重任。

这种对口支援的思路和做法在其他国家几乎是不可想象的，要知道，国外的各州（省）都有自己的财政安排，很难拿出资金和资源来支持其他州（省）的救灾和重建，更不要说专门去外州（省）扶贫了。事实上，有的联邦政府在职权上主要负责国家的外交和军事事务，在财证权上受限制较大，因此在经济发展和抗灾救灾上很难实施对各州（省）的支援。

在2020年新冠肺炎疫情期间，武汉市乃至整个湖北省的公共卫生资源在大规模的疫情面前不堪重负，此时中央一声令下，武汉一下子就得到了全国各地的共同支援。此后，整个湖北省在国家卫生健康委员会的安排下建立了省际对口支援机制，如图7所示。

对口支援省区市	灾　区
重庆市、黑龙江省	孝感市
山东省、湖南省	黄冈市
江西省	随州市
广东省、海南省	荆州市
辽宁省、宁夏回族自治区	襄阳市
江苏省	黄石市
福建省	宜昌市
内蒙古自治区、浙江省	荆门市
山西省	仙桃、天门、潜江3个县级市
贵州省	鄂州市
云南省	咸宁市
广西壮族自治区	十堰市
天津市	恩施土家族苗族自治州
河北省	神农架林区

图7　新冠肺炎疫情时湖北（除武汉外）灾区和对口支援省区市

我国有个成语叫“取长补短”，意思是尺有所短，寸有所长，吸取别人的长处，弥补自己的短处，从而实现均衡发展。作为一个个体，在面对利益攸关的决策时，需要有一个强有力的机构来协调这一问题，对于中国而言，就是党的最高领导机关——党中央。成功抗击新冠肺炎疫情的中国经验充分说明了这一点。当今世界上比中国发达的国家依然不少，但是这些发达国家大多数不可能在全国范围内调动资源，做到“哪里需要往哪里搬”。中国的救灾效率和效果都可圈可点。

以前我们常说市场是配置资源最优的一种机制安排，其实这一说法是有限制条件的，那就是要局限在经济发展领域。而在灾害应对领域，急切地需要在最短时间内完成资源的重新配置和布局，此时的市场反应就比较慢了，且会出现哄抬紧缺品物价的现象，毕竟市场的第一目标还是利益。所以，各种唯利是图的行为会在灾害面前表现得淋漓尽致。但是，中国共产党的初心和使命就是为中国人民谋幸福，为中华民族谋复兴，必然会在此时不计代价地以挽救人的生命为第一目标去配置资源。对口支援则是实现这一目标的优选路径。

多元治灾体系优势

在 2013 年 4 月 20 日，四川省雅安市芦山县地震发生后，科技部高度重视，立刻指挥国家遥感中心会同科技部高新技术发展及产业化司迅速启动国家空间数据获取与应用应急协同体系和数据共享服务平台（简称蓄水池应急平台），同时启动科技部与总参谋部军民遥感信息应急交流机制，组织获取灾区遥感数据并将数据汇至蓄水池应急平台，为各部门提供数据支持。

这是体制内不同部门间协作参与救灾的一个小小的例子。从中我们深刻体会到，在抗震救灾中，只有多部门密切合作，才能实现更好的救灾效果。

如前文所述，在我国应急管理“一案三制”框架基本确立以后，对于救灾主体的认知也发生了质的飞跃。在历史上，人们普遍认为我国的救灾主体就是党中央和各级政府，以及人民军队。不同部门、不同层级、不同领域、不同区域，以及不同军地之间的协同，基本上是依靠中央统一调配的。虽然在2003年之前并没有形成具有规范体系的协同机制和法律规范，属于临时指挥协调，但由于我国的国家体制和政治制度的优越性，因此“心往一处想，劲往一处使”在大灾大难面前是比较容易实现的。

除了政府的领导，在很多抗灾救灾的过程中，我们也看到了人民群众的伟大力量。在1958年抗击黄河洪水的过程中，就充分展示了这一点。1958年7月，黄河中下游流域连降暴雨，以至于7月17日10—24时，黄河流域出现了最大流量，黄河下游大约400公里的河段超过了保证水位，情况十分危急。7月17日23时，特大洪峰冲向郑州铁路黄河大桥，11号桥墩倒塌，交通中断。7月18日下午4时，赶赴现场的周恩来广泛听取了各方面的意见，作出了“依靠群众，固守大堤，不分洪，不滞洪，坚决战胜洪水”的指示。7月19日，河南省抢修支援委员会成立。7月20日下午，黄河大桥抢修工程指挥部成立。7月22日，黄河大桥抢修工程委员会正式成立，黄河大桥抢修工程就此展开。与此同时，从全国各地运来的机械设备和器材源源不断地送到工地上。7月27日，最大的一波洪峰流入渤海，这次抗击特大洪水的斗争取得了胜利。8月12日，在黄河上建起了黄河大浮桥。8月21日，在黄河上建起了黄河大桥新的桥墩。在这次战斗中，除了解放军的大力支持之外，人民群众的作用不可低估。依靠群众、相信群众是我国抗灾救灾的宝贵经验。

在现代社会，社会组织、个人志愿者作为新的救灾主体，在救灾中发挥的作用越来越大。大量的民间救援队在每一次的巨灾发生时，都会在第一时间赶往灾区参与救援。在2020年新冠肺炎疫情肆虐期间，我们又一次见证了许许多多主动参与运送医疗器械及物资工作的企业职工、个人志愿者，令人甚为感动。当然，如何进一步优化多元主体共同抗灾，形成多元主体抗灾的有效合力，提升抗灾效果，是我们要继续探索的。

科技应灾支撑优势

我们不会忘记，1976年唐山大地震发生后，第一时间赶赴唐山地震现场的救援部队战士带着的仅仅是满腔热情，没有任何专业救援设备，甚至连最基本的铁锹都没有，随后展开的救援工作，都是靠战士们用手刨、用肩扛来完成的。大震之后最基本的通信设施全部毁坏，连机场调度都几乎是用最原始的方式进行，更不可能奢望有什么科技手段参与救灾。

经过几十年的发展，尽管我们无法完全阻止自然灾害的发生，但是在救灾中，各种科技手段已经在监测预警、救援处置、恢复重建等各个阶段发挥出了重大作用。

遥感技术是在地震灾害发生后使用较多、效率较高的一种科技手段。2014 年 8 月 3 日云南省鲁甸地震发生后，我国民政部国家减灾中心就在第一时间启动了《空间与重大灾害国际宪章》遥感技术合作机制，国防科工局迅速获取了鲁甸震区大量卫星影像数据，为下一步排查震区山体滑坡、崩塌、泥石流发生情况及隐患提供了科学依据。我国的“高分一号”“资源三号”“实践九号”等 5 颗卫星参与了这次鲁甸地震灾区的应急观测任务。

无人机技术在灾情监测方面优势明显。在鲁甸地震发生后，武警黄金部队立刻抽调 6 名地质专家和 56 名水文地质、遥感测绘等领域的专家组成先遣救援队，携带多台四旋翼无人机，于第二天就前往现场开展地质灾害评估工作。这是我国武警部队首次将无人机装备用于抗震救灾一线中。通过“单兵一号”固定翼无人机与六旋翼无人机的配合，实现了对周围地质灾害隐患的精准观测，同时加上无人机倾斜摄影技术及精准定位系统，可以一次性获取多角度灾害现场影像。这也是我国首次在地震灾害中使用无人机遥感数据快速三维建模技术。

救援机器人参与救灾更是突破了人类的局限性。我国“十一五”期间，国家“863”计划重点项目“救灾救援危险作业机器人技术”的成果——三款国产救援救灾机器人被投入雅安市芦山县地震的搜救中。旋翼飞行机器人对起飞降落场地等没有要求，可以超低空近距离飞行勘察灾情、探测生命迹象。在芦山至宝兴公路疏导作业中，旋翼飞行机器人发挥了重要作用。可变形搜救机器人和机器人化生命探测仪参与了废墟表面搜索任务。机器人参与搜救，为快速了解灾情和救援决策制定提供了科学准确的数据和图像支持。

“北斗”高精度地质灾害监测预警系统成功地实现了湖南省石门县南北镇潘坪村雷家山地质灾害发生时的“零伤亡”。2020 年 7 月 6 日，雷家山地质隐患点突发了 1949 年以来石门县最大规模的山体滑坡，约 180 万立方米山体瞬间崩塌，倾泻而下。但事发现场却没有一人伤亡，这是因为早在 6 月 24 日、30 日，以及 7 月 6 日，“北斗”高精度地质灾害监测预警系统就多次发布了橙色预警和临灾警报。当地政府及有关部门在收到预警之后立刻组织实地核查，将处于危险区域的全部村民提前进行了安置转移，并在预警范围内持续进行重点巡查和监测预警工作。

军民融合制度优势

在我国，人民军队具有参与抗灾救灾的光荣传统。中华人民共和国成立以后，通过《中华人民共和国宪法》《中华人民共和国国防法》《中华人民共和国防震减灾法》《中华人民共和国防洪法》等一系列法律法规，将处置突发事件、参与应急救援的重要使命赋予了人民军队。我国的武警部队和消防部队将士们也在发生重大自然灾害时都积极参与救援，发挥了极大的作用。

如果纵向来看军队在救灾中的参与情况，大致可以分为三个阶段：

第一阶段可以以 2003 年“非典”为一个节点，“非典”之前基本上是军队临机参与应急救援阶段。

第二阶段从 2003 年开始，到 2012 年为止，为军队制度化参与应急管理阶段。2005 年 6 月，国务院、中央军委制定《军队参加抢险救灾条例》。2007 年 8 月，全国人民代表大会常务委员会通过《中华人民共和国突发事件应对法》。其中，《军队参加抢险救灾条例》将军队长期参与抢险救灾的实际行为用法律的形式固定化下来。而《中华人民共和国突发事件应对法》的第十四条规定："中国人民解放军、中国人民武装警察部队和民兵组织依照本法和其他有关法律、行政法规、军事法规的规定以及国务院、中央军事委员会的命令，参加突发事件的应急救援和处置工作。"这一规定赋予了军队在应急管理中的主体地位。

第三阶段从 2012 年到现在，表现为全面制度化参与应急救援。党的十八大以后，我国的安全管理体制发生了巨大变化，军队的使命也随之发生了变化。在这一阶段中，主要颁布了四部法律法规。第一部是 2015 年 2 月由中央军委颁布的《军队基层建设纲要》。在这一纲要中，提出具体要求，以确保部队随时可以遂行作战和非战争军事行动任务。第二部是 2015 年 5 月发表《中国的军事战略》白皮书。这部白皮书将应对各种突发事件和抢险救灾作为中国军队的重要战略任务，并提出遂行抢险救灾等非战争军事行动任务是"新时期军队履行职责使命的必然要求和提升作战能力的重要途径"，明确要"把非战争军事行动能力建设纳入部队现代化建设和军事斗争准备全局中筹划和实施，抓好应急指挥机制、应急力量建设、专业人才培养、适用装备保障以及健全相关政策法规等方面的工作。促进军队处置突发事件应急指挥机制与国家应急管理机制协调运行，坚持统一组织指挥、科学使用兵力、快速高效行动和严守政策规定"。第三部是于 2015 年 7 月颁布的《中华人民共和国国家安全法》。其中第十八条规定："开展国际军事安全合作，实施联合国维和、国际救援、海上护航和维护国家海外利益的军事行动，维护国家主权、安全、领土完整、发展利益和世界和平。"中国军队参与应急救援的空间拓展到了国际。第四部是于 2016 年 1 月颁布的《中华人民共和国反恐怖主义法》。该法第七十一条第二款规定："中国人民解放军、中国人民武装警察部队派员出境执行反恐怖主义任务，由中央军事委员会批准。"

在这三个阶段中，我国军队参与了很多灾害灾难事件的救援工作。

在第一阶段中，主要参与了1963年海河特大洪水，1966年邢台地震，1976年唐山地震，1987年大兴安岭火灾，1998年长江、松花江、嫩江洪水的救援工作。在第二阶段中，主要参与了2003年“非典”，2008年南方暴风雪，2008年汶川地震，2010年玉树地震，2010年舟曲泥石流的救援工作。在第三阶段中，主要参与了2013年雅安芦山地震，2014年云南鲁甸地震，2015年“长江之星”客轮沉没事件，2015年天津港爆炸事件，2018年金沙江和雅鲁藏布江断流，2019年江苏响水工厂爆炸事件的应急救援工作。

我们不会忘记，每次巨灾发生时，无论何时，无论何地，第一时间出现在救灾一线的一定少不了人民军队的身影。无论是早年条件艰苦时的人工操作，还是现在有了先进科技和装备支撑的全方位、宽领域救灾行动，人民军队永远都和人民群众站在一起。而且，进入21世纪之后，我国的人民军队在国际维和、国际救援、海外护航等领域也积极行动起来，成为国际救灾合作框架中的积极参与者。

国际协作网络优势

应对自然灾害是全球各主权国家都不得不面对的一个挑战。随着全球化浪潮的推进，世界各国在应对如气象灾害、地质灾害、生物灾害等巨灾时，因其影响范围广，常常会同时涉及多个国家和地区，单靠一个国家的力量是不足以有效解决的。因此，在思考应对自然灾害时具有国际视野，广泛开展国际合作就成为当今减灾防灾救灾工作的必然选择。

在全球层面，“国际减轻自然灾害十年”是由联合国层面发动的一个最具代表性的科研及行动计划（1990—2000年）。1987年12月11日，第42届联合国大会通过了第169号决议，决定将1990—2000年这十年定为“国际减轻自然灾害十年”，旨在提高发挥国际组织在自然灾害造成的生命损失、财产破坏以及社会和经济停顿时的作用。该计划具体包括：提高各个国家迅速有效减轻自然灾害影响的能力，帮助发展中国家建立早期警报系统，制定相应的减灾方针和策略，推广和传播关于灾害评估、预报、预防、减轻自然灾害方面的情报和信息、具体方法等。1989 年 12 月第 44 届联合国大会上又通过了《国际减轻自然灾害十年国际行动纲领》，强调通过一致的国际行动，特别是在发展中国家，减轻由地震、风灾、海啸、水灾、土崩、火山爆发、森林火灾、蚱蜢和蝗灾、旱灾和沙漠化以及其他自然灾害所造成的生命财产损失和社会经济失调。我国也积极加入了“国际减轻自然灾害十年”行动计划。

目前，世界各国在《空间与重大灾害国际宪章》框架下加强减灾救灾的国际合作，通过合作共享更好地发挥了遥感卫星的“天眼”作用。

此外，东亚范围内也积极开展了多层次的国际减灾救灾合作活动。我们这里所说的东亚，指的是中国、日本、韩国、朝鲜、蒙古、印度尼西亚、马来西亚、菲律宾、新加坡、泰国、文莱、越南、老挝、缅甸以及柬埔寨，共十五个国家。东亚十五国在与自然灾害作斗争的过程中，逐渐形成了“一轴心两大国三层次”的救灾合作机制。所谓“一轴心”是指东盟，“两大国”指的是中国和日本，“三层次”是指在东亚范围之内的超区域层次、区域层次、次区域层次。

“一轴心”的具体机制包括三部分，即东盟地区论坛、“10 + 3”框架下的灾害管理文件，以及东亚峰会。具体来看，东盟地区论坛每年召开一次救灾会间会，制定了《ARF 地区论坛人道主义援助和减灾战略指导文件》《ARF 减灾工作计划》《ARF 灾害管理与应急反应声明》和《ARF 救灾合作指导原则》等框架性文件。“10 + 3”框架下的灾害管理文件中，《第二份东亚合作联合声明》及《2007 年—2017 年 10 + 3 合作工作计划》提出了灾害管理领域的合作措施。2007—2008 年，中国举办了两届“10 + 3”武装部队国际救灾研讨会。2010 年，“10 + 3”城市灾害应急管理研讨会在北京召开，除朝鲜和蒙古外，东盟 10 国与中日韩均参加了这一对话合作。而在东亚峰会这一机制中，2007 年 1 月召开的第二届东亚峰会确定的重点合作领域之一是减灾。2009年第四届东亚峰会发表《东亚峰会灾害管理帕塔亚声明》。在2009年10月25日通过的《东亚峰会灾害管理帕塔亚声明》中强调了东盟在加强人道主义协调及增强应对重大灾害中的领导作用。①

“两大国”主要的机制是日本的亚洲减灾中心和中国的亚洲减灾大会。其中，日本倡议的亚洲减灾中心成立于1998年，中日都是核心成员国，主要开展以下工作：减灾信息共享、人力资源培训、社区能力建设以及相关国际会议和交流。而中国首倡的“亚洲减灾大会”是亚洲各国和利益攸关方开展机制化减灾交流与合作的工作平台。2005年在北京召开的首届大会是第一次亚洲部长级减灾会议。此后，亚洲减灾大会召开过3次，形成了《亚洲减少灾害风险北京行动计划》《减少灾害风险德里宣言》《亚洲减少灾害风险吉隆坡宣言》《仁川宣言》和《亚太地区通过适应气候变化减轻灾害风险仁川区域路线图》等成果文件。

在“三层次”中，超区域层次指的是东亚各国可利用联合国及亚洲层面的合作对话机制进行救灾合作对话：一是积极参与联合国救灾合作对话；二是亚洲防灾会议。区域层次目前在救灾合作方面尚未形成固定合作机制，主要借助其他机制，如有27国参与的东盟地区论坛每年召开一次救灾会间会、“10＋8”防长会议（2011年起讨论救灾）、东盟和中日韩参加的“10＋3”会议（2004年印度洋海啸后，防灾减灾成为“10＋3”的重要合作领域之一）等都进行了减灾救灾的合作讨论。在次区域层次上的救灾合作机制，一是中日韩灾害管理部门部长级会议；二是“10＋3”框架下的灾害管理文件；三是东盟首脑会议。

中国在联合国框架及东亚合作框架下，与世界各国及国际组织建立了紧密型合作伙伴关系，形成了全方位、多层次、宽领域的国际减灾救

---

① 何章银：《东亚救灾合作机制建构的动因、特点及阻力研究》，《社会主义研究》，2013年第3期，第157—163页。

灾合作体系，积极致力于为受灾国家和地区提供必要的援助和支持，在我国遭受到巨灾时，也会积极与国际组织取得联系，公布灾害信息，并适当向国际组织及其他国家和地区申请援助。

第二十四章　万里为邻：救灾捐赠管理中的那些往事

捐赠一直是救灾过程中非常重要的一部分。在中国共产党领导下的百年救灾实践中，对于救灾捐赠的认识和管理也经历了从粗浅到科学，从单一到系统的变化过程。

一、1921—1948 年之乱局中的救灾捐赠

众所周知，1921—1948 年的这一段时期，政局动荡，财力有限，是中华民族历史上颇为动荡的一段困难时期。官方能投入救灾赈济上的预算极其有限，甚至可以说是微乎其微。在内忧外患的困境中，救灾捐赠一直处于零散状态中。

中国共产党艰难组织救灾

当时还未执政的中国共产党虽然自身力量非常薄弱，但是却非常重视救灾捐赠互助工作。1932 年，中华苏维埃共和国临时中央政府通过了《内务部暂行组织纲要》，规定社会保证科负责对因战争和灾荒造成的灾民进行救

济。1933年，《中华苏维埃共和国地方苏维埃暂行组织法（草案）》规定市、乡的苏维埃政权要设立备荒委员会作为救济机构，组织救济工作。同时苏区还存在一些零星的民间救济互助会在进行着互助捐赠活动。这一时期，中国共产党因为经费有限，财力受限，主要是组织人民生产自救，开垦荒田，同时号召节约及社会共济。

进入抗日战争时期以后，随着各边区民主政权的建立，中国共产党也陆续设置了救荒机构。在边区层级上，一般都设置了民政厅，行政督察区和县所属的机关则设立民政科来作为救灾工作的常设领导机构。这一时期中国共产党的救灾方针和措施也和之前基本相似，主要采取生产自救、号召节约、鼓励群众互帮互助的方式组织救灾。同时，中国共产党也会积极赈粮赈款，表2反映了1942年晋察冀边区行政委员会拨发北岳区各县的赈粮赈款情况。

表2 1942年晋察冀边区行政委员会拨发北岳区各县的赈粮赈款表

灾区		灾情	边委会拨发		备注
			款/元	粮/石	
第一专区	盂县	荒灾	—	400	
第三专区	三专署	荒灾	—	70	龙华公粮内划拨
	涞源县	荒灾	2000	130	内有广灵拨来60石
	易县	荒灾	4000	75	
	龙华县	荒灾	2000	35	
	满城县	荒灾	1000	35	
	徐定县	荒灾	1000	35	
第四专区	曲阳县	荒雹灾	1500	—	
	完县	荒雹灾	3000	—	
	唐县	荒雹灾	500	—	
第五专区	灵寿县	荒雹灾	10000	—	无利贷款
	行唐县	荒雹灾	10000	—	无利贷款
	蔚县	荒雹灾	600	—	
总计			35600	780	

资料来源：贾正：《今年春荒救治工作的经验教训》，《边政导报》，1942年10月25日。转引自赵朝峰：《中国共产党救治灾荒史研究》，北京师范大学出版社2012年版，第52—53页。

抗日战争结束以后，解放战争时期中国共产党的救灾方式及思想也基本没有大的变化。在解放战争初期，中国共产党领导的群众救荒团体——中国解放区救济总会成立。总体上这一时期仍然是以解放区自我筹集救灾资金为主，偶尔也创新过一些新的方式，如解放战争时期，有的边区就曾经发行过救灾公债。1946 年 4 月，苏皖边区还专门颁布了《三十五年救灾公债条例》。

不能忘记的民间救灾捐赠功臣——华洋义赈救灾总会

在乱局之下，从近代以来开始出现的，在官方力量不足时起到补充辅助作用的民间救灾力量就显得非常重要。而“华洋义赈救灾总会”(China International Famine Relief Commission，CIFRC) 这个不该被忘记的民间慈善组织在其存在的 28 年间，真正起到了民间赈济的重要作用。华洋义赈救灾总会成立于 1921 年 11 月 16 日，是近代中国最大的国际慈善社会团体。华洋义赈救灾总会在中国部分省区推行合作事业，办理筹款赈灾、防灾、兴修水利和道路工程等方面的事宜。为了促进华洋义赈救灾总会推行的合作社事业，中国共产党领导的苏维埃临时中央政府也曾颁布了在生产、消费、粮食等方面的合作社章程。1949 年 7 月 27 日华洋义赈救灾总会宣布解散，所属资产移交给中国国际救济委员会。1951 年 2 月 16 日，已经移交给中国国际救济委员会的所有档案材料等又全部移交给了中国人民救济总会。

1936 年 6 月 7 日的《大公报》上这样评价华洋义赈救灾总会的作用：

> 我国农村经济之复兴工作，以华洋义赈救灾总会致力最早。该会……倡合作以苏民困，藉中外人士协力同心，惨淡经营，颇著成绩，而为我国农村经济之复兴工作，树一良好之基础。[①]

① 刘招成：《中国华洋义赈救灾总会述论》，《社会科学》，2003 年第 5 期，第 96—103 页。

1936年11月16日的上海《申报》对华洋义赈救灾总会的评价如下：

该会不但做了许多慈善性质的救济事业，而且做了不少建设性质的社会事业，后一种事业是最值得我们来称道的。

由此可见华洋义赈救灾总会在当时社会救灾捐赠方面所起到的重要作用。表3展示了华洋义赈救灾总会所出资修建的防灾水利工程的情况。

表3 华洋义赈救灾总会重要防灾水利工程统计表

工程名称	完成年份	所获利益
山东利津修复河道工程	1923年	使200万平方英里得资垦种，25万灾民得归故里
湖北石首堤工	1925年	石首堤外每年增加农产200万元
赣江堤工	1926年	江口三角洲农田得以保护，每年可收获200万元以上
河北千里堤工程	1926年	400平方英里低洼地变为良田，每年可收获500万元以上
河北大城修堤工程	1926年	田地4万亩得免水患，共计所得收获价值在1000万元以上
河北石芦水渠	1928年	7万亩田地得免水灾
绥远民生渠	1931年	可灌溉农田120余万亩
陕西泾惠渠	1932年	陕西中部60万亩田地皆受灌溉之利
河北、山东掘井工程	1921—1936年	8万亩田地得受灌溉之利，每年农产品增收44.3万元
辽宁淳化镇水利工程	1935年	农田6000余亩可资灌溉，每年农产品增收9000余元
山东泉河疏浚工程	1936年	每年农产品可增收80万元

资料来源：中国华洋义赈救灾总会:《中国华洋义赈救灾总会概况》，1936年版，第2页。转引自薛毅:《中国华洋义赈救灾总会研究》，武汉大学出版社2008年版，第253—254页。

二、1949—1978年之救灾捐赠初探索

中华人民共和国成立以后的很长一段时期恰逢我国自然灾害频发，这是一段中国人民与贫穷、困苦、饥荒抗争的苦难历程。中华人民共和

国刚成立，我国就遭遇了长江、淮河、海河流域等16个省区的特大洪涝灾害。1950年夏天，辽宁、山东、湖北、湖南也都发生了不同程度的水灾。1954年7月，长江中下游地区又遇到了百年一遇的特大洪灾。而从1959年到1961年的三年间，我国更是连续遭受自然灾害的侵袭，引发了严重的饥荒。从1966年的邢台地震开始，地震的阴影又长期威胁着我国人民的生命、财产安全。之后就是1970年1月5日，云南省通海地区发生7.7级地震；1975年2月4日，辽宁省海城、营口一带发生7.3级地震；1976年5月29日，云南省龙陵县连续发生7.3级和7.4级地震；1976年7月28日发生7.8级唐山大地震；1976年8月16日，四川省松潘、平武地区发生7.2级地震。

刚刚成立的中华人民共和国一穷二白，经济基础极为薄弱，再加上连年严重的自然灾害，中国共产党带领全国人民积极救灾的难度也极大。在当时，凭着自力更生的精神，中国共产党带领我国人民主要从两个方面开展救灾捐赠工作，积极帮助灾区救援及重建。

节约捐输

1950年2月27日中央救灾委员会正式成立，时任政务院代总理的董必武在中央救灾委员会成立大会上作了题为《深入开展生产救灾工作》的报告，提出了“生产自救，节约渡荒，群众互助，以工代赈，并辅之以必要的救济”的救灾总方针。在这一总方针的指引下，政务院号召大家“灾民省吃俭用，长期打算，开展节约互助运动”，而非灾区则应该厉行节约，发扬友爱互助的精神，帮助灾区。其中城市人民也应当进行节约捐输，机关干部更要带头节约救灾，响应中央人民政府提出的“每人节约一两米”的运动。

在这一号召下，全国各地纷纷开展了形式多样的节约捐输活动，比较有代表性的有“一碗米”“一两米”“一把菜”等。从此，我国掀起了非灾区支援灾区，轻灾区支援重灾区，城市支援农村的节约互助救灾运动。根据华东生产救灾委员会的记录，苏北从1949年10月起，各级机关部队，每人每天节省口粮一两，很多机关每天由干饭改吃稀粥，全区党政军节约捐献粮食共1012万斤，捐献及清理旧衣服50余万件。[①]

国内有限捐助

除了党政机关和军队内部的节约捐输活动之外，中华人民共和国成立以后，政府、社会组织和广大人民群众也在社会上组织发动了各种捐助灾区的募捐活动，可以说这一段时间的社会捐赠已经粗具雏形。

比如说，自1949年水灾发生之后，天津的工厂就开展了“救妈妈报恩情运动”，北京和天津两市的工商业界人士共捐助12.78亿余元，捐助粮食78万斤。1950年江苏、河北、河南等多地遭受严重水灾，9月18日，中华全国总工会、中华全国民主妇女联合会、中国红十字会总会、中华全国民主青年联合会、中华全国学生联合会、中国新民主主义青年团中央委员会等群众团体联合发出了捐助600套寒衣支援灾区的倡议。全国人民热烈响应，很快就达成了捐赠目标。

拒绝接受国外救灾援助

这一时期的捐赠救灾是中国共产党执政初期的探索，主要倡导在生产自救的基础上，充分发挥互助互济的精神，开展有限的捐赠活动。最为突出的特点就是坚决拒绝国际援助，强调国内互助。我国政府在唐山大地震时拒绝了来自联合国及其他多个国家提出的捐赠援助建议，其实在我国1959—1961年三年困难时期，还曾经拒绝了来自美国肯尼迪政府的粮食援助以及其他一些附条件的援助提案。

---

① 韩颖:《新中国成立以来救灾捐赠研究》，人民出版社2020年版，第21页。

三、1979—1988 年之救灾捐赠全面展开

1980—1981 年是我国拒绝与接受国际援助的分水岭。在我国接受国际援助的历史上，1980 年和 1981 年是两个具有重大历史意义的年份。1980 年 10 月 4 日，鉴于我国出现了南涝北旱的特大自然灾害，对外经济贸易合作部、民政部、外交部三个部联合向国务院提交了《关于接受联合国救灾署援助的请示》，并得到了国务院的批准。这一划时代的转变结束了我国拒绝接受国际援助的历史，开创了接受捐赠历史上的一个新时期。

1981 年：我国掀开了接受国际救灾援助的新一页

1980 年 11 月，我国政府向联合国通报了河北省和湖北省遭受严重旱灾和水灾的灾情。尽管我国政府当时并没有直接提出请求联合国援助，但是这种主动通报灾情的做法已经属于被动接受国际援助的一种变相表态了，在我国历史上也是难能可贵的。1981 年 3 月，联合国救灾署派考察团到我国河北省和湖北省进行了实地考察后，于 3 月 23 日向全世界发出了向中国灾区捐赠的呼吁。全球 20 多个国家和国际组织共向中国捐赠了价值 2000 多万美元的救灾物资。这是我国改革开放以来首次接受国际援助，也标志着救灾捐赠事业的一个划时代变革。但是当时毕竟是改革开放刚刚开始，人们的思想仍然比较封闭，观念的冲突仍然非常强烈。

救灾＋扶贫新模式

综观改革开放初期的这十年，除了在我国传统互帮互助基础上形成的对口支援模式之外，在救灾捐助方面，我们还开创出了一种新的模式——救灾与扶贫相结合。1985 年 4 月 26 日，在经国务院批准，由民政部、国家经济委员会、财政部等九个部委联合递交的《关于扶持农村

贫困户发展生产治穷致富的请示》中，提出“要把扶贫和救灾结合起来。救灾款在保障灾民基本生活的前提下，可用于灾民生产自救，扶持贫困户发展生产，救灾款有偿收回的部分用于建立扶贫救灾基金，有灾救灾，无灾扶贫”。[①]

1986年，国务院正式成立了“国务院扶贫开发领导小组办公室”，负责扶贫工作。在这之后，相继出现了许多不同的扶贫与救灾相结合的工作方式。同年9月11日，民政部向国务院提交了《关于在全国大中城市募集多余衣被支援贫困地区的请示》，并于1个月后得到了国务院的批准。之后，从1986年年底到1987年年初由民政部负责组织了全国性的募集及支援分配活动，共有27个省、自治区、直辖市的233个大中城市参与了这次募集活动。因为我国对于募集的观念一直偏保守，且当时也仍然没有完全转变，所以要求不能对这项工作进行报道，同时要在内部做好思想工作，以免引起误解。

这一时期的募集工作还仅仅是处于开始阶段，而且仍旧表现出了保守和谨慎的态度。官方要求不宣传、不报道、不号召，而且严格限制募集的范围，采取行政手段强力干预的方式，由上到下层层组织落实。

四、1989—1999年之救灾捐赠改革实践

我国救灾捐赠改革的契机：1991年华东水灾

1991年华东水灾的发生，在一定程度上推动了我国救灾捐赠模式的改革，成为国内募集衣被捐助灾区的改革实践契机。1991年夏天，我国华东以及中南的部分地区发生了严重的水灾，影响范围达到24个省区，其中8个省份灾情严重，直接经济损失高达779.08亿元。面对这种情况，

---

① 民政部政策研究室:《民政工作文件选编（1985）》，华夏出版社1986年版，第104页。

1991年7月5日，民政部向国务院提交了《关于以中国“国际减灾十年”委员会名义向国际社会发出紧急呼吁的报告》，党中央和国务院正式作出了向国际社会紧急呼吁救援的决定。7月11日，中国国际减灾十年委员会代表中国政府向国际社会发出紧急呼吁，请求联合国及国际社会的帮助。这一决定在中华人民共和国的历史上具有深远的意义。

因此，7月17日，时任民政部部长的崔乃夫签发了《民政部国内救灾捐赠工作通告》，对捐赠活动的管理、接收、范围、原则等情况进行了具体规定，这是对组织实施救灾捐赠机制的有益探索，为今后的救灾捐赠活动开了一个好头。同时，我国政府也做出了在全国广泛发动救灾捐赠的决定。同年9—10月全国的救灾工作领导小组就开始分别在中央党、政、军机关，北京、沈阳、呼和浩特、包头、沈阳、银川等城市开展募集衣被支援安徽、河南、湖北等灾区的活动。这是首次在全国范围内开展的大规模募集衣被支援灾区的活动。1994年，我国政府又大规模组织了向贫困地区和灾区捐送衣被的活动。这一活动以1993年年底到1994年年初大连市开展的“扶贫帮困献爱心”捐赠活动为起点，掀起了全国向贫困地区和灾区捐赠衣被的高潮，因此1994年也被称为大规模向贫困地区和灾区送衣被的“高潮年”。

1994年，中共中央办公厅、国务院办公厅下发了《关于动员全国各大中城市向贫困地区捐送衣被的通知》，对当年秋天在全国30多个大中城市开展募集衣被支援贫困地区和灾区的活动进行了部署。这次募集活动是继1991年大募集捐赠之后的第二次大规模全国范围内的募集捐赠活动。

救灾捐助走向常态化

紧接着，这种临时性的捐助活动开始逐渐走向常态化、规范化。1996年1月召开的全国民政厅（局）长会议，将开展经常性社会捐助活动确定为今后救灾救济工作的重点之一。

1996年1月21日，《中共中央办公厅、国务院办公厅关于转发〈民政部、国务院扶贫开发领导小组关于在大中城市开展经常性捐助活动支援灾区、贫困地区的意见〉的通知》成为我国经常性社会捐助活动正式启动的一个标志。该通知明确指出，从1996年开始，每年都在全国大中城市开展以募捐衣被为主要内容的“扶贫济困送温暖”活动。同年2月26日，民政部、国务院扶贫开发领导小组、公安部、财政部、铁道部、交通部、全国总工会、共青团中央、全国妇联等联合下发了《关于开展“扶贫济困送温暖”捐赠活动的通知》，对这一活动作出了具体安排部署。

千呼万唤始出来:《中华人民共和国公益事业捐赠法》

1999年6月28日，《中华人民共和国公益事业捐赠法》由中华人民共和国第九届全国人民代表大会常务委员会第十次会议通过，并于1999年9月1日起实施，对社会组织和个人的捐赠行为以法律的形式加以规范和管理。

这是我国第一部关于公益事业捐赠方面的法律。民政部门组织开展的救灾捐赠、社会福利捐赠以及扶贫济困捐赠都属于该法规定的内容。尽管我们现在还没有专门的规范救灾捐助的单项法律法规，但是在这部公益事业捐赠法中提及救灾捐赠，已经是一个具有里程碑意义的事件了。

五、2000年后之救灾捐赠蓬勃发展

进入21世纪以后，尤其是经历了2008年汶川地震，我国的救灾捐赠活动已经取得了长足发展，人民的捐赠热情与对捐赠管理的要求也越来越高。我国进入了救灾捐赠蓬勃发展的时期。

“慈善超市”的导入

“慈善超市”这种在全球很多国家都发展势头良好的新模式在进入21世纪之后也被我国导入。2004年5月12日，民政部下发了《民政部关于

在大中城市推广建立“慈善超市”的通知》，开始在全国大中城市试点“慈善超市”。9 月 16 日，民政部又下发了《关于加快推广“慈善超市”和做好今年“捐助月”工作的通知》，要求加快推广工作的进程。为了引导“慈善超市”的推进和创新，2013 年 12 月 31 日，民政部出台了《民政部关于加强和创新慈善超市建设的意见》。这一文件是关于全国“慈善超市”建设工作的第一个综合性文件，文件对“慈善超市”的定位、功能以及建设和发展的思路都进行了清晰阐释。这之后，“慈善超市”获得了长足发展。截至 2019 年年底，全国共有“慈善超市”3528 个，全国社会组织捐赠收入 873.2 亿元。[①] 由民政部直管的服务机构——中民社会捐助发展中心，负责“慈善超市”的基础建设工作。

救灾捐赠+应急预案

除了“慈善超市”的导入与建设之外，这一时期救灾捐助的第二个大变化是救灾捐赠与应急预案开始衔接起来。2004 年 3 月 25 日，民政部印发了《关于加快建立完善经常性社会捐助制度的通知》，提出了建设能够与重特大自然灾害应急预案相对应、相衔接的救灾捐赠应急预案的思想。2005 年 5 月 14 日，国务院颁布《国家自然灾害救助应急预案》，再次强调要完善救灾捐赠应急方案。在此背景下，民政部开始加紧推进救灾捐赠预案的制定工作。

经过扎实的准备，2008 年 4 月 28 日，民政部颁布了《救灾捐赠管理办法》，并立即投入制定《民政部救灾捐赠工作规程》的工作中。2009 年 9 月 3 日，该规程正式发布，对救灾捐赠启动的条件和程序、救灾捐赠的组织体系，以及具体相应措施等作出了详细的规定。

2012 年 11 月 27 日，民政部印发了《民政部关于完善救灾捐赠导向机制的通知》，对除了具有官方背景的慈善会和红十字会系统之外的社会

---

① 民政部:《2019 年民政事业发展统计公报》。

慈善组织参与救灾捐赠进行引导，改变了以往指定个别或者少数公益慈善组织接收并管理捐赠的格局，极大地激发了社会组织参与救灾捐赠的热情。2015 年 10 月，民政部又出台了《关于支持引导社会力量参与救灾工作的指导意见》，首次将社会组织参与救灾工作纳入政府规范体系中。

这一时期关于救灾捐赠的第三个变化就是对救灾捐赠的激励机制。最初的激励机制就是表彰机制。目前我国官方对于救灾捐赠予以激励的奖项就是民政部组织颁发的“中华慈善奖”。这一奖项源于民政部于 2003 年设立的“爱心捐助奖”。2005 年 11 月 20 日，民政部在中华慈善大会上公布了《中国慈善事业发展指导纲要（2006—2010 年）》，强调把完善表彰奖励制度，发挥先进典范的示范作用作为发展慈善事业的基本措施之一。因此，将之前的“爱心捐助奖”升格为“中华慈善奖”，2019 年之前每年度评选一次，并予以表彰。“中华慈善奖”里包括五个类别：最具爱心慈善捐赠个人、最具爱心慈善行为楷模、最具爱心内资企业、最具爱心外资企业、最具影响力慈善项目。获奖名单将通过央视和网络向社会公布，在全社会形成一种扶贫济困、互帮互助的良好风气。

除了官方的这一激励制度之外，各地以及公益组织、媒体等也纷纷设立了一些表彰评奖活动，如慈善排行榜等。

在法律规范方面，2016 年十二届全国人大四次会议颁布了《中华人民共和国慈善法》，明确规定国家建立慈善表彰制度，对在慈善事业发展中做出突出贡献的自然人、法人和其他组织，由县级以上人民政府或者有关部门予以表彰。而且，每年的 9 月 5 日被定为“中华慈善日”。

总的来说，我国接受国内外救灾捐赠的历史坎坷曲折，尤其是接受国际援助方面更是历经艰难。图 8 生动地展示了我国接受国际社会救灾捐赠的态度变化过程。

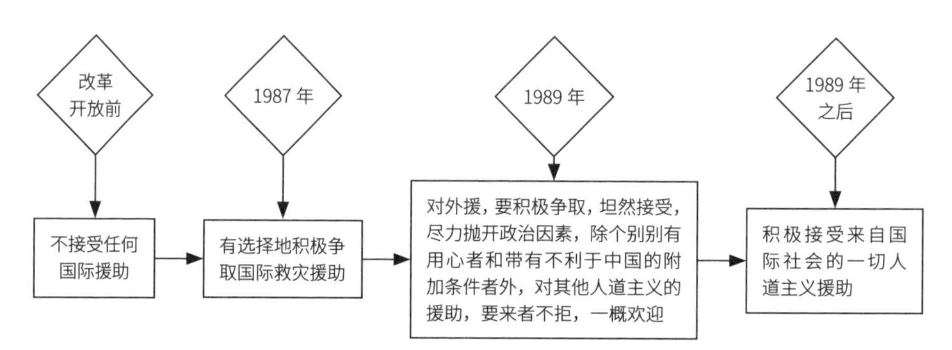

图 8　我国接受国际救灾援助的态度变化脉络图

在接受国内援助方面，思维也经历了从保守谨慎、有限小范围捐赠，逐渐演变成开放理性，捐赠机制、体系、激励、管理越来越科学的状态。从表 4 中，我们可以看出从 1997 年到 2019 年，我国接受的社会捐赠款呈快速上升的趋势。这也标志着我国的救灾捐赠管理越来越规范，人民的救灾捐赠热情也空前高涨，正所谓，一方有难，八方支援！

表 4　1997—2019 年我国接受社会捐赠（款）金额一览表

（单位：亿元）

年份	1997	1998	1999	2000	2001	2002	2003	2004	2005	2006	2007	2008
款额	4.1	50.2	6.9	9.3	11.7	19	41	34	60.3	83.1	132.8	744.5
年份	2009	2010	2011	2012	2013	2014	2015	2016	2017	2018	2019	2020
款额	507.2	596.8	490.1	572.5	566.4	604.4	654.5	827	754.2	1007.8	1044.5	—

资料来源：韩颖：《新中国成立以来救灾捐赠研究》，人民出版社 2020 年版，第 200 页。在此基础上，作者根据《2018 年度中国慈善捐助报告》及《2019 年度中国慈善捐助报告》增加了 2018 年及 2019 年的相关数据。

第二十五章　国家承平岁月久：应急管理与风险防控并举

2020 年全世界正处在新冠肺炎疫情的威胁之中，我国本应在 6 月 7 日开始的高考，也因此延迟 1 个月至 7 月 7 日进行。中国共产党带领全国人民取得了抗击新冠肺炎疫情的重大战略成果。

无论是这次与新冠肺炎疫情的抗争，还是以往对重大灾害的应对，我们都可以看到，在应对灾难时，“以人为本”理念的落实已经非常具体，而灾难下一个个从这样的人文关怀中获得帮助的人，也就更容易心怀温暖去体验社会，帮助他人。

虽说多难兴邦，但只有执政党和政府把灾难当回事，把竭尽全力去救助遭受灾难的人当回事，才能在这个过程中培育出更优秀的公民，从而成为愿意为天下兴衰担当起责任的新一代中流砥柱。这才是兴邦的必由之道。

一、中国共产党创立的中国特色社会主义制度与救灾

从某种意义上说，灾难与人类是相互造就的。而对于一个多灾多难的国家和民族而言，灾难是考验，也是实现浴火重生的重要介质。

养孩子的时候我们都知道要多经历世事和艰难。那些经过千百年依然闪亮的话语如“自古雄才多磨难，从来纨绔少伟男”“天将降大任于斯人也，必先苦其心志，劳其筋骨，饿其体肤，空乏其身，行拂乱其所为，所以动心忍性，曾益其所不能”，说明了同一个道理：在同样的情况下，历经磨炼的人比那些不受磨炼的人要成长得更快、更好。

对于一个国家和民族而言，也是一样的。如果长时间里顺风行船，就会不知道逆风时的应对策略，还很可能在不大的风里翻船。

中国幅员辽阔，各个地区都有可能发生灾难，不是靠海的东部就是大陆腹地的西部，不是气候湿润的南方就是严寒酷冷的北方，不是高原就是平地。多灾多难对于中国的历史和现实而言，从来都是真实确切的存在。

社会主义制度的救灾优越性：基于中美两国的比较

灾难发生是常态，救灾自然也就是政府的日常业务之一。我们可以看看中美救灾的比较。比较结果是一种方式，比较灾害应对的制度本身也是一个角度。如果从结果出发，从新冠肺炎病例的累积确诊人数和死亡人数可见一斑。如果从制度的基本模式出发，可以看到的是中国从中央到地方调度资源的能力是极强的。湖北有难，中国其他省、自治区、直辖市支援；武汉有难，则全国其他城市可以提供从粮食蔬菜到医疗物资乃至人力资源的全方位支持。这类似于人体的那个地方出现病灶，则全身的白细胞就会往那个部位集中，并迅速形成战斗力，将来犯之敌清

除或消灭。这是整体论、系统论。

美国的联邦制则是每个州都是独立而拥有极大的自治权。

其实，美国政体的最主要特征就是各州都是独立的、拥有极大的自治权，自行管理，甚至各州之间的法律也会有所不同，而联邦政府则主要负责整个国家的财政、外交和军事，这样的体制在应对灾害方面会格外感觉资源不足。事实上，美国1979年由总统卡特签署命令成立的联邦应急管理局（Federal Emergency Management Agency，FEMA）正是对于这种制度的某种修正。比如，常说的联邦应急管理局成立的现实背景主要就是加州几乎每年都会发生的大火。由于加州自身的消防力量有限，一直不足以防范大的火情，并且地广人稀，针对火灾的监测也很难到位，更不要说轻松实现灭火的目标了。这就需要其他州以及联邦政府在技术、装备、人员方面给加州以支持。但是，联邦制却很难实现这一点，各个州即便可以在加州的请求下帮忙，但是怎么帮和帮多少却难以把控好一个好的尺度——毕竟没有很好的机制加以指导。考虑到这一困境，联邦政府开始从整个国家的角度进行信息和资源整合，随后成立了几个大区，然后又在每个州成立了当地的应急管理机构，实现了上下联动，以及和其他州的协同。但即便如此，也还是容易出现“各扫门前雪”的状况。比如2020年新冠肺炎疫情出现后，医疗机构呼吸机严重不足，连纽约州这种相对而言在经济、科技、医疗都比较发达的地区也不得不面对这样的难题。

应急直通车：全局防御的典型

我国的传统应急管理中，分领域、分区域、分部门是惯常做法，长江与黄河流域的应急管理就是这样，黄河由黄河水利委员会来总负责，长江也有类似的机构。可是，一旦灾害规模比较大，党中央和政府就会接手救灾的具体行政领导工作，不再局限于一个部门或区域，而是采取应急直通车的做法。这一做法其实一直都是中国共产党领导下中国政府管理体制的优势。集中力量办大事之外，就是集中力量应大灾。

2020 年，我国南方出现了大规模的洪涝灾害，从降水量上说，达到了中华人民共和国成立 70 年来的前几名，但是总体上说灾害造成的损失不大，这和全国全局性的防御、调配资源以及与下游协同有着很大的关系。重庆有些人说水灾淹了重庆的不少地区，甚至，重庆标志性的朝天门码头的水都几乎到了码头较高的位置。但是，与此同时，有汛情的那段时间重庆并没有什么降水，这些淹没居民楼的水大多是由三峡水库蓄水带来的上游水面上涨造成的。换句话说，流域协同上用最小的牺牲换取最大的灾害应急效果是我国常有的做法，这样做全局最优是可以达到的。当然，对在灾害应对中有所牺牲的区域或领域，国家也会安排相应的补偿措施。

二、基于国家总体安全观的应急管理思维转换

党的十九届五中全会于 2020 年 10 月 29 日闭幕。对全会公报的解读中，有一个细节让人格外感慨，那就是“安全”一词出现了高达 20 多次。公报中还有大量关于安全和防灾减灾的具体描述，比如“沉着有力应对各种风险挑战，统筹新冠肺炎疫情防控和经济社会发展工作，把人民生命安全和身体健康放在第一位”。公报中提到了下一步的工作：

统筹发展和安全，建设更高水平的平安中国。坚持总体国家安全观，实施国家安全战略，维护和塑造国家安全，统筹传统安全和非传统安全，把安全发展贯穿国家发展各领域和全过程，防范和化解影响我国现代化进程的各种风险，筑牢国家安全屏障。要加强国家安全体系和能力建设，确保国家经济安全，保障人民生命安全，维护社会稳定和安全。

这是对整个安全和风险管理领域的展开阐述。事实上，我国已经将安全体制从领域、流域、区域、行业转为多灾种的综合应急，2006 年国务院办公厅正式发文成立应急管理办公室，以及 12 年后的 2018 年又成立了应急管理部，就是反映这一趋势的现实行为。

减灾重于救灾

中国共产党自 1949 年执政以来，一直在摸索从救灾到防灾减灾的道路。1966 年 3 月 8 日和 22 日，邢台接连发生了两次分别为 6.8 级和 7.2 级的地震，死亡人数达到了 8064 人，受伤人数则有 38000 人左右，经济损失 10 亿元，后果严重。随后，中国地震台网在全国范围内开始建设，这些台网起到了监测地震的巨大作用，只要地震一发生，就会有相应的信息从各台网汇集到一起，立刻形成准确的信息上报，使得救灾有了准确的科学依据。到了如今，全国范围内的地震台网监测到的数据又可以形成速报信息，给受到地震影响的灾区以快速的预警，这样可以抢出几秒或几分钟来，提前采取较好的防震避灾措施。尽管临震预报目前还是国际上的科学难题，但是，预警也算是减灾防灾的重要一步了。除了对地震本身进行连续性监测以外，对于地震损坏的对象——房屋还可以进行特别的防震设计与建造，这就是另外一个角度的防灾减灾了。对人的疏散培训和演练也可以避免和减少地震灾害带来的损失。

防灾重于减灾

来看水灾。我国从面向水灾的被动式应急到主动防范，也是中国共产党成立以来的巨大成就。水灾自古就是我国面临的最大灾害类型，黄河、长江、珠江、松花江等几条重要的大江大河时常泛滥成灾，缺水时则造成流域范围的旱灾。到了现代，如果河流遇到近处化工厂爆炸或泄漏等污染现象，还会造成更大的问题，包括对共用航道国家的国际赔偿。

但是，近些年来的灾害逐渐减少了，主要原因就是在党和政府的领导下，中国人已经在河流上设计和建造了大量的水利工程设施，尤其是黄河上的小浪底水库以及长江三峡水库，可以说是在一定程度上解决了流域的防灾问题。

事实上，位于河南济源的小浪底水库是我国第一个比较大型的国际招标工程。黄河中下游以前经常会出现洪旱不同类型的灾害，开封作为中国著名的古都，已经被成为地上悬河的黄河的泥沙淤积了多次，旧城已经不可见。中华人民共和国刚成立不久，在中游修建了三门峡水库，但是由于水库在调沙方面的能力不足，导致水库的作用没有之前设想得那么好。我们的党和政府是善于吸取教训的，所以，新建小浪底水库水利枢纽工程就集减淤、防洪、防凌、供水灌溉、发电等为一体。这一大型综合性水利工程，于1997年截流，2001年年底竣工，位于黄河干流三门峡以下130公里，郑州花园口以上115公里，是下游唯一能够取得较大库容的控制性工程。工程建成后20年间，黄河没再造成大的损失。小浪底水库把防水灾的作用发挥到了极致。

三峡工程也类似。从1997年11月三峡工程实现截流到2003年6月首次蓄水，经历了6年的时间。又过了3年，三峡大坝才算全线建成，开始发挥防洪、发电、通航三大效益。从2020年的洪灾应对来看，效果还是比较理想的。

三、风险防控与应急管理新思维

从1921年中国共产党成立到2021年这100周年，各类灾害如影随形，有时候巨灾甚至会严重影响经济社会发展进程。但是，灾害也造就了一个韧性十足的党以及党领导下的全体国民，使得大家在困难面前能够安之若素，并想尽千方百计走出困境。

基本准则

我国应急管理和风险防控工作体现出了优越性、专业性、成效性的特点，是我国灾害应对要遵从的基本思维，比如“坚持底线思维，增强忧患意识”，坚持“人民至上、生命至上”的理念，就是中国共产党领导下抗灾的基本导向。

优越性需要强调我国政治制度能为其他政治制度所不能为、不愿为的事，尤其是在灾害面前的大范围动员和全方位保障，这正是制度优越性的关键体现。

专业性则强调要尊重科学，外行指导防灾减灾救灾容易走偏，专业人士的专业意见在应急和风险防控方面更能发挥积极的作用。

成效性则讲究的是结果，不管是风险管理还是灾害应对，都要有效果，而措施正确与否，则会带来效果的极大差异。一个在灾害面前更具韧性的坚强的党是确保成效的有力保证。

行动指南

在基本准则确定之后，就应该是行动了，在将准则转化为行动时要体现出体系化、机制化、全面化、长期化、协调化、法制化、科技化、国际化。

体系化是很重要的顶层设计。灾害应对需要党和政府在投入、基础、服务，机构、协作、能力，人员、信息、资源这三个三位一体的组成方面实现集成和统一。一般情况下，一次大灾在最开始会被认为只局限于专业领域范围就够了，但是随着灾害影响的逐渐扩散和加剧，真正应对时所要调动的往往就是整个党和政府的管理体系了，会有大量资源被用于应对灾害和突发事件。

机制化体现的是管理主体之间的动态关系，规定了主体之间差异性的地位、作用、层次、责任、逻辑、运作等。2020 年 2 月 14 日，习近平总书记在中央全面深化改革委员会第十二次会议上强调，要完善重大疫情防控体制机制，健全国家公共卫生应急管理体系。2020 年 5 月 24 日，习近平总书记在参加十三届全国人大三次会议湖北代表团审议时，强调防范化解重大疫情和突发公共卫生风险，事关国家安全和发展，事关社会政治大局稳定，要着力从体制机制层面理顺关系，强化责任。他在发言中重点提到了以下八种机制：创新医防协同机制，健全疾控机构与城乡社区联动工作机制，改进不明原因疾病和异常健康事件监测机制，建立智慧化预警多点触发机制，健全多渠道监测预警机制，建立适应现代化疾控体系的人才培养使用机制，建立健全分级、分层、分流的重大疫情救治机制，健全权责明确、程序规范、执行有力的疫情防控执法机制。这些机制是对疫情防控工作经验教训的系统化认识，也是推进国家治理体系和治理能力现代化的内在要求。

全面化则主要包括分级、分层、分流的问题。这是党和政府应对灾害时对灾害对象和救援对象的基本认识和研判的起点，也是我国社会主义制度优势的重要体现。比如面对公共卫生问题，如果要想有序运转，就要有分级诊疗、分层管理、人员分流的制度设计。

长期化则要靠具体行为保证目标在时间维度上的实现和稳固。除了风险的识别和认知之外，应灾文化、文明的建设也很重要。只有最终树立起了防灾意识、培养出防灾习惯，才能巩固不断积累经验教训得来的成果。

协调化是应灾最难做好的部分。在任何行政体制下，都会存在上下联动过程不畅，同级部门之间互不统属而很难合作的现象，区域之间的合作也会有这样的问题，而又极难界定不合作的具体表现，所以，实现各主体一心做好应灾工作不是件容易的事情。这除了要设计出制约机制之外，还要靠素质和文化，使每一个参与者都成为负责任的主体。

法制化可协助解决应灾中的基本程序和责任问题。在百年抗灾的过程中，大家都意识到法制是解决这些问题的根本性规范。在灾害应对方面，目前各灾种都已经有了自己的法律，比如《中华人民共和国传染病防治法》《中华人民共和国防震减灾法》等，也有了《中华人民共和国突发事件应对法》这样的领域基本法。这些法律之间的关系定义，以及暂时尚未进入法制范畴的应灾内容，都需要在更加完善的法制体系里得以解决。

科技化助力防灾减灾。中国共产党在2020年开始对于科技的认知越发紧迫和清醒。从中国人的能够吃饱到全面小康，从现在的发展中状态到2035年实现社会主义现代化，科学技术是不可或缺的。在疫情防控中，没有隔离措施、手段以及装备（哪怕简单如口罩）肯定是不行的，而疫苗开发、对症遴选药物，包括手术在内的现代化治疗手段更是十分必要。其他灾害类型，从水灾到火灾，从生物灾害到核事故，越来越需要更高的技术手段。

国际化能唤起国际社会对防灾减灾的重视与合作。灾害对于任何国家来说都不陌生，不同国家尽管各有各的特质，但是灾害都曾经并将继续威胁各国人民的生产和生活。历史中因灾害影响范围小，或各国之间交流往来相对不那么频繁，因此大多是各自应对本国内的灾害。而当今世界正在经历百年未有之大变局，国际社会日益成为你中有我、我中有你的命运共同体，人类社会必须团结起来，共同与灾害作斗争，维护我们共同的家园。

党和国家在新的历史时期，对灾害应对方面国际化的重要性和必然性有着非常深刻的认识。2019年10月23日，应急管理部就中国救援队和中国国际救援队通过联合国国际重型救援队测评和复测举行了记者招待会。在会上，应急管理部副部长尚勇表示，参与国际人道主义救援工作是应急管理部的一项重要职责。我国应急管理部和联合国有关组织，如人道主义办公室等，都有着密切联系，而且和很多国家也建立了很好的双边关系。同时，我国还充分利用上合组织、中国—东盟“10＋1”“10＋3”机制，以及中国—中东欧的“17＋1”机制等渠道，开展多方位的应急管理、灾害防治等方面的合作。我国在应急管理国际化方面的下一个重点是建立“一带一路”沿线国家灾害防治和应急管理的机制。特别是要发挥中国在灾害防治技术的相对优势，使得灾害遥感卫星以及预报监测能力、国际救援能力更多地为这些“一带一路”沿线国家提供必要的支持。

在应急管理领域中，只有从人类命运共同体这一宏大视野出发，才有助于全人类共同应对灾害，共同发展。同样，中国的应灾应急也需要其他国家的配合与支持。中国从20世纪80年代开始在抗灾中接受国际社会捐赠的资金、物资、技术等，反过来，中国也为其他国家的抗灾提供力所能及的帮助。2019年3月，中国救援队赴莫桑比克开展了一次跨国救援行动。当时中国救援队是第一支到达莫桑比克的国际救援队，他们开展了水域救援，同时也带去了很多物资和精良的设备，彰显了大国实力与责任担当。2021年4月27日，在中国政府的推动下，联合国维和人员安全小组在纽约联合国总部成立。

无论是理念上的心怀天下，还是实践中的脚踏实地，都显示出中国在应急管理国际化中所起的作用越来越大，而中国共产党也在灾害应对中不断成熟、成长起来。

事实上，2003年的SARS冠状病毒就是被境外的科学家发现的，而中国在应对2020年的新冠肺炎疫情中也发扬了国际主义精神，有力地支持了多国的抗疫斗争。中国从1980年开始接受国际捐赠的资金、物资、技术来进行抗灾，现在也为支援其他国家的抗灾奉献了同样的东西。这些都是应灾国际化的重要内容，也是人类在一条船上要同舟共济的宏大背景。中国共产党在灾害应对中不断成熟和成长壮大，同时也在抗击灾害中承担了应尽的国际义务。

四、科技助推应急管理体系与应急管理能力现代化

回首百年来中国共产党指导下的救灾救荒历程，不难发现，随着科技的进步，现代化的科技手段及科技装备在防灾减灾救灾以及应急管理、风险预测中发挥着越来越重要的作用。进入21世纪以后，党和政府相关部门更加重视发挥科技在应急管理领域中的支撑作用，应急管理部于2018年12月制定并颁布了《应急管理信息化发展战略规划框架（2018—2022年）》。在2019年5月举行的全国应急管理科技和信息化工作会议上，应急管理部党组书记黄明强调了提升应急管理信息化水平对于增强应急管理核心能力，提升防范和化解重大安全风险能力的重要作用。建设全面支撑具有系统化、扁平化、立体化、智能化、人性化特征与大国应急管理能力相适应的中国现代化应急管理体系，是时代对我们提出的要求。

应急管理信息化应该本着统筹、集约、开放、高效的设计理念，充分运用云计算、大数据、物联网、人工智能、移动互联等新一代信息技术，推进先进信息技术与应急管理业务深度融合，从而实现应急管理信息化跨越式发展。我国在2019年8月应对“利奇马”台风时，就曾使用视联网技术实现了对台风实时情况的监控，而且应急管理部还实现了与浙江省的所有县级以上政府部门进行高清视频通信。此外，应急指挥中心还可整合视联网视频会议、监控、手机、无人机等多项终端功能于一体，在任意时间、任意地点建立功能齐备的指挥中心，在紧急情况下迅速搭建起高清视频传输通道。可以说，这是信息技术在应急管理中的一次突破性应用。

在应对新冠肺炎疫情这一重大公共卫生事件过程中，我国卫健委、疾控中心、应急管理部及地方各级政府和相关卫生部门充分利用信息化技术，为疫情防控作出了重要的贡献。全国科技战线积极响应党中央号

召，科技、卫健委等12个部门组成科研攻关组，确定临床救治和药物、疫苗研发、检测技术和产品、病毒病原学和流行病学、动物模型构建等五大主攻方向，组织跨学科、跨领域的科研团队。科研、临床、防控一线相互协同，产学研各方紧密配合。在不到一周时间就确定了新冠病毒的全基因组序列，分离得到病毒毒株，并及时实现全球共享。同时适应疫情防控紧迫需求，面向全国分阶段推出多种检测试剂产品，采取老药新用、研发新的治疗手段、中西医结合等方式，迅速筛选了一批有效药物和治疗方案，推荐到临床一线救治，同时采取多条技术路线并行推进疫苗研发，通过对病毒生存环境、传播途径方面的研究，为制定完善防控策略提供了科学依据。广大专家学者及时答疑解惑，稳定人心，坚定信心，为打赢疫情防控这场硬仗提供了有力科技支撑。除此之外，科技助推应急管理还表现在以下四个方面：

第一表现为助力确认人员流动趋势。春节前后存在大量返乡、返工、返校的特殊现象，在人员流动巨大的压力下，为了实现“早发现，早隔离”，有效监控人流迁徙轨迹和移动路径，尤其是确定疑似患者在确诊前的移动路径方面，充分利用通信技术中的手机定位、基于地理系统的定位技术等，绘制出了人员流动地图，为防控疫情提供了非常具体的参考。

第二表现为疫情信息公开及疫情相关防控知识的科普方面。实践证明，疫情参数及时采集、相应流行病学数学模型分析与医学大数据技术体系的合理应用等相结合，可以为疫情的防控提供前瞻性预警预判。而这些预警预判对于防控策略与干预措施的有效提出具有重要意义。长期稳定地研究冠状病毒的病原学、免疫学、疫苗研发、抗体研制等一系列问题，是中国所需，也是世界所需。因此要把增强早期监测预警能力作为健全公共卫生体系的当务之急，完善传染病疫情和突发公共卫生事件监测系统，改进不明原因疾病和异常健康事件监测机制，提高评估监测敏感性和准确性，建立智慧化预警多点触发机制，健全多渠道监测预警机制，提高实时分析、集中研判的能力，加强实验室检测网络建设，提升传染病检测能力，建立公共卫生机构和医疗机构协同监测机制，发挥基层哨点作用，做到早发现、早报告、早处置。迄今为止，除了传统媒体之外，一系列基于互联网的新媒体技术及渠道都在提供各种各样的疫情相关信息。如网络新闻、微博、知乎等影响力非常大的互联网平台，政府信息公开网站，基于智能手机终端的微信公众号、小程序、疫情上报等嵌入功能，支付宝疫情信息通报功能，以及各地各级政府的政务App等，都在疫情相关信息的细分化、精准化公开方面表现不俗。此外，基于抖音、快手等短视频的疫情防控信息也在疫情信息公开方面进行着新的探索。

第三表现为大数据平台对于疫情防控所需物资的调配方面。在疫情最为严重的武汉及湖北省其他城市的定点医院中，都曾经出现医疗物资及防护品短缺的问题。基于智慧物流的大数据信息处理平台在物资的有效调配方面发挥了一定的作用。如杭州市政府采取的市民网上预约免费口罩，统一派送服务等也是基于网络系统和物流系统的有益尝试。

第四表现为基于互联网技术的在线医疗服务、在线教育等一系列App及平台的开发应用方面。这些新技术新渠道也都实现了疫情期间缓解医疗资源不足、减少医院交叉感染等目的，为人民在疫情期间的生活、学习提供了更多便利。

根据《应急管理信息化发展战略规划框架（2018—2022年）》的规划，我国将着力于构筑应急管理信息化发展“四横四纵”总体架构，形成“两网络”“四体系”“两机制”。“两网络”指全域覆盖的感知网络和天地一体的应急通信网络。“四体系”指先进强大的大数据支撑体系、智慧协同的业务应用体系、安全可靠的运行保障体系、严谨全面的标准规范体系。“两机制”则是指统一完备的信息化工作机制和创新多元的科技力量汇集机制。从整体目标角度看，我国应急管理信息化发展的第一个目标是到 2020 年初步形成较为完备的应急管理信息化体系，信息化发展达到国内同行业领先水平，实现应急管理信息化跨越式发展。第二个目标是到 2022 年再上一个台阶，全面形成应急管理信息化体系，信息化发展达到国际领先水平，为构建与大国应急管理能力相适应的中国现代应急管理体系提供有力支撑。

我们一定要坚定信心，坚持创新驱动原则，推动云计算、大数据、物联网、人工智能、移动互联、IPv6、虚拟现实（VR）、增强现实（AR）等新一代信息技术深度应用，实现应急管理业务应用体系全面覆盖各类业务并在突发事件的事前、事发、事中、事后阶段发挥关键支撑作用。

附　录

附表 1　1921—1948 年间我国主要灾害

灾害类型	时间	受灾地区	死亡人数
水灾	1921 年	湖北长江中游	54390
	1930 年	河南新蔡	150000
	1931 年	江淮流域皖鄂湘苏浙赣豫鲁等 8 省	422499
	1935 年	湖北、湖南长江中游	142000
	1938—1947 年	黄河花园口决口，豫皖苏	893303
	1945 年	湖北石首、公安、江陵、松滋	71600
旱灾	1925 年	四川省（旱疫）	1150000
	1928—1930 年	河北、山东、陕西、河南、山西、甘肃、绥远、察哈尔、热河	10000000
	1942—1943 年	河南	3000000
	1943 年	广东	500000
	1946 年	湖南零陵、祁阳、东安、衡阳	96186
瘟疫	1931 年	青海	200000
	1940—1941 年	湖北兴山、宝康	70000
	1944 年	河南豫西及宛西 23 县	90000
冷害	1923—1925 年	云南省东部	300000
飓风	1922 年	广东澄海、汕头等县	77900
	1935 年	山东莱州湾	50000
混合型灾害	1930 年	浙江温州、台州（水风虫旱）	100000
	1932 年	陕豫皖鄂赣等 19 省（水旱疫）	1063815

资料来源：根据夏明方:《民国时期自然灾害与乡村社会》，中华书局 2000 年版，第 395—399 页内容制作。

注：选择标准为死亡人数超过 5 万人。

附表 2　1989—2020 年我国自然灾害影响

年份	因灾死亡人口（含失踪）/ 人	直接经济损失 / 亿元
1989 年	—	525
1990 年	—	616
1991 年	—	1215
1992 年	5741	854
1993 年	6125	993
1994 年	8549	1876
1995 年	5561	1863
1996 年	7273	2882
1997 年	3212	1975
1998 年	5511	3007
1999 年	2966	1962
2000 年	3014	2045
2001 年	2538	1942
2002 年	2840	1717
2003 年	2259	1884
2004 年	2250	1602
2005 年	2475	2042
2006 年	3186	2528
2007 年	2325	2363
2008 年	88928	11752
2009 年	1528	2523.7
2010 年	7844	5339.9
2011 年	1126	3096.4
2012 年	1530	4185.5
2013 年	2284	5808.4
2014 年	1818	3373.8
2015 年	967	2704.1
2016 年	1706	5032.9
2017 年	979	3018.7

续表

年份	因灾死亡人口（含失踪）/ 人	直接经济损失 / 亿元
2018 年	635	2644.6
2019 年	909	3270.9
2020 年	591	3701.5

资料来源：根据中国民政部 1989—2007 年的《民政事业发展统计报告》中相关内容及应急管理部减灾中心自然灾害统计数据（2018—2020 年）制作。

注：1989、1990、1991 年三年的因灾死亡人口在统计报告中未提及，具体信息不详。

后　记

《觉醒年代》是2021年热播的一部电视剧，它把中国共产党成立前的酝酿阶段用艺术的手法进行了再现。其中有一个镜头是陈独秀在天津看到大量灾民从外地涌入城市后悲戚的场景，这促使他暗下决心解决中国大灾大难中的艰难民生。

回顾当时的历史背景，从更为本质的层面来解释，1921年中国共产党成立，也是为了根本性地解决我们这个灾难深重国家的实际问题。当然，建党还有一些外部原因。在庆祝建党100周年之时，深入探究这些原因，对于始终坚持中国共产党的领导，实现中华民族伟大复兴的中国梦，具有十分重要的意义。

出版界知名专家韩建民先生敏锐地洞察到这一点，与浙江科学技术出版社的社长汤弘亮先生以及副总编辑莫沈茗女士，共同提出了一个设想——策划一部全面反映中国共产党百年抗灾历程的科技领域的主题出版物。这一设想和我们十几年的应急管理研究形成了一个交集，管理学中应急管理效果评价研究和党史中关于党在领导群众抗灾过程中独特优势的探讨便结合在了一起。我一直从事应急管理研究，对新冠肺炎疫情更是格外关注。如果说之前的灾害无法如精准的科学实验那般设置对照组，那么新冠肺炎疫情就是一次几乎广泛地考验了全世界各国各地区执政党抗灾能力的突发事件。中国共产党在这一次考验中交出了优异的答卷。也正是因为在防灾减灾救灾方面做出了巨大的成就，中国共产党才更为人民所信任。在全面治理灾害的过程中，中国共产党也愈发得到人民的衷心拥护，包括制度优势和文化优势在内的各种优势在此时此事中体现得淋漓尽致。即便是那些有能力的大国，在治灾这件事上也没有比我们做得更好，差异其实还是很明显的。

中国共产党在领导人民抗灾救灾的过程中也经历了一些曲折，其原因或是科学技术不够发达，或是经济实力不够雄厚，或是基础不够坚实，还可能是对灾害的认知不够深入。但是，经验总是慢慢积累起来的，随着科学技术水平的日新月异，应急管理体制逐渐成熟，我们的国力也强大了很多。

回首百年来中国共产党救民于水火之中，助民于危难之际，带领人民走上富强之路的历程，好一个波澜壮阔、意志昂扬，这又怎能不催我辈灾害治理和应急管理领域的学者奋发！我颇感荣幸地接下了写一部中国共产党百年抗灾史的邀约，并力邀我的长期合作者陈樱花教授加入了写作团队，为本书锦上添花。陈樱花和另外一位作者——韩玮博士两人都是特别优秀的中共党员，这使得这本书既有了历史性和学术性，又有了党性。

我们一直在思考，如何找到中国共产党百年抗灾史的发展脉络。在调研的过程中，我们前往各地的图书馆、博物馆、方志馆查阅了大量文献，从多个来源获取资料相互印证，以求准确；访谈了经历过、参与过灾情处置的当事人，得到了大量生动的材料。在此，我们尤其要郑重感谢中国科学技术大学的汪秉宏教授，他为我们提供了他个人参与抗击牛田洋台风的感人故事和翔实资料。此外，我们还要真诚感谢厦门市海沧区档案局局长王传国及厦门市海沧区档案馆馆长张如建，他们为我们提供了大量关于抗击莫兰蒂台风的资料。

在本书的写作过程中，不少出版界的前辈也一直在关心和支持着我们。我们不会忘记，2020 年在北京召开的审定会上，郝振省会长、和龚理事长、李援朝老社长、吴宝安主任都分别结合自己在出版领域的丰富经验，为本书的修改完善提出了大量真知灼见。这些意见也都在后期一一落实在了书籍的修改当中。更让我们感动的是，郝振省会长欣然为本书作序，和龚理事长用极大的耐心和极高的鉴赏力主审了本书。夏明方教授、余新忠教授、郝平教授、赵晓华教授对书稿进行了细致的审读，并给予了专业的指导，在此一并表示我们最真诚的感谢。

其实要感谢的名单还很长，在此不再一一列出。我们相信，我们心中的感激之情，每一位为我们搜集资料、提供过帮助的人一定都能感受得到。书中个别照片中的人物无法取得联系，如您看到本书认为有任何不妥，请随时联系我们。

一个百年大党能够长期屹立的原因有很多，我们的解读只是其中的一个方面，不过也应该是最为集中和严苛的一面，所以，从抗灾看能力建设，看未来趋势，都还是合适的。我们当然期待着未来灾害越来越少乃至于无，不过即便未来还有更多类型、更大规模的灾害，我们相信，凭借中国共产党执政为民的理念和脚踏实地的做法，也一定能够在迎难而上的奋斗中铸就伟业，带领中国人民继续向前。

二〇二一年六月于中国科学院